FOOD AND NUTRITION STORIES IN DAILY LIFE

이야기로 풀어쓰는

식품과 영양

머리말

강의 첫 시간에 즐겨하는 우문이 있으며, 이에 대해 내심 기대하는 현답이 있습니다. 의식주 중에서 가장 중요한 것이 무엇이라고 생각하느냐는 질문과 '식'이라는 답변을 기대하는 마음이 그것입니다. 어쩌면 식품영양학을 사랑하는 저의 개인적인 생각알 수도 있지만 '식'은 삶을 영위하는 가장 기초적이고 또한 가장 중요한 부분이라고 생각합니다.

어머니가 가족의 식생활 대부분을 책임지던 형태는 오래전 과거의 일입니다. 요즘 세대에서는 나 스스로가 내 식생활의 주체가 되어야 하며 이에 따라 현명하고 바르게 식생활을 영위하기 위하여 노력해야 합니다. 그래서 이 책을 준비하게 되었습니다. 전공하는 사람에게도 혹은 전공이 아닌 사람에게도, 행복한 식생활을 위해서 꼭 알고 있으면 좋을 다양한 분야의 지식을 재미있는 이야기 형태로 풀어나가려고 노력하였습니다.

이 책은 4부, 10챕터로 이루어져 있습니다. 제1부 '건강, 식품과 영양으로 지킨다'에서는 영양소, 건강한 밥상, 식품안전에 관한 기본적인 지식을 다루었고, 제2부 '음식은 과학이다'에서는 발효음식, 탄수화물·단백질·지방 조리에 나타나는 원리를 과학적인 이야기 형식으로 풀어보았으며, 제3부 '음식으로 행복해지다'에서는 세계음식을 다룬 식탁 위의 글로벌문화 이야기와 테이블 코디네이션 등을 다룬 음식과 공간미학 이야기로 구성하였습니다. 또한 제4부 '음식, 오감으로 먹다'에서는 감각과학, 사회변화에 따른 식품이야기를 다루었습니다.

식품, 음식과 관련된 전반적인 기초지식을 이야기로 풀어나간 이 책이 여러분의 식생활에 작은 도움이 되시기를 바라며, 여러분이 주시는 좋은 의견을 청취하여 추후 책에 반영할 것을 약속드립니다.

오랜 시간 소중한 연(緣)을 지속하여 온 자랑스러운 저의 제자 식품영양학 박사님들과 이 책을 준비하였습니다.

함께 집필해 주신 사랑하는 박사님들께 무한한 감사를 드립니다.

대표저자 주나미 드림

차례

제1부 건강, 식품과 영양으로 지킨다

CHAPTER 1

영양소와 식생활지침 이야기

집필 : 이희정 교수

CHAPTER

2 건강한 밥상 이야기

집필 : 이태남 교수

CHAPTER

3 식품안전 이야기

집필 : 김보람 교수

제2부 음식은 과학이다

CHAPTER 4

발효음식에 나타난 과학 이야기

집필 : 주나미 교수

CHAPTER 5

탄수화물 조리에 나타난 과학 이야기

집필 : 박영일 교수

CHAPTER

6 단백질과 지방 조리에 나타난 과학 이야기

집필 : 김다솔 교수

제3부 음식으로 행복해지다

CHAPTER 7 식탁 위의 글로벌 문화 이야기

집필 : 신지훈 교수

CHAPTER 8 음식과 공간미학 이야기

집필 : 김수정 교수

제4부 음식, 오감으로 먹다

CHAPTER 9
감각과학과 식품 이야기
집필 : 정은경 교수

CHAPTER 10
사회 변화와 식품 이야기
집필 : 정현아 교수

제 1 부

건강, 식품과 영양으로 지킨다

CHAPTER

1

영양소와 식생활지침 이야기

영양소 이야기 | 한국인을 위한 식생활지침 이야기

영양소 이야기

식생활의 중요성

식생활이란 인간이 생명을 유지하고 성장에 필요한 영양분을 공급받기 위하여 음식을 먹는 행위이며 인간의 생존을 위한 필수조건으로 건강한 식사는 건강한 삶을 유지하기 위해서 매우 중요하고 먹는 즐거움과 심리적 안정감을 제공하기도 한다. 또한 우리 몸에 필요한 영양소를 충분히 공급해 줄 뿐 아니라 체내 방어체계를 튼튼하게 하여 질병의 예방과 치료에도 도움을 준다.

건강에는 여러 요인들이 관여하며 주요 요인으로 생활습관 요인이 있고, 그 외 생물학적 요인, 환경적 요인 및 의료 혜택 요인이 있다. 생활습관 요인에는 식생활, 음주, 흡연, 스트레스 등이 있고, 생물학적 요인에는 성, 유전, 종족 등이 있으며, 환경적 요인으로는 생활환경 등이 있다.

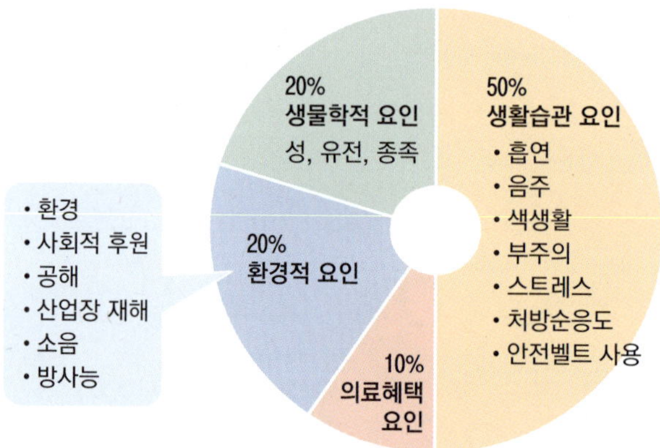

건강에 영향을 미치는 위험 요인

건강한 식사는 식품이나 영양소 면에서 어느 특정한 것에 치우침이 없는 식사를 말하며 건강을 위해 필요한 모든 영양소가 적당한 양으로 포함되어 있는 것을 말한다.

적절한 영양 섭취는 영양 부족과 영양 과잉으로 인한 비만 및 만성질환을 예방할 수 있다. 이를 위해서는 다양한 식품을 선택하여 적절한 양을 섭취하는 것이 중요하므로 균형 잡힌 식생활을 실천할 수 있도록 노력해야 한다.

우리 몸에 필요한 영양소는 신체 구성, 에너지 공급 및 생리 기능을 조절하며 생명 유지와 성장 발달을 돕는다. 신체를 구성하는 영양소는 지질, 단백질, 무기질, 수분이 있고, 에너지 공급 영양소는 탄수화물, 단백질, 지질이 있으며 생리기능 조절 영양소는 단백질, 비타민, 무기질, 수분이 있다.

탄수화물

탄수화물은 체내에서 에너지를 내는 다량 영양소로 우리 식생활의 주식인 밥이 대표적이며 단 음식의 대표적인 영양소이기도 하다. 탄수화물은 식물성의 엽록소에서 태양에너지를 이용하여 공기 중의 이산화탄소와 물로부터 생합성되고 대부분 식물성 식품에서 얻을 수 있다.

종류

단당류

단당류는 자연계에서 흔히 찾아 볼 수 있는 종류로 포도당(glucose), 과당(fructose), 갈락토오스(galactose)가 있다.

포도당 포도당은 전분 또는 글리코겐의 가수분해과정에서 생성되고 자연계에 가장 풍부한 당으로 체내 최종 탄수화물 분해 형태이다. 탄수화물을 과잉 섭취하면 가수분해된 여분의 포도당은 간이나 근육에 글리코겐으로 저장되며, 그 이상 과잉분은 지방으로 전환되어 체지방으로 저장된다.

과당 과당은 동물성 식품에는 함유되어 있지 않고 과일, 꿀, 채소에 존재한다. 인체 내 소장에서 포도당과 함께 흡수되어 간에서 포도당으로 전환되며 당질 중 가장 강한 단맛을 낸다.

갈락토오스 갈락토오스는 자연계에 유리된 상태로 거의 존재하지 않고, 포도당과 결합하여 유당(lactose)으로 유즙에 존재하며 물에 녹지 않는다. 지질과 결합하여 영유아의 뇌,

신경의 구성성분인 세레브로시드(cerebroside)를 만들어 두뇌 성장에 매우 중요한 역할을 한다.

이당류

이당류는 단당류 2분자가 결합한 상태로 설탕(자당, sucrose), 맥아당(maltose), 유당이 있다.

설탕 설탕은 포도당과 과당이 각각 1분자씩 결합한 형태이다. 식물의 과즙, 잎, 줄기, 뿌리 등에 분포되어 있고, 급원식품으로는 사탕수수, 사탕무가 있다.

맥아당 맥아당은 포도당과 포도당이 결합한 형태로 천연 식품에 거의 존재하지 않으나, 곡류가 발아하거나 전분이 가수분해되어 만들어지며, 맥아(보리싹) 등의 발아 종자에 일부 함유되어 있다. 전분 가수분해효소인 아밀라아제(amylase)에 의해 생성되고 소화관 내에서는 말타아제(maltase)에 의해서 포도당으로 분해되어 쉽게 소화·흡수된다.

유당 유당은 포도당과 갈락토오스가 결합된 형태로 소장 내 유당 가수분해효소인 락타아제(lactase)에 의해 포도당과 갈락토오스로 분해되며, 체내 젖산균의 번식을 촉진시켜서 장내 정장작용을 한다. 영유아의 두뇌 발달에 관여하며, 칼슘의 흡수를 증진시킨다. 식물성에는 존재하지 않고 유즙에만 존재하며 우유에는 4~5%, 모유에는 6~7% 정도의 유당을 함유하고 있다.

소당류

올리고당 올리고당은 단당류가 3~10개 결합한 형태로 당지질이나 당단백질의 구성성분이다. 올리고당은 대부분 사람의 소화효소에 의해 소화가 잘 되지 않으나 대장 박테리아에 의해 분해되어 가스를 생성하며, 대장 내 비피더스균의 증식을 도와 변비와 설사 개선에 도움을 준다. 그 외에도 충치 예방, 비만 예방, 당뇨 개선 등의 효과가 있다.

자연계에 올리고당은 이눌린(inulin)과 포도당, 과당, 갈락토오스가 각각 1개씩 결합한 라피노오스(raffinose)가 있다. 대표적인 올리고당은 이소말토올리고당(isomaltooligosaccharide), 프럭토올리고당(fructooligosaccharide), 갈락토올리고당(galactooligosaccharide)이 있으며 비피더스균에 선택적으로 이용되기 때문에 기능성 소재로 주목받고 있다.

다당류

다당류는 다수의 단당류가 결합된 것으로 전분(starch), 덱스트린(dextrin), 글리코겐(glycogen)이 있다.

전분 식물의 저장물질로 다수의 포도당 결합하여 전분의 형태로 저장되고, 포도당의 결합구조가 각기 다른 아밀로오스(amylose)와 아밀로펙틴(amylopectin)으로 구성되어 있다. 곡류(쌀, 밀, 옥수수 등)와 서류(감자, 고구마 등), 콩류에 다량 함유되어 있다.

덱스트린 전분을 가수분해하면 전분의 길이가 짧아지면서 맥아당으로 되기 이전의 중간 생성물을 덱스트린이라 한다. 전분을 고온에서 압력을 가하여 팽화시켜 전분의 사슬을 끊거나 곡류가 발아하는 과정에서 생성되는데 물에 쉽게 잘 녹으며, 단맛이 있고 소화효소의 작용을 쉽게 받는다.

글리코겐 동물의 간이나 근육에 존재하고, 당질을 섭취하면 여분의 것이 글리코겐으로 합성되어 성인의 경우 간에 약 100 g, 근육에 약 250 g 정도 저장된다. 찬물에도 잘 녹고 산이나 효소에 의해 포도당으로 분해되며, 간에서 저장된 글리코겐은 혈당 조절에 중요한 역할을 한다.

기능

에너지 공급 및 중추신경계 기능 유지

탄수화물은 체내에서 1 g당 4 kcal의 에너지를 제공하고, 뇌와 신경조직의 에너지원으로 사용되므로, 탄수화물이 부족하면 뇌에 포도당 공급이 감소하여 뇌 기능 저하와 어지러움 등을 유발할 수 있다. 한국인은 1일 에너지 섭취량의 60% 이상을 탄수화물로 섭취하고 있다.

단백질 절약작용

탄수화물은 단백질, 지방 등과 같은 생체성분의 합성 재료로 이용된다. 따라서 충분한 탄수화물 섭취는 단백질이 에너지원으로 사용되지 않고 신체 구성과 면역 등의 기능을 할 수 있도록 돕는다. 이를 체단백질 보호작용 또는 단백질 절약작용이라 한다.

케톤증 방지

탄수화물 섭취가 부족하면 체지방이 과다하게 분해되어 많은 양의 지방산이 만들어지고, 이때 불완전 연소된 지방산은 혈액 중 지방 대사 중간산물인 과잉의 케톤체를 축적시켜 케톤증(ketosis)을 유발한다. 이를 예방하기 위해서는 충분한 탄수화물 섭취가 중요하다.

단백질

단백질은 근·골격을 구성하는 뼈, 혈액 및 근육의 체구성성분이며 효소와 호르몬의 구성성분으로 삼투압, 수분의 평형 및 면역작용 등 매우 중요한 역할을 하는 영양소이다. 단백질의 기본 구성단위는 아미노산으로, 체내에서 합성되는 비필수아미노산과 합성되지 않거나 충분하지 않아 식사를 통해 섭취해야 하는 필수아미노산으로 분류할 수 있다. 필수아미노산에는 아이소류신(isoleucine), 류신(leucine), 라이신(lysine), 메티오닌(methionine), 페닐알라닌(phenylalanine), 트레오닌(threonine), 트립토판(tryptophan), 발린(valine)이 있으며, 히스티딘(histidine)은 어린이에게는 필수이지만 성인의 경우 반드시 필요한 것은 아니다.

식품의 필수아미노산과 비필수아미노산의 조성은 다르며 동물성 단백질은 모든 필수아미노산이 충분히 포함되어 있다. 식물성 단백질은 일반적으로 한 가지 이상의 제한 아미노산(표준구성아미노산에 비해 함량이 낮은 아미노산)으로 구성되어 있다. 필수아미노산의 조성이 서로 다른 식품들을 함께 섭취하면 서로 부족한 단백질을 보충할 수 있고 단백질의 질을 향상시킬 수 있는데, 이를 단백질 상호 보충효과라 한다. 예를 들면 대두는 다른 필수아미노산이 충분히 함유되어 있으나 메티오닌이 부족하고, 곡류는 라이신·트레오닌, 옥수수는 라이신·트립토판이 부족하다. 따라서 쌀에 부족한 라이신을 콩에 의해 제공받고 콩에 부족한 메티오닌을 쌀에서 제공받아 두 식품의 단백질을 보충할 수 있다.

단백질은 영양가에 따라 완전단백질, 불완전단백질 및 부분적 불완전단백질로 구분할 수 있다.

종류

완전단백질

단백질의 질이 좋다는 것을 의미하며 모든 필수아미노산을 함유하고 있어 생명 유지뿐만 아니라 정상적인 성장을 돕는다. 대표적으로 우유의 카제인(casein), 달걀의 알부민(albumin), 콩의 글리시닌(glycinin) 등이 이에 속한다.

불완전단백질

단백질의 질이 불완전하고 필수아미노산이 함유되어 있지 않거나 매우 적게 함유되어 있어 체중 감소뿐만 아니라 동물의 성장을 지연시킬 수 있으며 장기간 섭취 시 생명에 위험을 줄 수 있다. 대표적으로 옥수수의 제인(zein)과 젤라틴 등이 이에 속한다.

부분적 불완전단백질

성장에는 도움을 주지 못하지만 필수아미노산이 일부 함유되어 있어 생명 유지는 할 수 있는 단백질로 대표적으로 밀의 글리아딘(gliadin), 보리의 호르데인(hordein), 귀리의 프롤라민(prolamin) 등이 이에 속한다.

기능

신체 조직 구성

단백질은 근육, 장기, 뼈, 혈액 등의 구성성분으로 성장과정 중에 새로운 조직을 형성할 뿐만 아니라, 대사과정 중 소모되는 신체 조직을 재생하기 위해서도 필요하다. 따라서 성장기, 임신기, 수유기 및 회복기 환자는 단백질 섭취가 특히 많이 필요하다.

효소, 호르몬, 항체의 합성

단백질은 효소, 호르몬 및 항체를 구성하는 주요 물질이다. 효소는 소화 및 체내 대사반응에 촉매 역할을 하고, 호르몬은 신체가 항상성 유지 메커니즘을 유지할 수 있도록 생체반응을 조절하는 화학물질로 단백질이나 아미노산 유도체로부터 생성되기도 한다. 항체는 면역반응에 참여하는 세포들의 주요 구성성분이다.

수분과 전해질 평형 유지

단백질은 수분을 끌어당기는 성질이 있어 세포 내·외 및 혈관 내 수분과 전해질의 적절한 유지를 도와 부종을 방지하는 작용을 한다. 혈액의 단백질은 분자량이 커서 혈관을 빠져나가지 못하고 혈관 내 삼투압이 조직보다 높게 유지되지만, 단백질 섭취가 감소하면 혈액 중 단백질 농도가 낮아져 혈관 내 삼투압이 조직보다 낮아 혈액의 수분이 조직으로 이동하므로 손과 발에 부종이 나타난다.

산·염기 평형 유지

혈액 중 단백질은 환경에 따라 쉽게 수소이온을 내어주거나 받아들일 수 있는 양성물질로 체액이 산성이면 알칼리 역할을 하고 알칼리성이 되면 산성 역할을 하므로, 체액이 중성 내지 약알칼리성(pH 7.35~7.45)을 유지할 수 있도록 해준다.

영양소 및 체내 성분의 운반작용

혈액의 단백질은 산소, 비타민, 무기질 등의 영양소를 필요한 세포로 운반해 주는 중요한 역할을 한다. 혈액 중 포도당을 세포 안으로 이동시켜 에너지를 내는 데 이용될 수 있도록 하며, 세포 안에 발생한 노폐물을 세포 밖으로 배출하여 세포가 정상 기능을 할 수 있도록 돕는다.

혈당 유지

탄수화물 섭취 부족으로 체내 저장된 탄수화물이 고갈되면 혈당 유지를 위해 체단백질이 분해되어 에너지원으로 사용된다. 체내에서 단백질이 대사될 때 암모니아의 형태로 단백질로부터 유리된 질소는 간에서 요소로 전환되어 신장을 통해 배출되므로 필요 이상의 단백질 섭취는 간과 신장에 부담을 줄 수 있다.

지질

지질은 인체의 모든 기관에 필수적인 영양소이고 대부분 상온에서 고체 형태(fat)와 액체 형태(oil)로 구분할 수 있으며 에너지 영양소이다.

종류

중성지방

지질은 글리세롤과 여러 지방산(fatty acid)이 에스테르 결합을 하여 만들어지며, 글리세롤 1분자와 지방산 1개가 에스테르 결합한 것을 monoglyceride(MG), 지방산 2개 결합 시 diglyceride(DG), 지방산 3개 결합 시 triglyceride(TG, 중성지방)라고 한다. 식품이나 체지방은 대부분 중성지방 형태로 존재하며 에테르, 알코올 등의 유기용매에 용해된다.

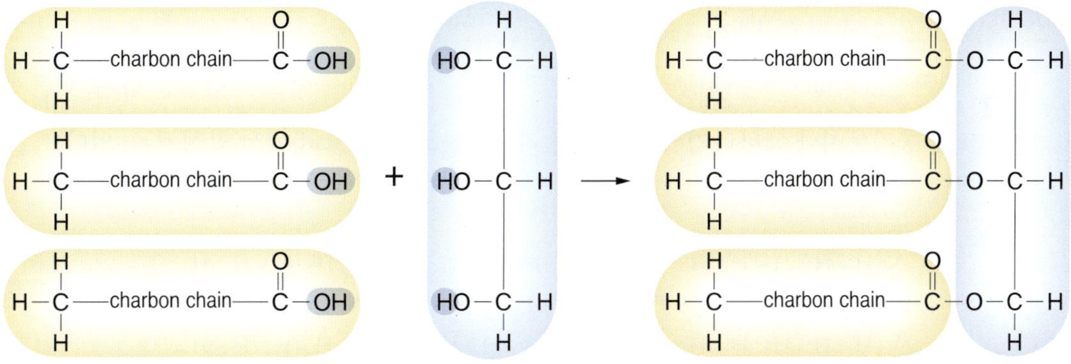

지방산

지질은 글리세롤과 결합하는 부분에 카르복실기(-COOH)가 있고 다른 한쪽에는 메틸기(-CH_3)가 존재하며 탄소 수, 이중결합 유무 및 그 위치 등에 따라 분류할 수 있다.

탄소 수에 따라 짧은 사슬 지방산(탄소 수 4~6개), 중간 사슬 지방산(탄소 수 8~12개), 긴 사슬 지방산(탄소 수 14개 이상)으로 구분하며, 탄소 사슬 간의 이중결합 유무에 따라 포화지방산과 불포화지방산으로 구분한다.

포화지방산 포화지방산은 지방산과 탄소 사슬이 단일결합된 상태로 규칙적인 모양을 가지고 있고 산소 등 다른 원자들과 쉽게 반응하지 않으며 안정적이다.

불포화지방산 불포화지방산은 탄소 사슬 중 한 개 이상이 이중결합된 상태로 이중결합이 한 개 있으면 단일불포화지방산, 두 개 이상이면 다가불포화지방산이라고 한다. 이중결합은 단일결합에 비해 산소와 반응하여 변질되기 쉬우며 불안정하다.

ω(오메가)-3 지방산은 메틸기로부터 세 번째 탄소에 이중결합이 존재하는 다가불포화 지방산으로 리놀렌산(linolenic acid), DHA(docosahexaenoic acid), EPA(eicosapentaenoic acid) 등이 있다. 등푸른 생선기름을 통해 섭취할 수 있고 들기름이나 콩기름 등에 많이 함유된 α-리놀렌산을 이용하여 체내 합성이 가능하다. **ω**-3 지방산은 두뇌 발달을 돕고, 동맥경화와 심혈관계질환을 예방하는 것으로 알려져 있다.

ω-9 지방산은 메틸기로부터 아홉 번째 탄소에 이중결합이 존재하고, **ω**-6 지방산은 여섯 번째 탄소에 이중결합이 존재하며 동물성 지방과 식물성 기름에 널리 함유되어 있다. 아라키돈산(arachidonic acid, **ω**-6)은 항염증작용 등 체내에서 주요한 역할을 하며, 식물성 기름 중 콩기름이나 해바라기씨기름 등의 리놀레산(linoleic acid)에서 합성될 수 있다.

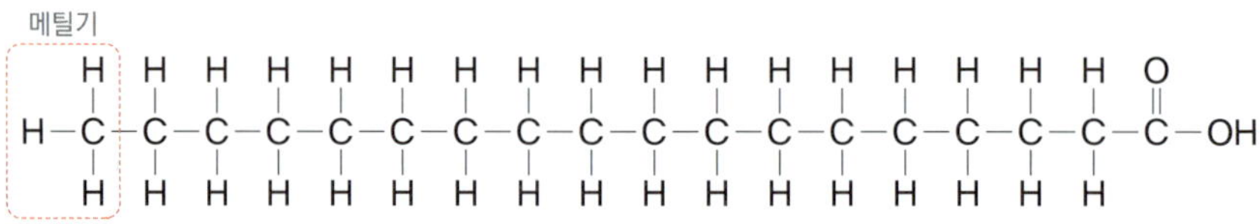

포화지방산(스테아르산, C18:0)

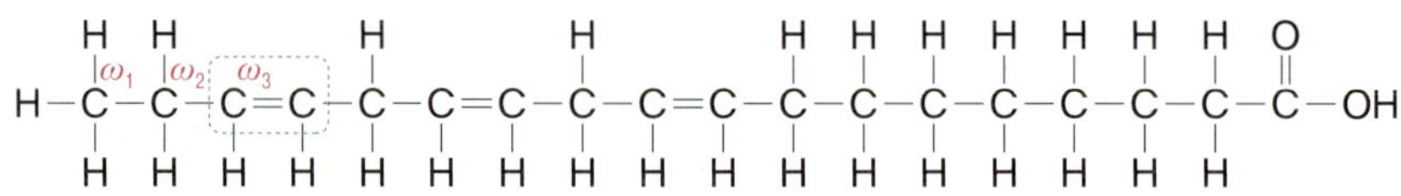

다가불포화지방산(α-리놀렌산, C18:3, ω-3)

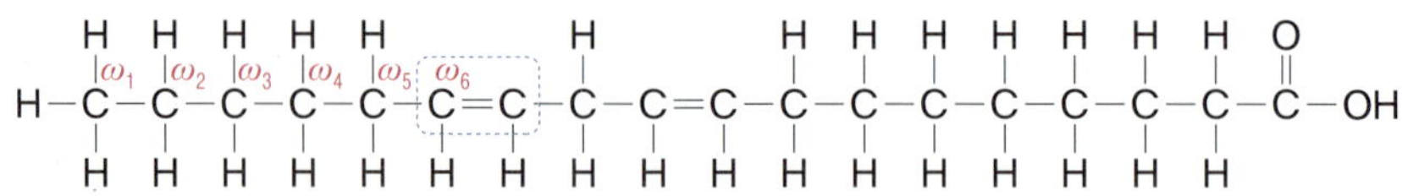

다가불포화지방산(리놀레산, C18:2, ω-6)

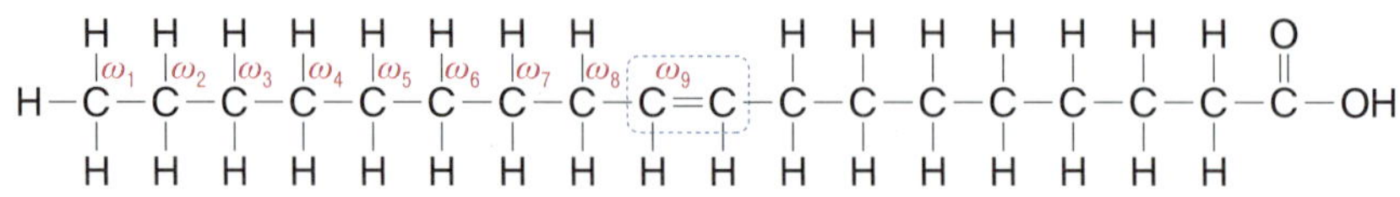

단일불포화지방산(올레산, C18:1, ω-9)

자연에 존재하는 대부분의 불포화지방산은 이중결합을 가지고 있는 지방산의 탄소가 같은 방향으로 되어 있는 *cis* 형태이나 고온, 고압 및 수소 첨가반응으로 탄소가 서로 다른 반대 방향으로 되어 *trans* 형태의 지방산(트랜스지방산)을 형성한다. 불포화지방산을 함유한 식물성 기름에 수소를 첨가하여 만든 마가린이나 쇼트닝이 그 대표적인 예로 과량 섭취 시 심혈관계질환에 나쁜 영향을 미칠 수 있다고 알려져 있다.

체내에서 합성되지 않거나 충분하지 않아 식사를 통해 섭취해야 하는 필수지방산은 리놀레산(ω-6), α-리놀렌산(ω-3), 아라키돈산(ω-6)이 있고 주로 식물성 기름과 생선기름에 많이 함유되어 있으며 ω-3 : ω-6의 섭취비율은 1:4~10 정도가 좋다. 결핍 시 피부질환, 생식기능 이상, 성장 및 상처 회복 지연, 신경과민, 두뇌기능 이상, 면역체계 이상 등 여러 증상들이 나타날 수 있다.

알아보자, 참기름 vs 들기름

참기름에는 산패를 늦추는 리그난(lignan), 감마토코페롤(gamma-tocopherol)과 같은 항산화 물질이 있어 실온에서 보관이 가능하지만, 들기름은 쉽게 산패될 수 있어 소량씩 구입하고 개봉 후 냉장온도(0~5℃)에서 보관하는 것이 좋으며 열을 가하지 않는 나물 무침 등에 사용하는 것이 좋다.

인지질

인지질은 지질의 한 종류로서 세포막의 주요 구성성분이며 세포 내외의 물질 이동을 조절하며 뇌와 신경조직에 많이 존재한다. 소수성의 지방산 두 개와 친수성의 인산기 한 개가 결합된 형태로 수용성 물질과 지용성 물질을 유화시킬 수 있다. 생물체에 존재하는 인지질은 대부분 레시틴(lecithin)으로 간, 콩, 달걀노른자 등에 많이 함유되어 있다. 체내 레시틴과 담즙산은 주요 유화제로 섭취된 식품의 지질 소화효소가 작용할 수 있도록 하여 소화작용을 돕는다.

콜레스테롤

세포막의 구성성분으로 체내에서 합성 가능하고 호르몬, 담즙산, 비타민 D를 합성하는 전구체이며 뇌, 심장, 간에 존재한다.

기능

에너지 제공 및 저장

지방은 1 g당 9 kcal의 에너지를 발생시키는 효율적인 에너지 공급원이다. 체내 에너지가 충분할 때, 남은 에너지는 중성지방으로 전환되어 저장될 수 있고, 축적된 지방은 음식을 섭취하지 않을 때 열량을 공급해 줄 수 있다.

세포막과 뇌·신경 조직의 구성성분

인지질과 콜레스테롤은 세포막과 뇌조직, 신경조직의 주요 구성 성분이다. 인지질은 세포막의 기본구조를 형성하고 콜레스테롤은 체내 세포막을 구성하는 중요한 성분으로 세포막 내에서 신호 전달과 신경 전도 등 세포 내 수송에 관여한다. 콜레스테롤은 신경세포인 미엘린(myelin)의 주요 성분으로 뇌 조직에 많이 함유되어 있다.

체온 유지 및 신체 보호

신체의 피하지방은 체온을 일정하게 유지시키며 내장지방은 신체의 중요 장기를 보호해 외부로의 충격을 완화해 준다.

체내 활성물질의 전구체

콜레스테롤은 담즙산, 비타민 D, 부신피질호르몬 및 성호르몬의 전구체로 사용되며, 지용성 비타민의 체내 흡수를 돕는다.

비타민

비타민은 체내 소량 존재하나 탄수화물, 단백질, 지질의 대사를 도와주는 효소나 조효소로 작용하며 정상적인 체내 기능 유지를 위해 필요하다.

비타민은 지용성과 수용성으로 나뉘며 대부분 체내에서 합성되지 않기 때문에 식품의 형태로 섭취해야 한다. 지용성 비타민은 지방과 함께 흡수되고 비타민 A·D·E·K가 이에 속하며, 수용성 비타민은 물과 함께 흡수되고 비타민 C와 B 복합체(티아민, 리보플라빈, 니아신, 비타민 B_6, 엽산, 비타민 B_{12})가 있다. 과량 섭취 시 수용성 비타민은 소변으로 배출되어 체내 저장되지 않으므로 매일 섭취를 권장하지만, 지용성 비타민은 체내 간이나 지방조직에 저장되고 독성이 있으므로 주의해야 한다.

지용성 비타민

비타민 A

비타민 A는 망막의 간상세포에서 물체를 볼 수 있게 돕는 로돕신(rodopsin) 합성에 필요하고 세포 분화를 조절하며 면역에 영향을 주므로, 결핍 시 야맹증, 안구건조증 및 성장부진에 영향을 준다.

비타민 A는 식물성 식품에 있는 비타민 A의 전구체인 카로티노이드(carotinoid)와 동물성 식품의 레티노이드(retinoid) 등을 총칭하는 말이다. 카로티노이드는 프로비타민 A (provitamin A)로 베타-카로틴(β-carotene), 알파-카로틴(α-carotene), 및 베타-크립토잔틴(β-cryptoxanthin)이 있고, 그중 베타-카로틴은 가장 활성이 높으며 항산화와 항암 작용을 한다. 또한, 레티노이드는 기본 분자인 레티놀(retinol), 시각색소인 레티날(retinal) 및 세포 내 신경전달물질인 레티노산(retinoic acid) 등 다양한 형태로 존재한다. 급원식품으로는 동물의 간, 달걀, 마가린, 버터 및 우유 등 동물성 식품에 풍부하며, 당근, 깻잎, 시금치 등 녹황색 채소와 감, 귤 등의 과일에 함유되어 있다.

비타민 D

비타민 D는 햇빛이 있으면 피부세포의 7-데하이드로콜레스테롤(7-dehydrocholesterol)로부터 충분히 합성할 수 있고 호르몬과 유사한 작용기전을 가지고 있어 프로호르몬(pro-hormone)으로 구분되기도 한다.

비타민 D는 소장 상피세포에서 칼슘 흡수를 증가시키고, 혈청에 칼슘과 인의 농도를 적절한 수준으로 유지시킨다.

비타민 D가 결핍되면 소아는 구루병, 성인은 골연화증과 골다공증이 유발될 수 있으며, 과잉 섭취는 연조직의 석회화, 성장 저해, 고칼슘혈증, 고칼슘뇨증, 심혈관계 손상, 신장결석 등을 유발할 수 있다. 급원식품으로는 버섯, 효모, 달걀, 간유 등 동물성 식품과 비타민

D 강화우유 및 시리얼 등이 있다.

비타민 E

비타민 E는 세포막이 산화되어 파괴되는 것을 막아주는 등 강력한 항산화작용, 노화 방지 및 항불임성 인자이다.

비타민 E의 활성물질로는 α-, β-, γ-, δ- 등의 토코페롤이 있으며, 그중 α-토코페롤은 체내에서 가장 활성이 크다.

비타민 E가 결핍되면 면역기능의 저하, 신경계 손상 및 용혈성 빈혈이 발생할 수 있으며 흡연자는 비타민 E의 결핍증이 쉽게 나타날 수 있다. 과잉 섭취는 위장질환, 혈장 티록신 수준 감소, 비타민 K 흡수 방해를 초래할 수 있다. 급원식품으로는 곡류의 배아, 종실유 등 식물성 기름과 견과류 및 버터이다.

비타민 K

비타민 K는 혈액 응고의 필수영양소로 혈액 응고에 관여하는 트롬빈의 전구체인 프로트롬빈이 간에서 합성되는 과정에 조효소로서 관여한다.

비타민 K는 장내 박테리아에 의해서 합성 가능하고, 또한 식물의 광합성작용에 의해 합성되므로 녹색잎채소에도 풍부하다. 따라서 정상 식사를 하는 성인에게 결핍증은 흔하지 않으나 지방 흡수 불량 또는 간질환자에게는 결핍이 발생할 수 있다. 신생아의 장관은 무균 상태로 출생하므로 장관 내에 박테리아가 정상적으로 성장하여 비타민 K를 합성할 때까지 출혈이 발생할 수 있다.

수용성 비타민

비타민 C

비타민 C는 중요한 항산화 영양소로 대부분 동물의 간에서 합성이 되지만 사람 및 원숭이 등에서는 합성되지 않는다. 혈관과 골격을 튼튼하게 유지시켜 주는 콜라겐 합성에 관여하고 철의 흡수와 엽산의 체내 이용을 원활하게 해준다.

비타민 C의 결핍은 혈관의 결체조직을 약화시켜서 발생하는 괴혈병과 잇몸의 출혈 및 염증을 유발하기도 하고 결핍이 심하면 골절이나 관절이 붓는 증상이 나타나기도 하며 감염성 질환에 취약해지기 쉽다. 급원식품으로는 딸기, 감귤류의 과일과 채소가 있다.

티아민(비타민 B_1)

비타민 B_1은 당질과 아미노산 대사에 중요한 역할을 하고, 신경자극 전달물질 합성에 관여한다. 도정하여 비타민 B_1 함량이 낮은 쌀을 장기간 섭취할 경우 결핍증이 발생할 수 있다. 가벼운 증세로는 식욕 감퇴, 체중 감소, 허약, 피로감, 두통, 우울증 및 혈압 저하 등이 있고 심하면 각기병을 초래할 수 있다. 급원식품으로는 돼지고기, 전곡류, 종실류, 콩류 및 견과류 등이 있다.

리보플라빈(비타민 B_2)

비타민 B_2는 당질과 아미노산 대사의 조효소의 역할을 하며, 결핍 증세로는 입술 가장자리가 헐고 염증을 유발하는 구순구각염과 설염 등이 있다. 심해지면 습진성 피부염이나 신경계 계통의 질환이 발생한다. 급원식품으로는 우유 및 유제품, 육류 및 생선, 강화된 빵, 시금치 등이 있다.

니아신(비타민 B_3)

비타민 B_3는 전체 물질대사에 필요한 영양소로, 필수아미노산인 트립토판 60 mg은 니아신 1 mg으로 전환될 수 있다. 니아신의 결핍 증세로는 펠라그라〔4D : 치매(dementia), 설사(diarrhea), 피부염(dermatitis), 사망(death)〕가 있다. 급원식품으로는 양질의 단백질식품인 소고기, 닭고기 등 육류와 생선, 버섯 및 강화된 빵, 시리얼 등이 있다.

비타민 B_6

비타민 B_6는 단백질과 아미노산 대사를 촉매하는 효소반응의 보조효소로 작용하므로 단백질 섭취량이 증가하면 비타민 B_6의 섭취량도 증가시켜야 한다.

비타민 B_6의 결핍증은 흔하지 않지만, 알코올중독자의 경우 결핍증이 나타날 수 있고 결핵치료제를 장기간 섭취할 경우에도 결핍증이 나타날 수 있다. 특히 노인의 경우 비타민 B_6를 적게 섭취할 경우 면역능력이 감소되고 혈중 호모시스테인 농도가 증가하여 동맥경화의 원인이 될 수 있다. 급원식품으로는 동식물계에 널리 분포되어 있으며 단백질 함량이 높은 어육류, 바나나 및 시금치 등에 존재한다.

엽산

엽산은 핵산(DNA) 물질의 합성과정에서 보조효소로 작용하며, 체내 세포분열과 적혈구 형성과정에 관여한다. 혈관 벽에 유해한 호모시스테인이 혈액 내 축적되는 것을 방어하는 역할과 뇌에서 신경전달물질 합성 시 메티오닌의 중간대사물을 합성하는 과정에도 조효소로서의 역할을 한다.

엽산이 결핍되면 적혈구의 생성이 제대로 이루어지지 않아 거대적아구성빈혈을 유발한다. 엽산의 흡수에 문제가 있는 알코올중독자, 장기간 설사와 과도한 항생제를 복용한 경우, 엽산 필요량이 증가한 임산부의 경우 엽산 결핍증이 생길 수 있다. 급원식품으로는 브로콜리, 시금치 등 녹황색채소 등과 간, 효모, 육류 및 달걀 등이 있다.

비타민 B_{12}

비타민 B_{12}는 엽산 대사에 관여하여 DNA 합성과 조혈작용에 도움을 주고 메티오닌 합성반응에서 보조효소로 작용한다.

비타민 B_{12} 결핍 시 엽산 대사에 이상이 초래되며 거대적아구성빈혈을 유발한다. 또한 신경장애, 체중 감소 및 기억력 감퇴 등을 동반한다. 급원식품으로는 육류, 어패류, 달걀 및 유제품이 있다.

무기질

무기질은 단일 원소로 이루어진 영양소로 하루 필요량에 따라 다량무기질(Ca, P, K, Na, Mg, Cl, S)과 미량무기질(Fe, I, Zn, Se, Mn, Cu)로 구분한다. 무기질의 대표적인 기능은 뼈 형성, 혈압 조절, 조혈작용 등이 있으며, 그 외에 다양한 효소의 보조인자로 체내 대사 조절의 중추적인 역할을 한다.

다량무기질 및 미량무기질의 기능, 결핍증, 과잉증 및 급원식품을 정리하면 다음과 같다.

종류		기능	결핍증	과잉증	급원식품
다량 무기질	칼슘 (Ca)	• 뼈 성장 • 혈액 응고 • 신경 자극 전달 • 근육 수축 • 세포대사 조절	구루병, 골연화증	고칼슘혈증 신장결석	우유, 유제품, 뼈째 먹는 생선, 무청, 시금치
	인 (P)	• 뼈 성장 • 인지질 형성 • 세포막 구성성분 • 효소 활성 조절 • ATP 및 핵산 구성성분	구루병, 골연화증	고인산혈증 저칼슘혈증	육류, 생선, 달걀, 우유, 견과류, 콩류, 곡류, 가공식품, 대부분의 식품에 풍부
	칼륨 (K)	• 수분 평형 • pH 평형 • 신경 자극 전달 • 근육 수축	근육 약화, 심부정맥, 마비	호흡곤란 심장마비	감자, 고구마, 바나나, 시금치
	나트륨 (Na)	• 세포외액의 대표 양이온 • 체내 삼투압 및 체액량 조절 • 산과 알칼리 평형 유지 • 근육 수축과 신경 자극 전달	식욕부진, 근육 위축, 성장 부진	고혈압	소금, 젓갈, 간장, 화학조미료, 양념류, 베이킹소다 및 가공식품
	마그네슘 (Mg)	• 효소의 구성성분 • 신경과 심장근육에 작용	근육통, 마비, 심장기능 약화	구역질 호흡 둔화	전곡류, 녹색채소류, 견과류, 콩류, 초콜릿
	염소 (Cl)	• 수분 평형 • 신경 자극 전달 • 위산 생성	유아의 경우 경련	고혈압	식염, 채소, 가공식품
	황 (S)	• 비타민과 아미노산 구성성분 • pH 평형 • 해독작용	거의 일어나지 않음		단백질 함유식품
미량 무기질	철 (Fe)	• 산소 운반 • 효소 보조인자	빈혈, 피로, 집중력 저하, 면역 감소	혈색소증	육류, 조개류, 무청, 녹색채소류
	요오드 (I)	• 갑상선호르몬의 구성성분 • 기초대사 조절	갑상선종, 갑상선기능저하증	갑상선기능항진증	미역, 김, 다시마, 해조류
	아연 (Zn)	• 미각과 후각 감지 관여 • 성장 발달 • 면역기능 조절	성장 지연, 왜소증, 상처 회복 지연, 미각 감퇴	철, 구리 등 흡수 저해	굴, 가금류, 콩, 견과류, 영양소 강화 시리얼

(계속)

종류		기능	결핍증	과잉증	급원식품
미량 무기질	셀레늄 (Se)	• 항산화 무기질 • 면역기능 유지 • 갑상선기능 유지	근육 약화, 성장 장애	구토, 설사, 신경계 손상	육류, 견과류, 도정하지 않은 곡류
	망간 (Mn)	• 효소의 보조인자 • 항산화 활성 • 탄수화물 대사 조절	현기증, 구토, 성장 부진, 생식기능 저하		전곡류, 견과류, 콩류, 녹색채소류, 차
	구리 (Cu)	• 철 대사 보조효소의 보조인자	빈혈	복통, 간질환, 윌슨병	간, 코코아, 견과류, 전곡류, 콩류

물

체내 분포

수분은 체중의 50~70%를 차지하는데 어릴수록 체중 대비 수분 비율이 높아 신생아는 70~80% 정도로 그 비율이 높다. 노인은 45~55%, 성인은 50~60% 정도가 수분이다. 인체 수분은 2/3가 세포내액에, 1/3이 세포외액에 존재하여 체중이 50 kg의 경우 60%가 수분이라면 총 30 kg의 수분이 체내에 존재하고, 20 kg은 세포내액에, 10 kg은 세포외액에 존재한다. 세포외액 중 혈액에 2.5 kg, 조직액에 7.5 kg이 존재하며, 체수분의 2%가 손실되면 갈증을 느끼고, 20% 이상이 손실되면 사망한다.

수분 평형

신체는 일정하게 수분을 유지하기 위해 수분의 손실량·섭취량이 균형을 이룬다. 수분의 요구량은 체격과 기온, 신체활동 및 식사량 등에 따라 다르며 한국인의 수분 충분섭취량은 20대 성인 남자가 2,600 mL이고 성인 여성은 2,100 mL이다.

하루 수분의 공급량이 2,000 mL라면 이 중 물 또는 음료수로 1,000 mL, 음식으로 700 mL를 섭취하고, 체내 대사과정에서 300 mL를 생성하게 된다. 수분 배설량은 소변으로 1,100 mL, 대변으로 100 mL, 땀으로 600 mL, 호흡으로 200 mL이다.

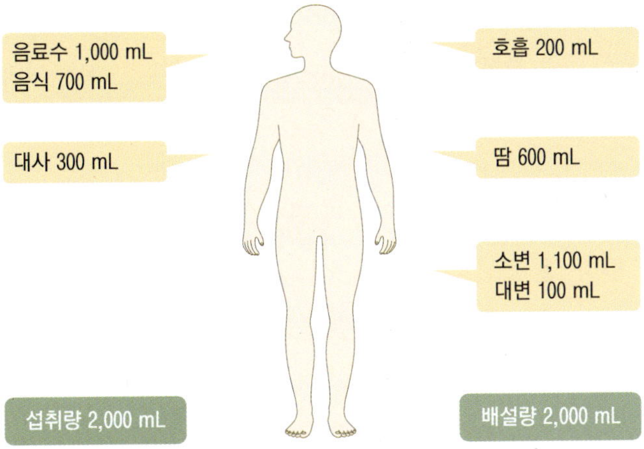

수분 평형

기능

수분은 신체의 50~70% 구성하고 있어 체온 조절, 외부의 충격으로 부터 장기와 조직을 보호하고 관절을 부드럽게 한다. 체액의 전해질 농도와 산·염기 평형 유지를 도우며 체내 다양한 반응에 사용되는 화합물질을 녹이는 용매 역할 및 영양소와 노폐물을 운반하는 수송의 역할을 한다.

식이섬유

식이섬유는 탄수화물 중 소화되지 않는 다당류이다. 장에는 소화할 수 있는 효소가 존재하지 않아 체내에서 이용할 수 없지만 배변활동 개선, 콜레스테롤 조절, 식후 혈당 상승 억제 등의 기능을 한다.

종류

식이섬유는 불용성 식이섬유와 수용성 식이섬유로 나뉜다. 불용성 식이섬유는 셀룰로오스, 헤미셀룰로오스, 리그닌 등으로 물에 녹지 않는 특징이 있으며, 급원식품으로는 귀리, 현미, 보리, 밀 등 곡류의 바깥층에 주로 존재하고, 채소의 질긴 섬유에도 존재한다. 수용성 식이섬유는 물 속에서 녹거나 팽윤되어 식물세포가 서로 붙어 있도록 하는 역할을 하며 펙틴, 검, 해조다당류 등이 있다. 급원식품으로는 과일, 채소, 콩류, 쌀겨 등이 있다.

기능

식이섬유는 비만 방지, 당뇨병 조절 역할과 변비, 대장암, 담석증 예방 및 혈중 콜레스테롤 감소의 역할을 한다. 불용성 식이섬유는 소화관 내 체류시간을 단축시키고 변의 양을 증가시키며, 수용성 식이섬유는 만복감을 주어 포도당의 흡수 지연, 혈청 콜레스테롤의 농도를 낮춘다.

한국인을 위한 식생활지침 이야기

'한국인을 위한 식생활지침'은 건강하고 균형 잡힌 식생활을 실천할 수 있도록 만성질환 감소 및 비만관리, 위생적인 식문화 등을 강조한 9가지 수칙으로 내용은 다음과 같다.

- 매일 신선한 채소, 과일과 함께 곡류, 고기·생선·달걀·콩류, 우유·유제품을 균형 있게 먹자.
- 덜 짜게, 덜 달게, 덜 기름지게 먹자.
- 물을 충분히 마시자.
- 과식을 피하고, 활동량을 늘려서 건강체중을 유지하자.
- 아침식사를 꼭 하자.
- 음식은 위생적으로, 필요한 만큼만 마련하자.
- 음식을 먹을 땐 각자 덜어 먹기를 실천하자.
- 술은 절제하자.
- 우리 지역 식재료와 환경을 생각하는 식생활을 즐기자.

매일 신선한 채소, 과일과 함께 곡류, 고기·생선·달걀·콩류, 우유·유제품을 균형 있게 먹자

건강한 식사의 기본은 6가지 식품군을 매일 골고루 섭취하는 것이다. 곡류는 매 2~4회, 단백질 식품 고기·생선·달걀·콩류는 다양하게 하여 매일 3~4회, 채소류는 매끼니 2가지 이상 반찬으로 곁들여서, 과일류는 매일 1~2가지 정도로 구성하여 간식으로, 우유·유제품은 매일 1~2잔 간식으로 섭취하며, 유지·당류는 조리 시 사용하는 양으로도 충분하다.

특히 채소와 과일에는 비타민, 무기질, 폴리페놀, 식이섬유가 풍부한데, 식이섬유는 변비 예방, 대장암 예방, 혈중 콜레스테롤 저하 기능이 있으므로 꾸준히 섭취하도록 한다. 또한 채소와 과일에는 항산화 비타민이나 폴리페놀 외에도 다양한 생리활성 물질이 많이 함유되어 있으므로, 건강을 지켜 나가기 위해서는 1일 500 g 이상의 채소와 과일을 섭취하고, 다양한 식품을 매일 필요한 만큼 골고루 균형 있게 섭취한다.

한편, 설탕과 정제된 밀가루, 콩가루, 옥수수가루 등 가루로 된 전분 가공식품은 전곡류로 섭취할 때보다 혈당을 급격히 상승시켜 인슐린 저항성을 유발하고, 체지방 합성과 저장률을 높여 비만을 초래하기 쉬우므로 혈당지수가 낮은 식품을 섭취하도록 한다. 게다가 칼슘 섭취가 권장량의 75% 수준 이하여서 칼슘 부족이 직접적인 원인인 골다공증은 수명이 짧았던 과거에는 문제되지 않았으나, 수명이 연장되면서 건강한 노후를 보내기 위해서는 우유, 유제품 등 칼슘이 풍부한 음식 또한 충분히 섭취해야 한다.

덜 짜게, 덜 달게, 덜 기름지게 먹자

국민건강통계에 의하면 1인 가구, 맞벌이 부부 등의 증가로 가공식품 섭취가 크게 늘어남에 따라 우리나라 국민의 나트륨, 당, 지방 섭취가 증가하였으며, 나트륨 과잉 섭취와 당류 과다 섭취의 문제가 지속되고 있다. 이처럼 나트륨, 당, 지방은 많이 섭취하면 우리 몸에 질병을 일으킬 수 있으므로 지나치게 섭취하지 않도록 하며, 만성질환의 효율적인 예방을 위한 영양·식생활 개선이 필요하다.

한편, 소금의 구성성분인 나트륨은 식물성 식품보다 동물성 식품에 더 많이 함유되어 있고, 간장, 된장, 고추장 등 우리나라 기본 조미료의 주성분으로 갖가지 음식에 사용되고 있다. 또한 각종 가공식품에 첨가되는 안정제, 방부제, 팽창제, 베이킹파우더, 중조 및 발색제 등은 구성성분이 나트륨으로 가공 과정에서 식품의 나트륨 함량이 크게 증가하기 때문에 가공식품 대신 자연식품을 주로 섭취하고 국물은 적게, 소스는 따로 먹고, 후추, 레몬, 고춧가루 등의 향신료를 사용한다.

덜 달게 먹기 위해서는 조리 시 꿀, 시럽, 설탕, 물엿 대신 양파, 파로 단맛을 내며, 가공식품보다 채소 및 과일 등 자연식품을 선택한다. 물론 식생활의 간편화와 식품의 품질 향상을 위해 식품 가공은 필요하지만, 최근 미국이나 유럽에서는 자연식품으로의 회귀현상이 나타나고 있다. 이들은 자연의 시간에 맞추어 정성껏 키운 재료들로 시간과 정성을 다해 만든 음식을 즐기며 삶에 대한 여유를 찾고자 한다. 이것을 '슬로푸드 운동'이라 하는데, 말 그대로 패스트푸드에 대항하여 지역 특성과 수공업적 생산과 유통, 전통적 맛과 문화를 살린 음식과 식생활 양식을 추구하는 운동으로서, 현재 국제 규모의 운동으로 전개되고 있으며 향후 더욱 확산될 전망이다.

덜 기름지게 먹기 위해서는 튀기기보다 삶고, 찌고, 굽는 방법으로 조리하며, 기름진 메뉴 대신 담백한 메뉴를 선택한다. 또한 덜 짜고, 덜 달고, 덜 기름지게 먹으려면 가공식품 구매 시 항상 영양성분 표시를 확인하여 나트륨, 당류, 지방이 적은 식품을 선택하도록 한다.

물을 충분히 마시자

물은 체온 조절 등 체내에서 다양한 기능을 하며, 인체의 항상성 및 생명 유지를 위해 반드시 필요하나, 한국영양학회에 따르면 물 충분섭취자 비율이 감소한 것으로 나타났다. 이에 보건복지부에서 순수한 물을 종이컵 기준으로 어린이 3~4잔, 성인 4~6잔, 어르신 4~5잔 정도 섭취하도록 권장하고 있으며, 올바른 수분 섭취를 위해서는 국, 음료, 커피, 차류보다는 물을 마시고, 시간을 정하여 틈틈이 자주 수분을 섭취한다. 식사 중·후에 섭취하는 많은 양의 물은 소화를 방해하므로 주의하고, 너무 차가운 물보다는 체온과 비슷한 온도로 섭취하도록 한다.

과식을 피하고, 활동량을 늘려서 건강체중을 유지하자

과식을 하면 남은 에너지가 지방으로 쌓여 비만과 만성질환을 유발한다. 따라서 건강체중을 유지해야 하는데, 여기서 건강체중은 만성질환에 의한 사망률이 가장 낮은 체중을 의미하며, 이를 위해서 과식을 피하고 활동량을 늘려야 한다. 그러나 질병관리청에 의하면 우리나라 성인 비만율이 증가하였고, 특히 남성 비만율(체질량지수 25 kg/m^2 이상)이 크게 증가하였으며, 아동 및 청소년 비만율도 꾸준히 증가 추세이다. 또한 신체활동 실천율, 아침식사 결식률, 고위험 음주율 등이 개선되고 있지 않아 정부는 「국가 비만관리 종합대책」을 마련하여 추진하고 있으며, 보건복지부는 일상 속에서 건강을 지키는 신체활동을 꾸준히 독려하기 위한 「한국인을 위한 걷기 가이드라인」을 발표했다.

보건복지부에서 과식을 피하기 위해 외식 횟수 줄이기, 식사 속도 늦추기, 극도로 배고픈 상태에서 식사하지 않기, 스트레스를 적절히 관리하며 조절하기 방안을 제시하였으며, 일상생활 속 활동량 늘리기를 위해 가까운 거리는 걷거나 자전거 이용하기, 주차 시 출입구와 먼 곳에 하기, 하루 15분씩 집 청소하기, 계단 이용 및 스트레칭 등 신체활동 생활화하기, 일주일 3~4회 및 매일 20~30분 이상 운동하기 방안을 제시하였다.

왜 자꾸 배고플까?

음식을 먹게 되면 20분 내로 식욕 조절 호르몬인 렙틴(leptin)이 지방조직에서 분비되면서 포만감을 느끼게 하여 식욕이 지속되지 않도록 제어하는 역할을 한다. 반면 식사 직전 공복일 때 식욕을 촉진하는 호르몬인 그렐린(ghrelin)은 위장에서 분비되어 배고픔을 느끼게 한다. 식사를 거르거나 체중 감량을 위한 절식은 그렐린 분비를 촉진시켜 과식이나 폭식으로 이어질 수 있다. 따라서 식사를 할 때 최소 20분 이상 천천히 먹고 규칙적으로 식사를 하는 것이 좋다.

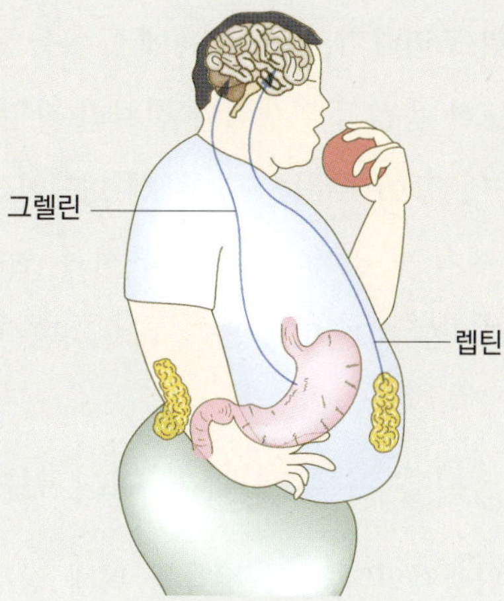

아침식사를 꼭 하자

질병관리청에서 아침식사 결식률이 증가하고 있다고 보고하여, 올바른 식습관 형성을 위해 아침식사에 대한 인식 개선이 필요함을 알 수 있다. 아침밥을 먹지 않으면 하루에 필요한 영양소를 모두 섭취하기 어려우며, 영양 부족으로 빈혈, 골다공증 등이 발생하고 면역력이 저하된다. 또한 어린이와 청소년의 경우 성장 부진이 발생한다. 반면 아침밥을 매일 먹으면 두뇌 활동의 에너지원인 포도당을 공급하고, 위 운동이 시작되어 신진대사가 활발해지며, 다음 식사 시 폭식을 막아 비만 예방, 그리고 균형 잡힌 영양 섭취로 어린이 및 청소년 성장에 도움을 준다. 따라서 원활한 두뇌 활동과 균형 잡힌 영양 섭취를 위해 아침밥을 꼭 챙겨 먹는 것이 좋다.

음식은 위생적으로, 필요한 만큼만 마련하자

연평균 식중독 발생 건수, 국민 1인당 연간 음식물쓰레기 배출량, 연간 음식물쓰레기 처리비 등이 증가하고 있어, 식품의약품안전처에서 음식을 위생적으로 다루기 위해 '식품의 유통기한 확인하기, 해동된 식품은 바로 조리하고 재냉동하지 않기, 음식물은 속까지 충분히 익혀먹기' 방안을 제시하였으며, 음식을 필요한 만큼만 마련하기 위해 '식사와 메뉴 미리 계획하기, 식품 구입 전 냉장고 정리하기, 필요한 물건을 메모하여 구입하기, 식사량에 맞춰 조리하기, 작은 그릇에 음식을 담아 버려지는 양 줄이기'를 제안하였다.

또한 음식의 위생적인 전처리 작업을 위해 흐르는 물에 비누로 30초 이상 손 씻기, 육류는 75°C, 어패류는 85°C에서 1분 이상 충분히 가열하여 먹기, 물은 끓여서 마시기, 조리기구 세척 및 소독 하기, 날 음식과 조리 음식 구분 후 칼 및 도마 구분하여 사용하기, 식품 보관온도 지키기(냉장 5°C 이하, 냉동 18°C 이하)를 제안했다.

음식을 먹을 땐 각자 덜어 먹기를 실천하자

위생적인 식습관 정착을 위해 정부는 '식사 문화 개선 추진 방안'을 수립하였다. 또한 농림축산식품부와 식품의약품안전처에서 음식 덜어먹기 확산을 위한 '덜어요' 캠페인을 진행 중이며, 남은 음식 싸주기 등 음식물쓰레기 줄이기 운동을 음식문화 개선사업의 일환으로 추진하고 있다.

술은 절제하자

우리나라 국민의 음주량은 세계보건기구 권고 음주량(남성 40 g/일, 여성 20 g/일)의 4배 이상인 것으로 보고되었다. 지나친 음주는 간경화 및 간암을 일으키며, 청소년의 정신과 몸을 해치고, 임신 중 음주는 기형아 출생률을 높이며, 운전 및 작업 중 사고 발생률 높인다. 이처럼 음주는 개인의 건강에 대한 문제만이 아니라 음주운전과 폭력 등 각종 사고와 간접적인 폐해와도 연관이 있어 올바른 음주문화 정착을 위해 노력해야 한다. 따라서 음주문화를 개선하기 위하여 취미 및 여가 생활을 통해 스트레스를 해소하고, 직장에서의 회식 및 접대 문화를 개선하며, 퇴근 후 가정에서의 시간을 보내는 문화를 정착하도록 한다.

질병관리청에 의하면 고위험 음주율이 개선되고 있지 않아 꾸준한 관리가 필요한 것으로 보이며, 한국건강증진개발원의 '함께 실천해요! 생활 속 절주 실천수칙'에서 절주방법으로 술자리를 되도록 피하기, 남에게 술 강요하지 않기, 원샷하지 않기, 폭탄주를 마시지 않기, 음주 후 3일은 금주하기 등을 제안했다.

우리 지역 식재료와 환경을 생각하는 식생활을 즐기자

안전하고 우수한 우리 농산물 활용과 식품 선택은 환경까지 생각하는 식생활 실천방법으로, 우리 식재료는 생산·운송·유통 단계가 짧아 높은 식품 신선도 유지가 가능하고, 160가지 농산물·잔류농약에 대한 성분 조사로 안전성 관리가 용이하며, 농산물이력추적관리로 품질·안전 관리 및 신뢰성 확보가 가능한 우수성을 갖고 있다. 또한 식재료 우수관리업체 지정·관리 및 사후관리로 안전하고 품질이 우수한 식재료 유통이 가능하다. 따라서 우리 식재료를 현명하게 선택하기 위해 보건복지부에서는 원산지 표시를 확인하고, 농산물우수관리인증·이력추적관리 등록 제품을 확인하며, 가공식품의 KS 인증·HACCP 인증을 확인하도록 가이드라인을 제시하였다.

CHAPTER

2

건강한 밥상 이야기

건강밥상 이야기 | 양념 이야기 | 색깔 음식 이야기

건강밥상 이야기

18세기 일본의 관상가이자 사상가인 미즈노 난보쿠(みずの なんぼく)는 그의 저서《절제의 성공학》에서 "사람의 운명은 당신이 먹는 음식에 달려 있다."라고 하였으며 하루 세 끼를 어떻게 먹느냐에 따라 운명이 결정된다고 하였다. 식사를 통해 장수할 수 있고 불행한 운명마저도 바꿀 수 있다는 것이다. 즉, 규칙적인 식사와 결식·폭식하지 않는 식생활이 건강 유지에 긍정적인 영향을 준다는 의미이다. 이와 같이 '건강한 밥상'에 대한 중요성은 모두 인지하고 있는 사실이며, 나라별로 건강한 밥상을 위한 가이드라인을 제시하고 있다.

나라별 식품가이드

나라마다 사회적·문화적 특징을 반영한 식품가이드라인이 있으며 영양교육에 중요한 자료로 활용되고 있다. 특히 시각적으로 쉽게 접근할 수 있도록 그림을 도입하여 설명하고 있다.

한국

보건복지부와 한국영양학회는 영양소 섭취기준을 반영한 '식품구성자전거'를 제시하였다. 한국인이 매일 섭취해야 할 여섯 가지 식품군(곡류, 고기·생선·달걀·콩류, 우유·유제품류, 채소류, 과일류, 유지·당류)의 균형 잡힌 식사를 위하여 뒷바퀴의 면적에 따라 식품의 섭취량을 안내하고 있다. 자전거 모양으로 운동을 강조하였으며, 앞바퀴에 물을 넣어 수분 섭취의 중요성을 나타내었다.

일본

일본의 농림수산성과 후생노동성은 팽이 모양의 '식사밸런스가이드'를 제시하였다. 주식, 주반찬(생선, 육류, 난류, 두부 등), 부반찬(채소, 해초류, 버섯류), 유제품, 과일, 과자 및 기호음료 등의 적정량을 제시하였고, 특히 현미와 잡곡 등 식이섬유가 풍부한 곡물 섭취를 권장하였다.

한국의 식품구성자전거
출처: 보건복지부, 한국영양학회, 2020 한국인 영양소 섭취기준 활용, 2021

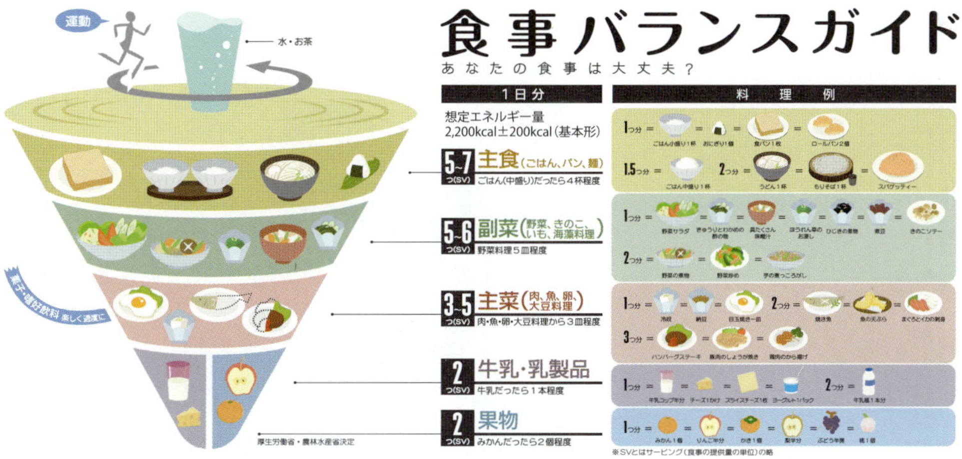

일본의 식사밸런스가이드
출처: https://www.maff.go.jp/j/balance_guide/

미국

미국 농무부(US Department of Agriculture, USDA)는 DGA(Dietary Guidelines for American)에서 'My Plate' 영양식단표를 소개하였다. 건강한 체중관리를 위한 균형 잡힌 영양 섭취, 영양가 좋은 식품 선택, 활동량 늘리기를 주제로 하며, 둥근 접시를 넷으로 구분하여 한 끼마다 먹어야 할 식품군을 담았고 채소와 과일이 반을 차지한다. 전곡(whole grain)류를 단백질보다 더 많이 섭취할 것을 권장한다.

영국

영국의 공중보건국(Public Health England, PHE)이 발표한 'Eatwell guide'는 건강하고 균형 잡힌 식단에 필요한 식품의 종류와 비율을 시각적으로 표현하고 있다. 식이섬유가 풍부한 전곡류, 과일과 채소, 저지방·저당 식품, 콩류, 생선(매주 2회 섭취), 불포화지방이 풍부한 유지, 붉은고기 및 가공육은 하루 70 g 이하로 섭취, 하루 6~8컵의 물 섭취를 권한다.

캐나다

캐나다 보건부(Health Canada)는 'Canada's food guide'에서 영양소가 풍부하고 포만감을 주는 채소와 과일을 매 식사마다 접시의 절반을 채울 것을 제안하고 있다. 정제된 곡

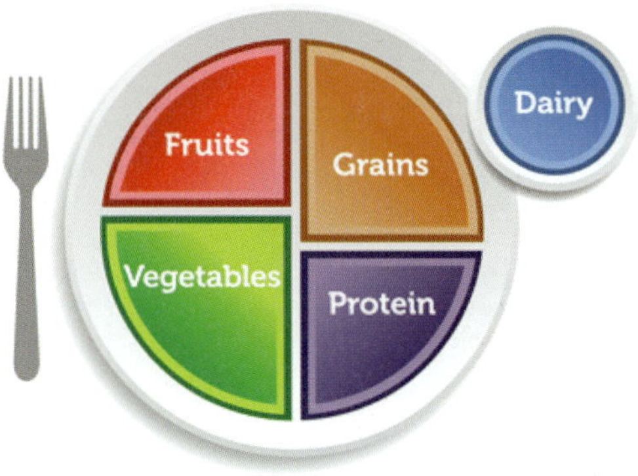

미국의 My Plate
출처: https://www.myplate.gov/

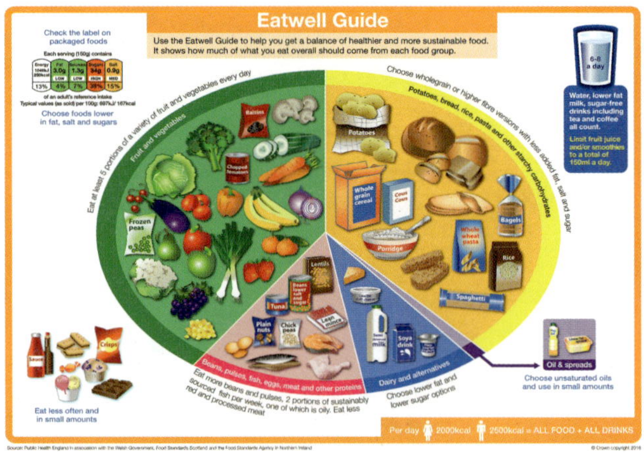

영국의 Eatwell guide
출처: https://www.gov.uk/government/publications/the-eatwell-guide

Canada's food guid
출처: https://food-guide.canada.ca/en/

물 대신 통곡물 식품 50%, 단백질 식품 50%를 권장하고, 캐나다인 식단의 절반을 차지하고 있는 패스트푸드, 냉동식품, 가당 음료 등 초가공식품(ultra-processed food)의 섭취를 제한하고 있다.

건강과 아침식사 이야기

아침식사는 하루 중 가장 중요한 식사로 활동에 필요한 영양과 에너지를 제공하며 1일 에너지 섭취량의 15~25%(여성의 경우 300~500 kcal, 남성의 경우 375~625 kcal)를 권장하고 있다. 식사로 유도된 열발생(diet-induced thermogenesis, DIT)은 아침식사가 저녁식사에 비해 2.5배 더 높고 혈당수치는 낮으므로 에너지 소비 증가, 체중 감소 및 혈당 조절을 위해서 건강한 아침식사가 도움이 될 수 있다. 아침식사를 거르면 장시간 공복으로 음식물을 지방으로 저장하여 체중 증가로 이어질 수 있으며, 공복 상태가 길어지면 혈당 저하, 뇌신경 반응 둔화, 학습과 업무 능률 저하 등이 나타날 수 있다.

하루 중 시간대에 따라 좋아하는 음식은 문화적으로 차이가 있어 나라별로 다음과 같은 특징적인 아침식사의 양상을 보인다.

한국의 쌀밥과 반찬

밥과 비타민과 식이섬유가 풍부한 김치와 나물 등의 채소와 두부, 콩장, 생선 등 단백질 반찬과 함께 국이나 찌개를 곁들여 아침식사를 한다.

일본의 낫토(納豆)

쌀밥에 낫토, 미소국, 생선구이, 김, 채소절임을 곁들여 아침으로 먹는다.

중국의 요우티아오(油條)

유조는 발효시킨 밀가루 반죽을 긴 꽈배기 모양으로 튀긴 것으로 보통 콩물이나 죽에 곁들여 먹는다.

대만의 지엔빙(煎餅)

지엔빙은 흔한 길거리 음식이자 전형적인 아침식사로 달걀과 밀가루로 만든 일종의 크레페에 햄, 파, 대두, 땅콩, 달걀, 돼지고기 등의 다양한 재료를 얹어 먹는다.

말레이시아의 나시르막(Nasi Lemak)

나시르막은 코코넛 밀크와 판단잎을 넣고 지은 쌀밥에 달걀, 땅콩, 오이, 멸치볶음과 삼발소스를 곁들여 먹는다.

필리핀의 실록(Silog)

볶음밥과 달걀 프라이에 쇠고기, 돼지고기, 소시지, 생선 등으로 만든 간단한 반찬을 곁들인 실록을 아침으로 먹는다.

미얀마의 모힝가(Mohinga)

모힝가는 메기 육수에 바나나나무 줄기, 레몬글라스, 양파, 마늘, 생강, 어묵 등을 넣어 먹는 쌀국수로 주로 아침에 먹는 미얀마의 국민 음식이다.

나시르막

탑실록

달리야 키치니

베트남의 퍼(Pho)

길거리 가판대에서 쌀국수를 즐겨 먹으며 파, 고추, 식초, 라임 등에 곁들여 먹는 퍼 하노이와 숙주, 양파 초절임, 해선장과 핫소스를 더해 먹는 퍼 사이공이 있다.

싱가포르의 카야토스트(Kaya toast)

코코넛 밀크, 설탕, 달걀, 판단잎을 주원료로 만드는 카야잼을 바른 토스트로 만들어 먹으며, 삶은 달걀과 커피를 함께 먹기도 한다.

인도의 차이(Chai)

홍차와 우유, 생강, 계피, 정향, 카다멈, 설탕 등을 넣어 끓인 따뜻한 차이 한 잔으로 아침을 시작하며, 달리야 키치니(Dalia khichdi: 빻은 밀, 렌즈콩과 채소를 넣어 끓인 음식)를 먹기도 한다.

영국의 잉글리쉬 브렉퍼스트(English breakfast)

빵, 달걀(프라이, 스크램블 또는 수란), 베이컨, 소시지, 구운 콩, 토스트, 구운 토마토, 볶은 버섯, 블랙푸딩을 함께 먹는다.

미국의 베이글(Bagle)

우유와 시리얼 또는 토스트한 식빵에 버터와 딸기잼을 발라 먹거나 크림치즈를 바른 베이글 등을 먹는다.

프랑스의 크루아상(Croissant)

프랑스식 아침식사는 크루아상과 커피로 시작하며 빵 오 쇼콜라, 바게트에 잼과 버터를 곁들여 먹기도 한다.

이탈리아의 코르네토(Cornetto)

이탈리아 사람들은 아침식사를 콜라지오네(colazione)라고 하며 카푸치노와 달콤한 코르네토나 브리오슈를 간단하게 먹는다.

독일의 브뢰첸(Brötchen)

바삭하고 구수한 빵인 브뢰첸과 치즈, 훅햄, 소시지, 살라미, 달걀, 잼 등을 곁들여 먹는다.

스위스의 뮤즐리(Müesli)

익히지 않고 납작하게 누른 통귀리, 각종 곡류, 견과류, 말린 과일 등으로 만든 뮤즐리를 요구르트와 먹는다.

스웨덴의 스뫼르고스보르드(Smörgåsbord)

버터 바른 빵 위에 햄, 치즈, 양상추, 오이, 토마토, 완숙 달걀을 토핑한 오픈 샌드위치인 스모르고스보르드를 먹는다.

터키의 메내멘(Menemen)

스크램블드 에그, 양파, 토마토, 피망, 칠리와 오레가노, 후추 등의 향신료가 들어간 전통요리인 메내멘을 빵과 함께 즐겨 먹는다.

코르네토

스뫼르고스보르드

메내멘

카샤

러시아의 카샤(Kasha)

러시아 국민 음식 중 하나인 카샤는 통째로 볶은 통곡물 메밀이나 세몰리나 귀리로 만들 수 있으며, 종종 우유와 설탕을 넣어 요리하고 잼과 함께 제공된다.

하헐슬라흐

네덜란드의 하헐슬라흐(Hagelslag)

초콜릿, 바닐라, 과일 맛이 나는 작은 알갱이 스프링클인 하헐슬라흐를 버터를 바른 빵 위에 뿌려서 먹는다.

멕시코의 칠라낄레스(Chilaquiles)

옥수수 토르티야를 조각내어 살짝 굽거나 튀긴 토르티야칩에 살사나 몰레(mole) 소스를 얹어 조린 음식으로 달걀 프라이나 치즈, 고수 등을 얹어서 먹기도 한다.

모로코의 므세멘(M'semen)

므세멘은 밀가루 반죽을 최대한 얇게 말아서 바삭하고 쫄깃하게 만든 팬케이크 같은 빵으로 채소나 고기로 속을 채워 제공되기도 한다.

호주의 베지마이트(Vegimite)

베지마이트는 채소즙, 소금, 맥주 효모 추출물로 만든 짙은 갈색의 스프레드로 베이글이나 토스트에 펴 발라 먹는다.

칠라낄레스

므세멘

베지마이트

임금님의 아침식사는 어땠을까?

왕이나 왕비는 하루 다섯 차례 수라를 드셨다. 이른 아침에 자릿조반(초조반, 初朝飯), 10시에 아침수라(조수라, 朝水剌), 낮것상(點心), 오후 5시경에 저녁수라(석수라, 夕水剌), 밤에 드시는 야참(야식, 夜食)이라 하였으며, 이른 아침 죽이나 응이(곡물을 갈아 앙금으로 만들어 쑨 죽), 미음(米飮, 쌀을 묽게 쑨 죽), 곁들임 찬으로 초조반상을 마련하였다. 흰죽, 잣죽, 타락죽(쌀가루와 우유로 쑨 죽), 흑임자죽과 홍합, 해삼, 쇠고기 등을 찹쌀과 함께 끓인 삼합미음, 수수, 감자, 오미자 등으로 만든 응이를 주로 올렸다.

출처: 한복진, 우리가 정말 알아야 할 우리음식 백가지 2, 2005

건강한 식생활과 세계의 장수마을 이야기

건강하게 오래 사는 것은 인류의 소망이다. 세계의 장수마을을 돌아보면 자연환경과 더불어 식생활과 관련된 여러 요인이 장수의 비결인 것이다.

파키스탄의 훈자(Hunza), 물

히말라야 산맥에 들러싸인 훈자지역은 사계절 풍부한 과일과 아름다운 풍경으로 유명하다. 제철 곡식과 과일로 차린 간소한 밥상과 자연친화적인 생활습관이 장수의 비결로 꼽히며, 또한 만년설에서 내려오는 칼슘과 마그네슘 등 미네랄이 풍부한 물이 신진대사 촉진과 각종 질병 예방에 도움을 주는 것으로 알려져 있다.

훈자

그리스의 이카리아(Ikaria), 올리브오일

그리스의 이카리아 지역은 과일, 채소, 곡류, 콩류 중심의 지중해식 식단으로 올리브오일을 즐겨먹는다. 올리브오일은 폴리페놀 성분이 풍부하여 항산화, 항암, 혈중 지질 개선 기능이 있으며, 또한 콜레스테롤 수치를 조절하는 올레산, 심장병과 암의 위험을 낮추는 필수지방산이 존재한다. 올리브오일은 산도가 낮을수록 향과 순도가 높은 제품으로, 특히 함암, 항염, 항산화 효과로 주목받는 올레오칸탈(oleocanthal) 성분이 있다.

장수마을의 건강식품, 올리브오일

올리브오일은 올리브를 냉압착하여 샐러드 소스용으로 적합한 엑스트라 버진 올리브오일(extra virgin olive oil), 엑스트라 버진보다는 풍미가 떨어져 조미용으로 사용되는 버진 올리브오일(virgin olive oil), 버진 올리브오일과 정제된 올리브오일을 혼합하여 튀김, 부침용으로 활용되는 퓨어 올리브오일(pure olive oil), 올리브박(olive pulp)에서 추출 · 정제하여 볶음이나 튀김용으로 사용되는 포마스 올리브오일(pomace olive oil)로 분류된다. 압착 올리브오일은 정제 올리브유에 비해 색이 짙고 향이 강하며 페놀성 물질 등 다양한 기능성 성분을 함유하고 있다. 단 열에 의한 산화에 불안정하여 가열 조리에 적당하지 않으며 어두운 색의 유리병에 담겨 있는 것을 선택하는 것이 바람직하다.

에콰도르의 빌카밤바(Vilcabamba), 카사바

90대의 노인들이 밭에서 일하는 모습을 쉽게 볼 수있다는 발카밤바 지역에서는 마와 비슷하게 생긴 뿌리채소 카사바를 삶아서 먹거나 과자나 빵으로 만들어 먹으며, 청정지역에서 재배한 통곡물, 옥수수, 고구마, 양배추, 호박, 감자 등과 염소 젖으로 만든 치즈를 섭취하는데 이것이 장수비결이라고 할 수 있다.

이탈리아의 캄포디멜레(Campodimelle), 콩

이탈리아의 작은 마을 캄포디멜레에서는 수프, 스튜, 파스타 요리에 시세르키(cicerchie: 병아리콩의 일종)와 파지올리(fagioli: 흰강낭콩)를 곁들여 즐겨 먹는다. 콩에는 단백질이 풍부하고 필수지방산과 각종 비타민, 무기질, 섬유소 등이 들어 있으며 혈압을 낮추고 콜레스테롤을 떨어뜨리는 효과가 있다. 이외에도 마늘, 양파, 샬롯, 통밀빵과 전통발효치즈, 요구르트, 절인 올리브와 같은 발효식품 같은 다양한 건강식품을 섭취한다.

시세르키에 수프(zuppa di cicerchie)

러시아의 코카서스(Caucasus), 케피어

세계 3대 장수마을인 코카서스의 발효 유제품인 케피어(kefir)는 '행복감을 주는 식품'으로 선정되기도 하였다. 티베트 지역의 승려들이 질병 치료로 몽글몽글한 버섯 모양의 종균을 사용하여 케피어를 만들었고, 일반 발효유보다 프로바이오틱스가 풍부하여 장속의 유해한 세균을 제거하고 유익한 미생물을 증식시킨다.

케피어(kefir)

양념 이야기

건강한 밥상을 만들기 위해서는 음식을 만들 때 필수적인 요소인 '양념'을 고려해야 한다. 양념은 한자어로는 '약념(藥念)'으로 표기되는데, 이는 '몸에 이로운 약이 되도록 염두에 둔다'라는 의미로 조미료로 사용할 때의 효과를 표현해 준 용어라고 할 수 있다. 음식의 맛을 내고 저장성을 높이기 위해 사용되는 양념을 바로 알고 잘 활용하는 것은 건강한 식생활을 영위하기 위한 기본이라고 할 수 있다. 여기서는 한국 음식에 필수적인 양념인 소금, 된장, 간장, 고추장, 식초에 대하여 알아보자.

소금

소금은 '작은 황금(小金)'이라는 의미로 자연에서 얻을 수 있는 천연 미네랄 섭취원이다. 최근 소금의 약성(藥性)으로 나트륨, 칼륨, 니켈, 철, 아연 등의 미네랄 성분에 주목하고 있으며 이런 성분은 원활한 생리작용에 중요한 역할을 한다.

삼면이 바다인 우리나라는 일부 남해안을 포함한 서해안의 갯벌에서 양질의 값싼 소금을 얻을 수 있으며, 신안군은 우리나라의 대표적인 염전 지역으로 대부분 장판염으로 제염을 하고 있다. 소금은 제조방법에 따라 크게 천일염, 암염, 기계염, 재제염으로 분류한다. 소금의 종류에 따라 미네랄 함량 차이가 있어 음식의 맛과 풍미 그리고 건강에 미치는 영향이 달라진다.

천일염(天日鹽) 천일염은 염전에 해수를 유입시켜 태양열과 바람 등 자연의 힘으로 수분을 증발시켜 얻는 소금으로 대량생산이 가능하다. 염도는 80~86% 정도이며, 미네랄 성분이 풍부하나 정제과정을 거치지 않아 미량의 불순물이 함유될 수 있다.

정제염(精製鹽) 정제염이란 순도 99.9% 이상의 염화나트륨으로 이루어진 소금이다. 미네랄이 제거된 정제염을 선호하는 경향은 줄어들었지만, 라면, 과자, 햄, 통조림, 어묵, 치즈, 버터 등 가공식품 등과 시판되는 김치, 간장, 된장, 젓갈 등에 사용되고 있다. 또한 기능성 소금도 정제염에 녹차, 다시마, 마늘, 키토산 등을 가미한 경우가 많다.

꽃소금(재제염, 再製鹽) 천일염을 정제수나 바닷물 등에 녹여 불순물을 여과한 후 다시 결정화시킨 것으로 가공 과정에서 하얀 눈꽃 같은 결정이 생겼다는 데서 이름이 붙었으며, 현재 가정에서 가장 많이 쓰이는 소금 중 하나이다.

죽염(竹鹽) 죽염은 대나무 통에 천일염을 넣어 진흙으로 봉한 후 800~1200°C 이상에서 1~9회 구운 소금이다. 9회 구운 죽염은 칼륨, 칼슘, 철, 마그네슘 등의 미네랄이 풍부하다.

암염(岩鹽) 암염은 해수 및 염호가 증발하면서 생긴 소금 결정이 암석화된 것으로 생산지의 환경에 따라 성분 함량의 차이가 있다. 특히 히말라야에서 생산되는 암염은 미네랄이 풍부하고 분홍색을 띤다.

자염(煮鹽) 전통적 제염방식으로 갯벌에서 농도가 높은 바닷물을 채취하여 끓여서 만든 소금이다. 어패류와 갑각류 등의 유기물질이 풍부한 갯벌 흙을 사용하기 때문에 다채로운 풍미가 난다.

된장

된장은 고유한 풍미를 지닌 영양적으로 우수한 단백질 공급원인 콩 발효식품으로 쌀과 채소 위주의 식단에서 부족하기 쉬운 필수아미노산과 필수지방산을 공급하는 중요한 역할을 해왔다. 된장은 오랜 발효 숙성과정 중에 생성된 페놀 화합물과 이소플라본계 화합물 등이 항산화작용을 하며, 특히 발효과정 중 유리된 필수지방산인 리놀레산이 항암 효과가 있다고 알려져 있다.

된장 맛이 집집마다 다른 이유는 메주 발효에 관여하는 균, 효모, 곰팡이가 온도와 습도에 따라 다르게 작용하기 때문이다. 된장의 향미성분은 발효과정에서 화학적, 생물학적 변화로 생성된다. 대두의 단백질, 지질, 탄수화물 등의 분해 및 상호 작용에 의해 질소화합물, 카보닐 화합물, 알코올 등이 생성되어 된장의 향미에 영향을 미치고, 미생물 또한 향기성분 생성에 중요한 역할을 한다.

된장은 메주를 소금물에 담가 발효하여 간장을 분리하고 남은 고형물에 소금을 넣어 숙성시킨 것으로 가정에서 전통적으로 제조하는 방식을 따라 제조한 된장을 전통된장이라고 하고, 대량생산하기 위하여 업체에서 간편한 방식으로 제조한 된장을 개량된장이라고 한다. 전통된장은 세균 및 곰팡이가 메주의 발효과정에 관여하는 것이고, 개량된장은 주로 황국균(*Aspergillus orizae*)을 이용하여 발효시키므로 숙성기간이 짧고 단맛이 강한 편이다. 또한 계절이나 숙성기간에 따라 속성으로 담가 먹거나 대두 이외에 보리, 밀, 메밀가루, 채소, 고춧가루 등의 다양한 부재료를 첨가하여 맛을 낸 다양한 별미장이 있다.

담북장 봄철에 햇장이 만들어지기 전에 급히 만들어 먹는 장으로 콩으로 메주를 띄우는 기간이 짧아 콩맛이 많이 남아 있으며 고춧가루, 마늘, 소금 등을 넣어 따뜻한 장소에서 발효시켜 먹는다.

막장(빠개장, 빰장) 메줏가루나 메주콩에 소금, 엿기름, 고추씨. 고춧가루와 보리밥, 찹쌀밥 등을 섞어 7~10일 정도 발효시켜 양념장으로 먹거나 국, 찌개 등으로 먹는다.

집장(즙장, 채장) 메줏가루에 찹쌀밥이나 보리밥을 넣고 고추, 가지, 무, 오이, 우엉 등의 채소와 엿기름을 섞어 버무려 단기간 발효시켜 먹는 속성장으로 채소를 많이 넣기 때문에 독특한 풍미와 산미가 난다.

장 담그는 날은 손(損) 없는 날로!

된장은 삼국시대부터 우리 민족과 함께 해왔으며 한 집안의 건강과 안녕을 책임지는 장 담그는 일은 가장 큰 행사 중 하나였다. '손 없는 날'은 악귀가 없는 날이라는 뜻으로 인간에게 해를 끼치지 않는 길한 날을 의미한다. 따라서 장을 담그기 위해 매년 초겨울이 되면 메주를 쑤고 음력 대보름부터 2월이 끝나기 전 손 없는 날인 10일, 20일, 그믐날 또는 말날(午日), 돼지날(亥日)을 택해서 장을 담근다.

예부터 장 항아리에 종이로 버선본을 오려 거꾸로 붙이고 숯, 고추, 솔가지를 끼워 새끼줄로 금줄을 만들었다. 숯과 고추의 화학작용으로 벌레가 꼬이는 것을 막고, 솔잎처럼 변하지 말고 숯처럼 검게, 고추처럼 붉으라는 바람과 부정을 방지하려 금줄을 쳤다. 버선은 장맛이 변했어도 다시 되돌아오라는 의미이지만 실제로 햇빛을 반사시켜 벌레의 침입을 막는 효과도 있다.

간장

간장은 우리나라 고유의 전통발효식품으로 음식의 간을 맞추고 맛을 낼 때 사용된다. 간장은 아미노산, 유리당, 유기산과 소금에 의해 구수한 맛, 단맛, 신맛 그리고 짠맛이 어우러지는 대두 발효식품이다. 간장은 담근 햇수나 제조방식에 따라 구분되며 염도와 맛과 향이 달라 음식에 따라 용도가 달라진다.

덧간장 장을 만들 때 햇간장에 묵은 간장을 더해 만든 것으로 발효균이 세월을 대물림하여 내려오는 간장이다.

청장 1~2년 된 묽은 간장으로 국을 끓일 때 사용한다.

중간장 3~4년 된 간장으로 찌개, 나물 등에 사용한다.

진간장 5년 이상 된 간장으로 약식, 생선조림, 장아찌, 구이 등에 사용한다.

씨간장 오랜 세월 묵혀 발효의 맛이 강해지고 염도가 낮아진 간장으로, 옹기째로 훔쳐간다는 말이 있을 정도로 매우 귀한 간장이다.

양조간장 콩과 밀을 발효시켜 만드는 간장으로 부산물인 된장은 나오지 않는다.

혼합간장 콩의 단백질을 염산으로 가수분해하여 단기간에 제조한 산분해간장과 양조간장을 일정비율로 섞어 가공한 간장이다.

고추장

고추장은 콩으로 만든 메주(떡메주)의 구수한 맛과 찹쌀, 멥쌀, 보리쌀 등 전분질의 단맛, 고춧가루의 매운맛, 소금의 짠맛이 조화롭게 어우러져 숙성된 양념이다. 고추의 매운맛 성분인 캡사이신(capsaicin)은 체내 대사작용을 활발하게 해주고 지방이 축적되는 것을 막아서 다이어트에 활용되기도 하며, 전분 재료에 따라 고추장의 종류가 결정된다. 찹쌀로 만든 밥이나 죽을 넣어 담그면 찹쌀고추장, 늙은호박을 삶아서 엿기름과 함께 버무려 넣으면 호박고추장, 보리를 넣은 보리고추장, 고구마고추장, 수수고추장, 팥고추장, 마늘고추장 등이 있다.

매운맛의 척도, 스코빌지수(Scovill scale)란?

미국의 화학자 윌버 스코빌이 최초로 개발하였으며, 고추가 얼마나 매운지를 판단할 수 있는 기준이다. 고추의 매운 정도로 고추에 포함된 캡사이신 농도를 스코빌 매움 단위(Scovill Heat Unit, SHU)로 계량화하여 표시한다.

파프리카	매운맛 라면	청양고추	하바네로	페퍼 스프레이	순수 캡사이신
0 SHU	1,320~2,700 SHU	4,000~12,000 SHU	10만~35만 SHU	200만~500만 SHU	1,500만~1,600만 SHU

식초

소염다초(少鹽多酢)는 식초가 건강에 좋다는 인식에서 비롯된 말로 소금을 적게, 식초를 많이 섭취하라는 의미이다. 식초의 신맛은 소금이나 간장이 부족해도 싱겁게 느껴지지 않아 나트륨 섭취량을 줄일 수 있으며, 식초에 포함된 구연산 등 60여 종의 유기산은 젖산의 생성을 막아 신진대사를 활발하게 하고 노화, 스트레스 해소에 도움을 준다.

식초는 종류로는 쌀, 술을 발효시켜 만든 양조식초와 사과, 감, 포도 등으로 만든 과일식초가 상용되며 특정 재료를 첨가하여 만든 감식초, 유자식초, 솔잎식초, 마늘식초 등이 있다. 미국의 사과식초(cider vinegar), 프랑스의 포도식초(wine vinegar), 영국과 독일의 맥아식초(malt vinegr), 일본의 청주박식초(淸酒粕食醋) 등이 나라별로 생산되는 식초이다. 특히 이탈리아의 발사믹식초는 와인을 장기간 숙성·발효시켜 만든 식초로 올리브오일과 섞어 빵을 찍어 먹거나 샐러드드레싱으로 많이 사용된다.

우리의 양념은 우리의 옹기에

옹기란 유약을 입히지 않고 구워 겉면이 윤기가 없는 질그릇과 유약을 입혀 구운 오지그릇으로 독이나 항아리를 일컫는다. 제작 과정에서 기공이 생성되어 옹기의 안과 밖으로 공기가 통하여 음식물을 잘 익게 하고 저장성을 높이는 효과가 있어 간장, 된장, 고춧가루 등 양념을 단지에 담아서 부엌에 두고 사용하였다.

간장병

고추장항아리

초병

양념단지

이단지

삼단지

사단지

오단지

출처 : 국립민속박물관

색깔 음식 이야기

건강한 밥상을 위한 식재료에 대한 관심은 계속되고 있다. 특히 생명 유지를 위한 필수 영양소는 아니지만 식물의 독특한 색, 향, 맛으로 건강 유지에 필요한 파이토케미컬의 생리활성에 대한 연구는 지속되고 있다.

세계보건기구(WHO)는 1일 권장량(약 400 g, 1일 5인분: 채소 3인분과 과일 2인분)에 따라 과일 및 채소 섭취량을 늘리는 'Five a Day' 프로그램을 채택하였고, 1991년 미국에서 도입한 후 여러 다른 국가에서도 이를 수행하였으며 'New Fruits & Veggies More Matters' 캠페인으로 확대하여 추진되고 있다.

우리나라에서는 음양오행(陰陽五行)의 원리에 따라 다섯 가지 색깔의 음식이 오장육부의 건강과 관련이 있으므로 다양한 식재료를 조화롭게 구성하여 음식을 만들었다는 기록이 있다. 여기서는 다섯 가지 색깔이 갖는 의미와 효능, 식품 종류에 대하여 알아보자.

오색(五色)	함유 식품	파이토케미컬	오장(五臟)
푸른색(青, 綠)	고추, 녹차, 두릅, 미나리, 브로콜리, 상추, 시금치, 쑥, 애호박, 오이, 완두콩, 청고추, 청경채, 키위, 파래	클로로필(chlorophil)	간장(肝臟)
붉은색(赤)	구기자, 대추, 딸기, 복분자, 사과, 석류, 오미자, 체리, 토마토, 팥	라이코펜(lycopene)	심장(心臟)
노란색, 주황색(黃)	고구마, 귤, 단감, 달걀 노른자, 당근, 밤, 벌꿀, 생강 옥수수, 유자, 인삼, 호박, 귤	카로티노이드(carotenoid)	비장(脾臟)
백색(白)	박, 배, 배추, 도라지, 마늘, 무, 버섯, 쌀, 양배추, 양파, 연근, 우엉, 죽순	안토잔틴(anthoxantin)	폐(肺)
검은색(黑), 보라색(紫)	검은콩, 김, 블루베리, 가지, 오디	안토시아닌(anthocyanin)	신장(腎臟)

청·녹색 식품

청(青)·녹(綠)색의 식품은 간, 담, 눈, 근육 등과 관련이 있다. 녹색 과일과 채소에 풍부한 엽록소는 신진대사를 원활하게 하고 간의 피로를 해소시킨다. 특히 녹색잎 채소의 경우 항산화, 항염증, 항비만 기능과 고지혈증 예방에 효과가 있는 생리활성 화합물과 영양소가 풍부하다.

시금치

시금치를 먹으면 '뽀빠이'처럼 힘이 솟게 된다는 만화 덕분에 당시 미국의 시금치 소비량이 30%나 증가했다고 한다. 칼슘과 철이 풍부한 시금치는 뼈 건강과 빈혈 예방 등에 효과가 있다. 시금치는 페놀 화합물 및 카로티노이드와 같은 생리활성 물질이 풍부하며, 특히 카로티노이드는 간에서 지방 축적의 감소와 간 병리학의 예방 및 치료에 효과적이다.

새싹보리

보리는 고대부터 식품 재료로 사용되었으며 유라시아 지역에서 최초로 재배된 곡물로 플라보노이드와 폴리페놀(polyphenol) 성분이 풍부하다. 씨를 뿌리고 약 10일 후에 수확한 보리의 어린 잎인 보리새싹은 강력한 항산화작용 물질로 간독성을 예방하는 사포나린(saponarin), 수용성 식이섬유인 베타글루칸(β-glucan)과 혈중 저밀도 지단백(low density lipoprotein, LDL) 콜레스테롤 및 총 콜레스테롤 수치를 감소시키는 폴리코사놀(poli-cosanol)이 다량 함유되어있다.

부추

독특한 맛과 향기가 있는 부추는 실부추, 한라부추, 세모부추, 두메부추, 좀부추, 돌부추, 산부추 등이 있고 충청도에서는 '졸', 경상도에서는 '정구지'로 부르기도 한다. 부추는 루테인, 베타카로틴 및 비타민 A · B_1 · C가 풍부하며, 독특한 향미성분인 유황화합물이 있어 생선이나 육류 등의 냄새를 제거하는 향신료로 사용되고 있다.

붉은색 식품

붉은색은 심장, 소장, 혀 등과 관련되며, 붉은색의 식품은 피를 맑게 하고 심장을 건강하게 하는 효과가 있다. 흔히 '과일이 빨갛게 익어간다'고 할 때 영양소가 풍부하고 맛있게 먹을 수 있는 상태가 된다는 의미를 내포하고 있다.

토마토

토마토의 원산지는 남미 페루이며 유럽 속담에 "토마토가 빨갛게 익어가면 의사들 안색이 파래진다(When tomatoes turn red, the doctor's face turns green; A tomato a day keeps the doctor away)"는 말이 있을 정도로 건강에 좋은 식품이다. 토마토에 풍부한 라이코펜(lycopene)은 빨간색 채소와 과일에 많이 함유된 지용성의 파이토케미컬로 기름을 이용해 조리해야 흡수를 더 향상시킬 수 있다. 특히 토마토의 라이코펜은 혈전이 생기는 것을 막아 심혈관질환, 심근경색 및 뇌졸중 등을 예방하는 효과도 있다,

레드와인

'French Paradox'는 포화지방의 많은 섭취에도 불구하고 적당한 와인 섭취가 프랑스

인구의 심혈관 질환 발병률을 상대적으로 낮춘다는 연구에 의해 명명되었다. 적포도 껍질과 씨를 함께 으깨어 발효시키는 레드와인에는 타닌, 카테킨, 플라보놀, 라스베라트롤, 안토시아닌 등의 폴리페놀 성분이 많이 함유되어 있어 항산화작용과 심장질환의 예방효과가 있다.

특히 포도 껍질에 많이 함유된 레스베라트롤(resveratrol) 등의 폴리페놀은 LDL이 혈관에 붙어 혈관이 좁아지거나 혈전이 생기는 것을 막아 동맥경화, 심장질환, 심근경색 및 뇌경색 등을 예방해 준다.

사과

사과는 비타민 C와 수용성 식이섬유를 포함한 다양한 영양소의 공급원이며 안토시아닌, 플라바놀, 페놀산 등의 많은 폴리페놀을 함유하고 있다. 폴리페놀은 과육보다는 주로 사과 껍질에 있으며 녹색 껍질보다 빨간 사과 껍질에 더 많다. 특히 수용성 섬유질 함량은 지질 저하 및 심장질환 예방에 효과가 있다. '아침에는 황금, 밤에는 독' 이라는 말처럼, 아침에 먹는 사과는 하루의 에너지원이 되고 위액 분비를 촉진시켜 건강에 도움이 되지만, 찬 성질과 섬유질이 많아 장을 자극하므로 밤에 먹으면 속이 쓰리거나 뱃속이 불편해질 수 있다.

황색 식품

황색은 비장, 위장, 입 등에 관련되며, 황색을 띠는 음식은 소화력 증진에 도움이 되고 항염 효과가 있으며, 호흡기 질환, 천식 등의 증상에도 효과적이다. 특히 황색 식품에 들어 있는 카로티노이드는 항노화와 항염에 효과가 있다.

당근

베타카로틴의 보고인 당근은 한방에서는 인삼을 대신해서 스테미나를 강화하고 양기를 회복시켜 준다고 하며 평(平)한 성질로 건위(健胃)작용, 소화불량, 복부팽만에 효과적이고, 호흡기와 소화기 점막에 저항력을 길러 천식과 위궤양을 예방한다고 알려져 있다. 베타카로틴은 당근 껍질에 풍부하며 지용성 비타민으로 기름에 조리하면 흡수율을 높일 수 있다.

생강

고려 현종 때 임금님이 신하에게 내리는 하사품이었던 생강은 독특한 방향성분으로 감칠맛을 살리는 향신료일 뿐만 아니라 맵고 따뜻한 성질로 해독작용이 있어 한약재로 많이 이용된다. 차로 마시거나 찌거나 삶아서 건조한 건강(乾薑), 불에 구워 말린 흑강(黑薑)으로도 섭취하며, 소화불량, 구토, 설사, 메스꺼움과 멀미 진정에 효능이 있고 항염 및 진통 효과가 있다. 생선회를 먹을 때 생강 속 디아스타제와 단백질 분해효소가 소화를 돕고 매운맛 성분인 진저롤(gingerrol)과 쇼가올(shogaol)이 티푸스균, 콜레라균 등의 병원균을 없애는 효과가 있다.

늙은호박

예부터 동짓달에 늙은호박을 먹으면 1년 내내 무병하다는 말이 있을 정도로 늙은호박은 건강에 유익한 식품으로 호박죽, 호박식혜, 호박음료, 호박떡, 호박정과, 호박엿 등으로 만들어 먹었다. 약성(藥性, 본초의 성질과 약리작용)이 감미롭고 따뜻하여 허약한 소화 기능과 영양 보충에 이용되어 왔으며 독특한 향미와 특유의 조직감을 가지고 있다. 천연색소인 카로티노이드계 화합물이 다량 존재하며, 특히 베타카로틴은 다양한 약리효과를 가지고 있다.

흰색 식품

흰색은 폐, 코, 대장 등에 관련이 있으며, 흰색 식품인 마늘, 인삼, 양파, 도라지, 양배추, 무, 버섯, 굴 등에 있는 플라보노이드의 일종인 안토잔틴 성분은 체내 산화작용을 억제하고 유해물질을 체외로 방출하며 항균, 항산화, 항암, 항바이러스 효능이 있다.

마늘

'자연에서 먹는 페니실린'이라고 불리는 마늘은 5천 년 전부터 널리 사용해 온 식재료로 이집트의 피라미드 건축 당시 노예들의 체력을 위해 사용되었으며, 로마시대부터 세계 1차 대전까지 전장에서 군인들의 감염을 막는 습포제로 활용되기도 하였다. 또한 파스퇴르는 마늘이 박테리아를 죽인다는 사실을 증명하였고, 2차 세계대전 때 항생제가 소진되었을 때 '러시아 페니실린'으로 부르던 마늘이 사용되기도 하였다. 한의학에서 마늘을 '일해백리(一害百利, 냄새 빼고는 백가지 이로움이 있다)'란 별칭이 있으며, 《동의보감》에는 "마늘이 오장육부를 튼튼하게 하고 종양을 없애며 복통, 냉통, 급체, 토사곽란을 다스린다."고 기록되어 있다. 마늘의 주성분은 알리인(alliin)으로 알리나아제(alliinase) 효소에 의해 알라이신(allicin)으로 변하여 다양한 약리작용을 한다.

도라지

도라지의 뿌리인 길경(桔梗)에는 사포닌, 당질, 섬유질이 함유되어 있으며, 특히 거담, 진해, 편도선염, 감기, 기침, 천식에 효과가 있다. 도라지의 사포닌은 항염증, 항암 활성 효과 및 콜레스테롤 개선작용 등의 생리활성을 갖는다.

도라지는 특유의 쓴맛과 향이 있어 조리 전에 소금물이나 쌀뜨물에 담가두면 아린맛이 완화되어 맛있게 먹을 수 있다.

배

천연 소화제인 배는 단백질 분해효소가 풍부하여 고기를 양념할 때 배즙을 넣으면 육질 연화와 소화를 돕는다. 배는 칼륨, 칼슘, 마그네슘 등 미네랄과 식이섬유 등이 풍부하며, 플라보노이드 및 클로로겐산 등의 다양한 폴리페놀 성분이 항당뇨, 항고혈압, 혈중 지질

알아보자, 배숙 vs 뽀아뱅(Poires au vin)

배숙과 뽀아뱅은 배를 이용한 음식으로 배숙은 배, 생강, 꿀, 통후추로 만드는 한국의 전통 음료이다. 배의 껍질을 깎은 후 먹기 쉽게 조각으로 나눈 다음 통후추 3개를 박아 익힌다. 뽀아뱅은 배, 적포도주, 설탕, 정향, 후추, 계피로 만드는 프랑스 전통 디저트로 배의 풍미를 고급스럽게 만들어준다. 주로 보졸레누보와 당쥬(d'Anjou)를 사용하여 만들어 'Poire à la Beaujolaise' 또는 영어로 'Beaujolais Pear'라고 부른다.

배숙

뽀아뱅

억제, 면역 및 해독 촉진의 다양한 생리활성 효능을 나타낸다. 한방에서는 배를 이과(利果)라 하여 약용으로 사용하였으며, 기침, 천식, 해소 등 호흡기질환과 변비, 갈증, 원기회복에 도움이 된다고 한다.

검은색 식품

검은색은 신장, 방광, 귀, 뼈 등과 관련이 있으며, 검은색을 띠는 식품은 신장의 기능, 호르몬 분비, 노화 방지에 효과가 있다. 검은색 식품과 보라색 식품을 묶어 블랙푸드라고 하며, 검은콩, 검은깨, 검은쌀, 가지, 블루베리, 포도, 김, 미역, 다시마, 오징어 먹물, 초콜릿 등이 있다. 수용성 색소인 안토시아닌이 풍부한 검은색 식품은 항산화, 항암, 항궤양 등에 효과가 있다.

다시마

다시마는 "귀천을 막론하고 모두가 즐기는 입맛 돋우는 음식"으로 『고려도경』에 기록되어 있어 독특한 정미성분과 향으로 조미제로 이용되어 왔다. 다시마에 함유되어 있는 알긴산(alginic acid)은 끈끈한 식이섬유로 몸속 유해성분과 노폐물을 흡착시켜 몸 밖으로 내보내어 동맥경화와 대장암 예방 및 비만 억제 등 다양한 효과가 있으며, 한방에서는 거담과 혈액 순환장애 개선에 효과가 있다고 한다. 또한 다시마에 풍부한 요오드는 갑상선 기능 조절과 혈색소, 혈청단백질을 증가시키는 작용을 한다.

가지

가지는 비타민과 식이섬유뿐만 아니라 클로로겐산과 같은 페놀 화합물과 플라보노이드가 풍부하다. 클로로겐산은 항암, 항균, 항바이러스 활성을 가지고 있으며, 특히 가지 껍질에는 안토시아닌이 풍부한데 안토시아닌 성분인 나수닌(nasunin)은 강력한 항산화제이며 콜레스테롤 및 중성지방 감소에 효과가 있다. 기름으로 조리하면 특유의 비릿한 맛이 줄고 소화·흡수율이 좋아진다.

다양한 품종의 가지

출처: Fraikue, F. B. (2016). Unveiling the potential utility of eggplant: a review. In Conference Proceedings of INCEDI (Vol. 1, pp. 883-895).

블루베리

북아메리카 원주민들의 배고픔을 달래주고 영양을 공급한 블루베리는 안토시아닌, 베타카로틴, 비타민, 미네랄, 식이섬유, 당질과 단백질 등이 골고루 함유되어 있으며 항산화, 항염, 항암, 면역력 강화, 기억력 강화와 콜레스테롤 축적 억제 등에 효능이 있다. 블루베리에 풍부한 안토시아닌은 안구 내부 망막에 존재하며 시각에 관여하는 광색소인 로돕신(rhodopsin) 재합성을 촉진시켜 시력 개선 등 눈 건강을 좋게 한다. 블루베리는 여름 제철 과일로 표면에 흰 가루가 골고루 묻어 있으며, 단단하고 검은색을 띠는 보라색으로 완숙되었을 때 섭취하는 것이 좋다.

건강한 식생활이 유전을 지배한다

2차 세계대전 말기 네덜란드에서 기근을 겪은 산모와 그 후손들의 건강과 성장 과정을 추적해 보니(네덜란드 기근 코호트 연구, Dutch Famine Cohort Study) 여러 가지 질병이 발현되는 것을 확인할 수 있었고, 이것은 유전학적인 요인이 아닌 후성유전학(後成遺傳學, epigenetics)적 요인에 의해 발생된 것으로 설명할 수 있다. 즉, 환경적으로 영향을 받아 획득된 형질이 DNA 자체를 바꾸지는 않지만 유전자의 스위치를 켜거나 끄는 방식으로 다음 세대로 유전될 수 있다는 것이다. 이러한 후성유전학을 설명할 수 있는 사례의 하나는 여왕벌과 일벌의 경우이다. 여왕벌은 유전적으로 다른 것이 아니라 로열젤리를 먹은 유충이 여왕벌이 된다(The Honey Bee Epigenomes: Differential Methylation of Brain DNA in Queens and Workers, 2010).

출처: https://www.hongerwinter.nl/onderzoek/?lang=en;
https://yamada-bee-farm.shop/english/royaljelly;

왕을 위한 전용 변기, 매화틀

매화틀은 왕실에서 사용한 이동식 변기로 임금님의 대변을 '매(梅花)'로 소변을 '우(雨)'로 표현한 데서 유래되었다고 한다. 왕의 변이 어의에게 건네지면 어의는 변을 색깔과 모양, 냄새 등을 살펴보아 건강 상태를 진단하고 처방을 하였다.

왕실에서 사용하던 매화틀
출처: 문화재청

건강하게 먹으면 건강하게 배설한다: Bristol stool scale이란?

건강한 변은 지나치게 딱딱하지도 묽지도 않으며 굵기(2 cm)와 길이(12~15 cm) 정도가 바나나와 비슷한 형태의 황금색이어야 한다. 채식을 적게 하고 가공식품을 많이 먹으면 섬유질 부족으로 배변량이 적어지고, 무리한 다이어트를 하면 변비가 되거나 마른 변을, 폭식이나 폭음 시 무른 변을 보게 된다. 나쁜 대장균이 많은 경우 냄새가 많이 나고 설사나 배탈이 날 수 있으며, 혈변, 회색변, 흑색변인 경우에는 건강에 이상이 생겼다는 신호로 검진을 받아야 한다.

브리스톨 스툴 스케일(Bristol stool scale)은 영국 브리스톨 대학교(University of Bristol)의 Ken Heaton 박사가 개발하였으며 대변 샘플의 물리적 모양과 형태에 따라 7가지 유형으로 분류한다.

유형 1 : 견과류와 같은 단단한 덩어리(심한 변비)

유형 2 : 소시지 모양이지만 울퉁불퉁(가벼운 변비)

유형 3 : 소시지와 비슷하지만 표면에 균열이 있음(정상적인 배변)

유형 4 : 소시지나 뱀 모양의 부드러운 변(정상적인 배변)

유형 5 : 가장자리가 선명하게 잘린 부드러운 모양(섬유질 부족)

유형 6 : 가장자리가 울퉁불퉁한 거친조각, 묽은 변(가벼운 설사)

유형 7 : 물, 고체 조각 없음, 완전히 액체(심한 설사)

출처: http://cdn.intechopen.com/pdfs-wm/46082.pdf

CHAPTER

3

식품안전 이야기

식중독, 철저히 알아야 확실히 막는다 | 식생활, 먹거리를 알아야 안전하게 지킨다

식중독, 철저히 알아야 확실히 막는다

식중독은 우리나라 식품위생법 제2조제14호에서 "식품 섭취로 인하여 인체에 유해한 미생물 또는 유독물질에 의하여 발생하였거나 발생한 것으로 판단되는 감염성 또는 독소형 질환"이라고 정의하고 있다. 이러한 식중독을 일으키는 원인에 따라 세균성 식중독, 바이러스성 식중독, 자연독 식중독, 화학적 식중독으로 분류할 수 있다.

세균성 식중독

식중독을 일으키는 여러 가지 원인 중에는 세균이 차지하는 비율이 높다. 미생물의 증식에 의하여 발생하는 세균성 식중독은 그 발병기전에 따라 감염형, 독소형, 감염독소형(생체 내 독소형)으로 나뉜다. 일반적으로 감염형 식중독의 잠복기는 독소형 식중독의 잠복기보다 길다.

감염형 식중독

감염형 식중독은 오염된 식품에 증식한 다수의 식중독균이 물이나 식품과 함께 체내로 들어와 장관 내 점막에 침입하여 발병하는 것으로 설사와 복통 등을 일으킨다. 병원성 대장균, 살모넬라, 장염비브리오 등 대부분의 식중독이 감염형 식중독에 해당된다.

병원성 대장균(pathogenic coliform bacillus)

대장균은 사람이나 동물의 장관 내에 분포, 서식하면서 정상적인 균총을 구성하는 세균으로 장 속에서는 보통 병원성을 나타내지 않으나 장 이외의 다른 부위로 들어가면 방광염, 복막염, 신우염, 패혈증 등을 일으키기도 한다. 병원성 대장균은 장관 병원성 대장균, 장관 조직침입성 대장균, 독소원성 대장균 및 장관 출혈성 대장균으로 분류된다. 우리 주변에 널리 분포하며 원인식품이 한정되어 있지 않고, 병원성 대장균에 오염된 식품은 식중독의 원인이 될 수 있다. 따라서 식품, 음용수 등은 가열하여 섭취하고, 집단생활 시 개인위생과 환경위생관리를 철저하게 해야 한다.

살모넬라 식중독(salmonellosis)

동물성 식재료로 조리한 식품의 교차오염이나 부적절한 온도로 가열 조리 시 생존한 균이 원인이 될 수 있다. 육류와 육류 가공품, 닭고기, 날달걀을 함유한 식품, 크림, 덜 익힌 달걀, 토마토, 분유, 생우유 혹은 오염된 저온살균유, 난황이 들어간 홈메이드 아이스크림, 오염된 치즈 등에 의한 식중독 사례가 있다. 또한 오염된 그릇이나 도마에서 교차오염된 식품들이 원인이 되기도 한다.

살모넬라 식중독의 주 증상은 고열을 동반한 급성위장염이며, 일반적으로 전신권태, 두통, 구토, 복통, 식욕 감소, 설사 등 여러 증상이 나타난다. 균은 비교적 열에 약하여 62~65°C에서 20분 가열하면 사멸된다. 따라서 식육은 생식하지 않으며, 철저하게 조리온도를 준수하고, 달걀의 보관과 취급, 조리에 주의해야 하며 날달걀 섭취를 피해야 한다. 조리한 식품은 바로 섭취하며 남은 음식은 10°C 이하의 저온에 보관하고 교차오염에 주의하도록 한다.

장염 비브리오(*Vibrio parahemolyticus*) 식중독

수산물, 특히 굴, 새우, 조개, 오징어와 생선류 및 그 가공품은 장염 비브리오 식중독 사고를 많이 유발하는데, 특히 생선회나 초밥에서 주로 발생한다. 또한 오염된 어패류로부터 2차 오염된 도시락 등 복합조리식품에서 발생하기도 하며, 온도가 30°C 넘는 하절기에 주로 사고가 집중적으로 발생한다. 장염 비브리오 식중독의 증상은 전형적인 급성위장염이며, 잠복기는 8~24시간으로 살모넬라균보다 짧고, 잠복기가 짧을수록 증상은 심하게 나타난다. 따라서 특히 온도가 높은 여름철에는 어패류를 생식하지 않도록 하고, 가열 조리 시 중심온도가 63°C 이상이 되도록 한다. 어패류를 취급할 때 손이나 조리기구를 통해 다른 식품에 교차오염되지 않도록 주의하고 냉장보관한다.

독소형 식중독

독소형 식중독은 세균이 식품 속에서 증식하여 독소를 분비하고 그 독소가 있는 식품을 섭취하면 독소가 장관에서 흡수되어 발병하는 것으로, 생균이 직접 관여한다기보다 독소가 더 문제가 된다. 즉, 식중독균이 사멸되어도 독소가 남아 있으면 발병할 수 있다. 황색포도상구균, 보툴리누스균, 세레우스균, 퍼프린젠스균 식중독이 이에 해당된다.

황색포도상구균(*Staphylococcus aureus*) 식중독

포도상구균 식중독은 황색 포도상구균이 식품에 증식하여 그 대사산물로 생산된 장독소(enterotoxin)를 경구 섭취하여 발생하는 독소형 식중독으로 우리나라에서는 살모넬라, 장염 비브리오 식중독과 더불어 발생 빈도가 높은 편이다. 살라미, 햄, 베이컨, 우유, 알 제품 등 단백질 함량이 높은 식품 등에서 발생하는 경우가 많다. 또한 크림파이, 커스터드, 미트 소스, 육류, 샐러드 등에서도 발생 가능성이 크며, 특히 우리나라에서는 도시락, 김밥, 떡, 빵 등의 곡류와 그 가공품에 의해 주로 일어난다.

주 증상은 급성위장염이며 대부분 구역질과 구토를 동반한다. 잠복기는 대체로 1~6시간, 평균 3시간으로 다른 세균성 식중독에 비해 짧은 것이 특징이다. 식품 취급자의 손이나 기침, 재채기 등을 통해서도 전파될 수 있으므로 개인위생에 주의하고, 화농성 환자와 인두염 환자는 조리에 참여하지 않아야 한다. 또한 취급자가 조리 시 맛을 보는 데 사용한 스푼과 국자 등은 재사용하지 않으며, 냉각온도가 충분히 낮지 않거나 냉각과정이 빠르게 진행되지 않을 경우 냉장온도에서도 증식될 수 있으므로 음식의 보관온도를 철저히 준수해야 한다.

보툴리누스균(*Clostridium botulinum*) 식중독

보툴리누스균이 식품 중 혐기 상태에서 증식할 때 생산하는 균체 외 독소(신경독)에 의해 일어나는 독소형 식중독으로, 신경에 영향을 미치는 독소를 생성하기 때문에 위험할 수 있다. 주로 햄, 소시지 그리고 특히 통·병조림에서 발생하며, 부적절하게 가열한 진공 포장 저산성 식품과 위험온도 범위(5~60°C)에 저장한 저산성 식품 등이 원인이다. 또한 진공 포장하여 저온에서 오랜 시간 조리하는 수비드(sous vide) 제품도 잠재적 위험성을 가지고 있을 수 있다.

일반적으로 잠복기는 12~36시간이며, 짧으면 2~4시간 안에 신경 증상이 나타날 수 있다. 초기 증상은 위장장애이지만 이완성 신경마비, 시야 흐림, 발음장애, 연하곤란 등의 증상을 보이고 호흡장애에 이를 수 있다. 보툴리누스 식중독을 예방하기 위해서 120°C로 4분 가열하여 식품을 완전히 살균하는 것이 좋으나 보통의 식품에서 이 조건은 불가능하다. 따라서 80°C에서 30분, 100°C에서 2~3분 가열하여 독소를 완전히 파괴시켜야 한다. 또한 균의 증식을 억제하기 위해서 pH 4.6 이하, 수분활성 0.94 이하로 낮추거나 아질산나트륨과 같은 항균제를 첨가한다.

세레우스균(*Bacillus cereus*) 식중독

조리된 식품을 실온에 오래 방치하면 세레우스균이 이상 증식하여 식중독을 일으킬 수 있는데, 설사형과 구토형 식중독으로 나눌 수 있다. 설사형 식중독의 경우 향신료를 이용한 식품이나 요리로 육류, 수프류, 바닐라 소스, 푸딩, 소시지 등에 의해 주로 발생하며, 구토형 식중독은 쌀밥 및 볶음밥 등 주로 탄수화물 식품에서 발생한다. 쌀밥류의 경우 전날에 취사하고 남은 쌀밥을 실온 등에 보관하다가 이를 이용해 볶음밥 등의 조리를 하는 경우, 보관 중 세레우스균이 증식하여 독소(구토독)을 생산하는데, 이 독소는 조리하여도 불활성화되지 않아서 식중독을 일으키는 것으로 추정된다. 또한 세레우스균은 토양, 식물, 오수 등 자연계에 널리 분포되어 있으므로 식품으로의 오염이 쉽고, 조리 환경이나 조리기구 등에 의한 2차 오염 등도 식중독을 일으키는 주요인이다.

일반적으로 설사형의 경우 잠복기가 8~16시간, 구토형은 잠복기가 1~6시간이며, 증상은 가벼운 정도이다. 구토형 균주의 포자는 열저항성이 높아 100°C에서 30분간 가열에도 견딜 수 있으나, 설사형 균주의 포자는 열저항성이 낮다. 따라서 가열 조리하여 신속히 섭취하고 바로 섭취하지 못하면 10°C 이하로 급속 냉각하여 보존한다.

퍼프린젠스균(*Clostridium perfringens*) 식중독

식육 및 그 가공품, 어류 및 가공품 등의 동물성 고단백질 함유식품이 원인식품으로, 특히 가열 조리 후 용기에 담아 장시간 실온에 방치한 것들이 원인이 된다. 이 균주는 건강한 동물과 사람의 장내에 흔히 상주하며, 토양, 하수, 물 등에서 발견된다. 잠복기는 매우 짧아 8~22시간이고, 평균 12시간으로 주요 증상은 설사와 복통이다. 조리 후 신속히 섭취하고, 보존하는 경우 10°C 이하 또는 55°C 이상의 온도를 유지해야 한다. 가열 조리 후 냉각하는 경우에는 20°C 이하로 빨리 진행하고, 냉각효과를 높이고 혐기도를 내리기 위하여 식품은 소분하여 보관하도록 한다.

바이러스성 식중독

바이러스성 식중독은 장염을 일으키는 원인 병원체 중 바이러스에 의해 발생하는 질병으로, 바이러스는 세균보다 크기가 훨씬 작고, 번식할 수 있는 숙주(인간 혹은 동물)를 필요로 한다. 바이러스는 보통 식품에서 다른 식품으로, 식품 취급자에게서 식품으로, 오염된 물에서 식품으로 전파된다.

식품 속에는 오염된 다양한 바이러스가 있을 수 있지만 바이러스의 조직 특이성 때문에 오직 식중독 바이러스만 식품을 매개로 하여 전파된다. 발생 빈도가 높은 노로바이러스와 로타바이러스, 그리고 발생 빈도가 낮은 아스트로바이러스(A형 간염 바이러스)와 장아데노바이러스(E형 간염 바이러스)가 있다.

노로바이러스(Norovirus)

미국 오하이오주 노워크(Norwalk) 지역의 초등학교에서 발생한 집단 식중독 환자의 대변에서 처음 확인되어, 이 지역의 이름을 따 '노워크 바이러스(Norwalk-like viruses)'로 불리다가 2002년 노로바이러스로 바뀌었다. 노로바이러스는 주로 식품 취급자의 잘못된 개인위생으로 인해 발생하는 바이러스성 질병으로, 전염성이 강하며 적은 수로도 질병을 일으킬 수 있다.

노로바이러스는 27~40 nm(나노미터, 10억분의 1 m)로, 크기가 작아 식품이나 음용수의 오염이 쉽다. 상온 60°C에서 30분간 가열해도 감염력이 떨어지지 않고 -20°C에서도 죽지 않고 냉동·냉장 상태에서 수년간 감염력을 유지할 수 있다. 사람 몸 밖에서는 증식할 수 없지만 물이나 식품을 통해 전염될 수 있으며 급성위장염을 일으킨다. 식중독의 원인식품은 주로 음용수로 오염된 상수, 지하수, 호수 물 등이다. 또 생굴을 포함해 날 어패류 섭취에 의한 사고가 많고, 분변-경구오염의 경로에 의한 식품도 원인이 될 수 있다. 또한 공기에 의한 전파 사례도 확인되었는데 구토 시 발생한 공중 부유 바이러스 입자에 의하여 사람 대 사람의 2차 감염도 보고되었다.

따라서 안전한 음용수 이용과 생굴, 날 어패류의 섭취를 삼가고, 설사 증상이 있는 사람의 식품 취급을 금지해야 하며 철저한 개인위생으로 분변 오염을 예방해야 한다. 음식물은 가열(85°C, 1분 이상)하여 섭취하고 환자가 발생한 시설은 반드시 살균, 소독(소독제: 치아염소산나트륨)을 실시하여 2차 감염의 위험을 예방해야 한다.

로타바이러스(Rotavirus)

로타바이러스는 전세계적으로 5세 미만의 어린이들에게 중증 급성위장관염을 유발하는 주요 원인바이러스로, 겨울 설사, 유아 설사 바이러스로 불린다. A군, B군, C군의 로타바이러스 식중독 사고가 보고되는데, 그중 사람의 설사에서 검출되는 것은 주로 A군으로, A군 로타바이러스는 로타바이러스 위장염이라 알려진 질병을 유발하며 유아와 어린이의 심한 설사의 주된 원인이다. B군 로타바이러스는 성인 설사 로타바이러스라고도 하며, C군 로타바이러스는 드물게 산발적으로 어린이의 설사를 유발한다.

바이러스 전파는 분변-경구오염에 의해 이루어지므로 손에 의한 사람 대 사람의 감염이 가장 주된 경로이며, 분변에 오염된 물이나 음식물을 섭취함으로써 간접적으로 전파되기도 한다. 호흡계에도 바이러스는 존재하기 때문에 분비물에 의한 감염도 가능하다. 소아과나 산후조리원, 노인요양시설, 보육기관의 집단 감염 사례가 많으며, 예방접종을 통해 예방할 수 있다.

아스트로바이러스(Astrovirus, A형 간염 바이러스)

식품을 통해 체내로 유입된 아스트로 바이러스가 혈류를 타고 간으로 들어가 간에 염증을 일으킨다. A형 간염은 전염성이 가장 강하며 감염원에 노출된 지 2주 이내 사후 예방법으로 면역글로불린을 주사하여 발병을 막을 수 있지만, 2주 이상 경과한 후에는 주사의 효과가 없다. A형 간염 환자의 분변에 의해 오염된 물이나 식품으로 간접 전파되며, 샌드위치, 과일류, 유제품, 채소 등의 식품에서 보고되었다.

우리나라에서는 2019년 중국산 조개젓에 의해 발병된 사례가 있고, 식품 공장이나 조리장에서 바이러스에 감염된 식품 취급자에 의한 오염이 일어나기도 한다. 따라서 식품을 권장 온도로 조리하고 수산물을 생으로 섭취하지 않으며, 식품 취급자는 개인위생을 철저히 해야 한다.

E형 간염 바이러스(Hepatitis E virus)

비소화기 감염형인 E형 간염 바이러스는 청소년기에서 중년기(15~40세)에 많이 발병되며 임산부의 감염에 주의해야 한다. E형 간염 환자의 분변-경구오염에 의해 전파되고, 수인성 전파와 사람 대 사람 감염 사례가 보고되었으며 식품 매개 전파 가능성도 있다. 따라서 식품을 권장온도로 조리, 취급하도록 하고 해산물을 생식하지 말아야 한다.

자연독 식중독

우리가 일상생활에서 섭취하고 있는 식품 중의 일부는 포식동물에 대항하여 방어를 목적으로 자연독을 생성하기도 한다. 따라서 식품 중에 독소가 함유된 식품을 알아야 하고 제거방법을 이해해야 한다. 식물성 자연독, 동물성 자연독 그리고 곰팡이가 생성하는 곰팡이 독이 있다.

식물성 자연독

버섯

여러 종류의 버섯 중 독을 함유한 버섯이 상당히 많고, 이를 구별하기 어렵기 때문에 산에서 채취한 독버섯을 섭취하면 심한 중독을 일으키는 경우가 많다. 버섯의 독성은 주로 아마톡신(amatoxin)인데 광대버섯, 갓버섯, 황토버섯 등에 함유되어 있다. 아마톡신은 섭취뿐만 아니라 접촉이나 공기 중 흡입을 통해서도 중독을 일으킬 수 있으므로 주의가 필요하다. 섭취에 의한 독버섯 중독 증상은 버섯 종류마다 다른데, 위장장애를 일으키는 위장장애형, 경련과 황달, 혼수 등의 증상을 보이는 콜레라형, 근육 경련 등과 같은 증상을 보이는 뇌증상형으로 구분할 수 있다. 피부 접촉을 통해 노출되었다면 피부 통증, 발적 등이 일어날 수 있다.

감자

감자의 경우 감자의 쓴맛을 내는 솔라닌(solanine)이 함유되어 있는데, 감자가 발아 또는 상처를 입거나 빛을 받아 녹색을 나타내면 솔라닌 함량이 증가되어 복통, 구토 등의 위장장해와 두통, 현기증, 의식장애 등을 일으킨다. 가열 조리에 의해 분해되지 않으므로 싹이 난 부위와 녹색으로 변색된 부위는 완전히 제거하고 섭취하도록 한다. 또한 부패한 감자의 셉신(sepsin)이란 유독성분이 중독을 일으킬 수 있으므로 주의한다.

목화

목화의 씨, 뿌리, 줄기에는 폴리페놀 화합물인 노란색의 고시폴(gossypol)이 함유되어 있어, 정제되지 않은 면실유를 섭취하면 식욕 감퇴, 현기증, 피로, 위장장애가 나타날 수 있다.

기타

콩류에는 단백질 가수분해효소 저해제가 함유되어 있으나, 일반적으로 100°C에서 30분 정도 가열하면 거의 파괴되므로 가열 조리하여 섭취해야 한다. 이외에도 고사리의 노시스퀴테르페노이드 배당체인 프타퀴로시드(ptaquiloside)가 발암물질로 알려졌는데 이는 매우 불안정한 물질로, 고사리의 떫고 쓴맛을 물로 충분히 우려내고 가열 조리하면 독성이 사라져 안전하다.

동물성 자연독

조개류

자연독을 함유한 동물성 식품의 대부분은 조개류로, 홍합, 모시조개, 굴, 바지락 등은 바다의 수온이 6~16°C 되는 2~6월에 유독 플랑크톤을 섭취하여 독을 함유하게 되고, 이 유독 조개의 섭취로 식중독이 발생하게 된다. 독성분은 종류에 따라 마비, 간독성 또는 설사 등을 주로 일으킨다. 마비성 패독의 경우 복어독과 유사하게 신경계에 작용하여 입술, 혀 등의 마비로 시작하여 사지가 마비되고 두통, 구토 등을 일으키며 심하면 호흡곤란으로 사망하기도 한다. 베네루핀(venerupin) 중독은 강한 간독성을 나타내는데 초기 식욕 감퇴, 전신권태, 오심, 구토, 황달 등이 있으며, 중증일 경우 10시간~7일 이내에 사망한다. 설사성 패독은 진주담치와 가리비 등에서 주로 검출되며, 소화기장애가 주된 증상으로 수양성 설사, 구토, 오심, 복통 등이 나타나지만 3일 정도 지나면 회복된다.

복어

어류의 독성분은 간, 근육, 내장, 생식기관과 같은 특정 기관에 함유되어 있다. 특히 복어독은 테트로도톡신(tetrodotoxin)으로 복어의 알, 간, 난소 등에 함유되어 있는데, 종류 및 부위별로 차이가 있다. 일반적으로 난소와 간장에 독성분의 함유량이 가장 많고 피부와 내장에도 함유량이 높으며 근육과 껍질에도 미량 존재한다. 복어중독 증상은 초기에는 입 주위나 혀 끝에 가벼운 마비가 오며, 이어서 두통, 구토, 혈압 강하, 언어장애, 호흡 곤란, 청색증을 보이다가 사망하게 된다.

테트로도톡신은 가열 조리에 의해서 파괴되지 않으므로 복어요리는 반드시 전문가가 조리한 것을 먹도록 하고, 조리에 사용한 기구의 세척에도 주의해야 한다. 치사율이 매우 높지만 체외로 독성분이 빨리 배설되는 특징이 있어 초기에 신속한 응급조치를 취해야 한다.

곰팡이독

곰팡이가 만들어 내는 2차 대사산물로 사람과 동물에게 유해한 영향을 끼치는 유독물질을 총칭하여 곰팡이독(mycotoxin)이라고 한다. 곡류, 채소, 과일 등의 저장 또는 유통 과정에서 곰팡이가 생성하는 유독물질이 사람이나 동물에게 급성 또는 만성적인 장애를 일으킨다. 아플라톡신(aflatoxin), 맥각독(ergot alkaroids), 황변미독(yellow rice toxins) 등이 대표적이며 곡류, 콩류 및 그 가공품 등 탄수화물이 풍부한 식품이 곰팡이독의 원인식품이다. 우리나라의 경우 고온다습하여 여름에 특히 곰팡이 번식이 쉬워 곰팡이독의 위험성이 높으므로 주의가 필요하다.

식품에 피는 곰팡이를 막으려면?

쌀, 콩류, 견과류 등의 보관이 적절하지 않으면 곰팡이가 생길 수 있는데, 곰팡이 독소는 곰팡이류가 만들어내는 진균독의 일종이다. 사람에게 급성 또는 만성 장애를 일으킬 수 있다. 따라서 곡류, 콩류, 견과류 등을 보관할 때는 곰팡이가 피지 않도록 각별한 주의를 기울여야 한다. 습도는 60% 이하, 온도는 10~15℃ 이하에서 보관하고, 최대한 온도가 일정한 곳에 보관해야 한다. 겨울은 비교적 안전하지만 여름에 주방에는 습기가 많아 습기를 제거해 주는 것이 좋다. 옥수수, 땅콩 등 껍질이 있는 식품은 껍질째 보관한다. 곰팡이 독소는 곰팡이가 생긴 식품 내부에 생성되고 열에 강해 세척이나 가열에 의해 쉽게 제거되지 않으므로 섭취를 피하는 것이 좋다.

화학적 식중독

화학적 식중독은 외인성 화학적 식중독과 유인성 화학적 식중독으로 구분할 수 있다. 일반적으로 계절에 무관하고 발생 건수가 적지만, 인체에 흡수되면 분해나 체외로 배설되는 것이 쉽지 않고 축적되기도 하므로 특별한 주의가 필요하다.

외인성 화학적 식중독

식품의 제조, 가공, 유통 과정 중에 불허용 식품첨가물, 독극물, 유해금속, 농약 등이 첨가되어 발생되는 식중독을 외인성 화학적 식중독이라고 한다. 외인성 화학적 식중독의 경우 의도적으로 불허용 식품첨가물(유해보존료, 유해착색료, 유해감미료, 증량제, 유해표백제 등)이나 기타 유독물질(메탄올, 니트로 화합물 등)이 첨가된 경우 혹은 제조과정 중 혼입되거나 기구 용기, 포장재에서 용출되거나 잔류농약, 환경오염 등 우연에 의한 혼입이 포함된다.

유인성 화학적 식중독

식품성분에서 변형되거나 생성된 유독물질을 사람이 섭취함으로써 발생되는 식중독을 유인성 화학적 식중독이라고 한다. 식품을 고온에서 장시간 가열하면 영양소 중 탄수화물, 단백질, 지질 모두 발암 가능한 물질로 전환되고, 특히 지질 식품의 경우 빛, 가열, 조리도구, 보관조건 등에 의해서도 유해한 물질로 변하므로 저장조건이나 유통기한 등에 주의를 기울여야 한다.

육류요리에 후춧가루는 이렇게 뿌려요

육류요리 시 후춧가루를 이용할 때에는 가열이 끝난 후에 뿌려야 한다. 식품의약품안전처의 실험 결과에 따르면, 발암물질로 알려진 아크릴아마이드(acrylamide) 함량은 후추를 뿌린 채 고기를 구우면, 고기를 구운 뒤 후추를 뿌린 요리보다 14배 이상 증가한 것으로 나타났다.

식생활, 먹거리를 알아야 안전하게 지킨다

식품과 관련한 안전사고 등을 예방하고 건강한 밥상을 준비하기 위해서는 나라에서 시행하고 있는 식품 관련 인증제도, 식품첨가물의 목적과 안전한 사용법, 환경호르몬을 줄이는 방법, 유전자변형농산물과 건강기능식품 등에 대하여 충분히 인지하고 있어야 한다.

식품 관련 인증제도

식품안전관리인증기준(HACCP)

HACCP은 위해요소분석과 중요관리점의 영문 약자로, 공식적으로는 식품안전관리인증기준이라고 한다. 이 제도는 식품의 원재료부터 제조, 가공, 보존, 유통, 조리 단계를 거쳐 최종적으로 소비자가 섭취하기 전까지의 각 단계에서 발생할 우려가 있는 위해요소를 규명하고, 이를 중점적으로 관리하기 위한 중요관리점을 결정하여 식품의 안전성을 확보하기 위한 과학적인 위생관리 체계이다.

1960년 초 미국에서 만들어진 이 제도는 1992년 우리나라에 처음 들어왔고, 2002년의무 적용에 대한 법적 근거를 마련해 의무 적용 대상을 종업원 수, 매출 수를 기준으로 매년 점차적으로 확대하고 있다. 식품을 만드는 전 과정에서 생길 수 있는 유해한 요소를 미리 파악하여 제거하고 이를 관리하기 때문에 소비자 입장에서는 HACCP 마크가 있는 식품은 믿고 먹을 수 있을 만큼 엄격하게 평가된 식품이라고 볼 수 있다.

HACCP 시스템의 적용원칙(7원칙 12절차)

HACCP 시스템을 적용하여 해당 식품의 안전성을 확보하기 위해서는 제조, 조리 공정·단계별로 유입 가능한 생물학적, 화학적 또는 물리적 위해 요소의 유입 정도를 파악하고 해당 위해요소를 안전한 수준까지 감소시키거나 완전히 제거할 수 있도록 HACCP 관리체계를 구축해야 한다. HACCP 관리계획을 개발하기 위하여 미리 수행하여야 하는 5가지 준

HACCP 시스템 적용을 위한 7원칙 12절차

비단계와 단계별로 적용되는 7가지 HACCP 적용원칙이 있다.

준비 5단계는 다음과 같다.

제1단계 HACCP 팀을 구성한다.

HACCP 관리계획 개발을 주도적으로 담당할 HACCP 팀을 구성하는 것이다.

제2단계 제품의 설명서를 작성한다.

취급하는 각 식품의 종류, 특성, 원료, 성분, 제조 및 유통 방법 등을 포함하는 제품에 대한 전반적인 취급 내용이 기술되어 있는 제품설명서를 작성하는 것이다.

제3단계 제품의 사용 용도를 파악한다.

해당 식품의 의도된 사용방법과 대상 소비자를 파악하는 것이다.

제4단계 공정흐름도, 평면도를 작성한다.

원료의 입고부터 완제품의 출하까지 모든 공정단계들을 파악하여 공정흐름도(flow diagram)를 작성하고 공정별 주요 가공조건의 개요를 기재하는 것이다.

제5단계 공정흐름도, 평면도가 작업현장과 일치하는지 확인한다.

작성된 공정흐름도 및 평면도가 현장과 일치하는지를 검증하는 것이다.

적용 7원칙은 다음과 같다.

원칙1 위해요소 분석

위해요소(hazard) 분석은 제품설명서에서 파악된 원·부재료별, 공정흐름도에서 파악된 공정/단계별로 구분하여 실시하여야 한다.

원칙2 중요관리점 결정

중요관리점이란 파악된 위해요소 및 예방조치에 관한 정보를 이용하여 해당 위해요소를 예방, 제거 또는 허용 가능한 수준까지 감소시킬 수 있는 최종 단계 또는 공정을 말하며, 위해요소 분석을 실시한 결과 확인된 위해요소에 대하여 중요관리점을 결정한다.

원칙3 중요관리점에 대한 한계기준 결정

한계기준이란 중요관리점에서 관리되어야 할 생물학적, 화학적 또는 물리적 위해요소를 예방, 제거 또는 허용 가능한 안전한 수준까지 감소시킬 수 있는 최대치 또는 최소치를 말한다. 각 중요관리점(CCP)에서 취해야 할 조치에 대한 한계기준을 결정해야 한다.

원칙4 중요관리점 관리를 위한 모니터링 체계 확립

모니터링이란 중요관리점에 해당되는 공정이 한계기준을 벗어나지 않고 안정적으로 운영되도록 관리하기 위하여 종업원 또는 기계적인 방법으로 수행하는 일련의 관찰 또는 측정 수단이다. 중요관리점을 효율적으로 관리하기 위한 모니터링 방법을 설정한다.

원칙5 개선조치 방법 설정

모니터링 결과 한계기준을 벗어날 경우 취해야 할 개선조치를 사전에 설정한다.

원칙6 검증 절차 및 방법 설정

HACCP 시스템이 적절하게 운영되고 있는지를 확인하기 위한 검증방법을 설정하는 것이다.

원칙7 문서 및 기록 유지 방법 설정

HACCP 체계를 문서화하는 효율적인 기록 유지 및 문서관리 방법을 설정하는 것이다.

농식품 인증

국립농산물품질관리원에 따르면, 현재 우리나라에서 시행되고 있는 농식품 인증제도로는 친환경농산물·친환경축산물 품질관리, 농산물 우수관리(GAP)제도, 유기 가공식품, 우수식품 인증 사후관리, 술 품질인증, 지리적 표시 등록 및 관리 김치 교육 훈련 및 전문인력 양성기관 지정 및 관리 등이 있다. 그중 친환경 농산물 인증 종류와 기준을 살펴보면, 친환경 농축산물은 생산방법과 화학비료의 사용 여부에 따라 유기농산물, 유기축산물, 무농약농산물, 무항생제축산물, 유기 가공식품 등으로 구분된다.

인증제도 종류	표기	설명
친환경 농산물(유기농)	유기농 (ORGANIC) 농림축산식품부	합성농약, 화학비료 및 항생·항균제 등 화학자재를 사용하지 않거나 사용을 최소화하고, 농업·축산업·임업 부산물의 재활용 등을 통하여 농업 생태계와 환경을 유지 보전하면서 생산된 농산물(축산물을 포함)임을 보증하는 제도
친환경농산물(무농약)	무농약 (NON PESTICIDE) 농림축산식품부	합성농약은 사용하지 않고 화학비료는 최소화하여 생산한 농산물임을 보증하는 제도
농산물우수관리 (GAP : Good Agricultural Practices)	GAP (우수관리인증) 농림축산식품부	농산물의 안전성을 확보하고 농업 환경을 보전하기 위하여 농산물과 농업 환경에 잔류할수 있는 각종 위해요소(농약, 중금속, 미생물 등)를 사전 예방으로 안전하게 관리하는 과학적인 위생안전관리 체계
친환경축산물(무항생제)	무항생제 (NON ANTIBIOTIC) 농림축산식품부	항생제, 항균제 등이 첨가되지 않은 사료를 먹이고, 생산성 촉진을 위한 성장촉진제나 호르몬제를 사용하지 않으며, 축사와 사육 조건, 질병관리 등의 엄격한 인증 기준을 지켜 생산한 축산물임을 보증하는 제도
친환경축산물(유기농)	유기농 (ORGANIC) 농림축산식품부	유기 사료 급여, 항생제, 합성 항균제, 호르몬제 사용하지 않고 엄격한 인증기준을 지켜 생산한 축산물임을 보증하는 제도
동물복지 축산농장	동물복지 (ANIMAL WELFARE) 농림축산식품부	쾌적한 환경에서 동물의 고통과 스트레스를 최소화하는 등 높은 수준의 동물복지 기준에 따라 인도적으로 동물을 사육하는 농장에 대해 인증하는 제도
유기가공식품	유기가공식품 (ORGANIC) 농림축산식품부	합성농약, 화학비료를 사용하지 않고 재배한 유기원료(유기농산물, 유기축산물)를 제조·가공한 식품임을 보증하는 제도
지리적 표시제도	지리적표시 (PGI) 농림축산식품부	명성, 품질 등이 특정 지역의 지리적 특성에 기인했음을 등록하고 표시하는 제도
전통식품 품질 인증제도	전통식품 (TRADITIONAL FOOD) 농림축산식품부	국내산 농수산물을 주원(재)료로 하여 제조, 가공, 조리되어 우리 고유의 맛, 향, 색을 내는 우수한 전통식품에 대하여 정부가 품질을 보증하는 제도

(계속)

인증제도 종류	표기	설명
한국식품명인제도	식품명인 (GRAND MASTER) 농림축산식품부	전통식품의 계승, 발전과 가공기능인의 명예를 인정하고 보호, 육성하기 위해 만들어진 제도로 지정된 전통식품과 명인의 가치를 향상시키는 제도
저탄소 농축산물 인증제도	저탄소 (LOW CARBON) 농림축산식품부	농축산물 생산 전 과정에서 온실가스 배출량을 줄이는 '저탄소 농업기술'을 적용하여 생산한 농산물임을 인증하는 제도
가공식품 KS인증제도	K 가공식품	합리적인 식품 및 관련 서비스의 표준을 제정 보급함으로써 가공식품의 품질과 관련 서비스를 향상시키기 위해 만들어진 제도
술 품질인증제도	품질인증 품질인증	우리 술의 품질 고급화를 위해 막걸리(탁주), 약주, 청주, 과실주, 증류식 소주, 일반증류주, 리큐르에 대하여 정부가 품질을 보증하는 제도

식품첨가물

식품첨가물이란 "식품을 제조·가공 또는 보존하는 과정에서 감미, 착색, 표백 또는 산화방지 등을 목적으로 식품에 사용되는 물질(기구 용기·포장을 살균·소독하는 데 사용되어 간접적으로 식품으로 옮아갈 수 있는 물질을 포함한다)을 말한다."라고 정의하고 있다.

식품첨가물의 역할은 미생물 증식에 의한 식품의 변질이나 변패를 방지하고 식품의 신선도와 품질 유지를 위해 보존성을 향상시키는 것이다. 더 오래 보존하고 먹을 수 있도록 산화방지제, 보존료, 살균제 등과 같은 식품첨가물이 사용된다.

그리고 식품의 맛과 향 등 기호성을 향상시킨다. 착색료, 착향료, 향미증진제는 색과 향을 좋게 하며, 산미료는 식품에 산미를 부여하여 미각을 자극해 식욕을 촉진시키는 역할도 한다. 단맛을 부여하기 위해 사용하는 감미료는 맛을 좋게 하고, 발색제, 표백제 등은 색을 좋게 한다. 또한, 우리 몸에 필요한 영양소를 보충하거나 강화함으로써 영양을 증진시킨다. 식품의 제조 및 가공 과정에서 일어날 수 있는 영양소이 손실을 보충하거나 식생활에서 부족하기 쉬운 영양소를 강화하기 위하여 영양강화제를 사용한다.

마지막으로 식품의 유연성과 식감을 향상시킨다. 재료들이 서로 잘 섞일 수 있게 하거나 식품을 부드럽게 하여 식감과 품질을 향상시키는 역할을 한다. 이처럼 품질 향상을 돕는 식품 첨가물로 증점제, 유화제, 팽창제 등이 있다.

그러나 일부 식품첨가물의 경우 안전성 논란이 제기되고 있다.

영국의 식품기준청(FSA)은 타르색소가 어린이의 과잉행동을 증가시킨다는 사우샘프턴 대학교의 연구 결과를 받아들여 타르색소의 표시를 의무화하였다. 비타르계 천연색소인 코치닐 색소가 호흡곤란 등 급성 알레르기 증상을 일으킨다는 보고가 나왔으며, 일본 소비자청과 후생노동성은 코치닐색소의 위험성에 대해 주의가 필요하다고 발표하였다. 천연 착색료는 안전할거라고 믿는 소비자가 많지만 실제로 그렇지 않은 경우도 많다. 꼭두서니 색소는 천연색소로 양갱과 햄 등에 많이 사용되었으나, 일본 후생노동성의 동물실험결과 신장암 등을 유발할 수 있다는 보고가 나오면서 우리나라에서도 사용이 금지되었다. 또한 식품첨가물은 화학물질로, 여러 가지 식품첨가물이 하나의 식품 안에 첨가되면 또 다른 화학반응을 일으킬 수 있다. 청량음료에 들어있는 비타민 C와 보존료로 사용되는 안식향산 나트륨이 반응하여 발암성이 강한 '벤젠'이 만들어진다는 사실이 보고되기도 하였다.

따라서 식품첨가물이 주는 이점을 누리기 위해서는 이와 동시에 발생할 수 있는 위험성을 가능한 한 줄이려는 노력이 필요하다. 가공단계가 많을수록 많은 양의 첨가물이 사용되기 때문에 되도록 원재료의 상태로 구매하는 것이 좋다. 조리 시에는 조미료를 적게 쓰고 재료의 맛을 살릴 수 있도록 한다. 또한 식품첨가물은 대부분 끓은 물에 약하기 때문에 가공식품을 조리하여 섭취할 때는 뜨거운 물로 데쳐 조리하도록 한다.

가공식품의 식품첨가물 섭취를 줄이려면?

대부분의 가공식품에는 다양한 식품첨가물이 들어있는데, 다량 섭취 시 암, 생식기능 장애, 아토피, 호흡곤란 등을 유발할 수 있는 만큼 조리과정에서 식품첨가물을 최대한 줄이는 방법을 알아두는 것이 좋다.

기본적으로 식품첨가물은 높은 온도에 약하므로 끓는 물에 음식을 살짝 데치는 것이 좋다. 또한 사카린나트륨, 착색제, 산도조절제, 산화방지제, 살균제, 응고제 등은 수돗물 정도의 찬물에도 씻겨 나가므로 단무지, 맛살, 두부 등은 흐르는 수돗물에 헹군 뒤 조리해 먹도록 한다. 통 안에 기름이 많은 통조림 음식은 기름을 제거하면 된다.

또한 식품첨가물 중 가장 흔히 쓰이는 방부제, 산화방지제, 발색제 등은 항암효과가 있는 비타민 C를 함께 먹으면 식품첨가물의 부작용에서 어느 정도 벗어날 수 있다.

환경호르몬

환경호르몬이란 신체 외부에서 유입되어 인간이나 동물의 신체 기관의 기능이나 생장을 방해하여 건강상의 문제를 일으키는 화학물질이나 화학물질 혼합물로 내분비장애(교란) 물질이라고도 한다. 미국 환경보호청(EPA)은 환경호르몬을 "체내의 항상성 유지와 발생과정을 조절하는 생체 내 호르몬의 생산·분비·이동·대사·결합 작용과 배설을 간섭하는 외인성 물질"로 정의하고 있으며, 1997년 일본 학자들이 "환경 중에 노출된 화학물질이 생물체 내에 유입되어 마치 호르몬처럼 작용한다."고 하여 환경호르몬이란 용어가 생겨났다. 즉, 환경호르몬은 체내에서 천연 호르몬인 것처럼 몸 속의 세포 물질과 결합해 비정상적인 생리작용을 한다. 이러한 작용들을 통해 정상적인 내분비기능을 방해함으로써 생체반응에 간접적으로 영향을 미치게 된다.

환경호르몬은 인간과 동물의 생체 내에 작용하여 수컷의 정자 수 감소, 수컷의 암컷화, 다음 세대의 성장 억제 등을 초래하는 것으로 알려졌다. 지금까지 알려진 환경호르몬에 의한 피해는 플로리다 악어의 부화율 감소, 바다고등어류의 자웅동체, 바다표범의 갑상선기능 저하, 양의 다발성 사산, 남성의 정자 수 감소, 수컷 잉어의 정소 축소 등이 있다.

환경호르몬의 종류와 특징

각종 산업용 화학물질(원료물질), 유기 중금속류, 살충제 및 제초제 등의 농약류, 다이옥신류 외에도 식물에 존재하는 에스트로겐류, 디에틸스틸베스트롤 그리고 폴리염화바이페닐, 비스페놀 A 등 100~200종의 환경호르몬이 존재한다. 대표적인 환경호르몬은 다이옥신(류), 폴리카보네이트, 비스페놀 A, 프탈레이트, DDT, 알킬페놀류 등이다.

다이옥신(dioxin)(류) 다양한 산업 공정에서 생성된다. 주로 화학공장, 특히 제초제 공장 등에서 다량 배출되고, 그 외에도 석탄연료시설, 금속제련소, 디젤 트럭, 쓰레기 소각장 등이 주요 배출원이다.

비스테놀A(bisphenol A) 합성수지 원료, 플라스틱 용기와 음료 캔의 내부 코팅, 캔·병마개·치과용 충전제 등에서 발견되며, 인체에 내분비장애와 돌연변이 등을 유발한다고 알려져 있다.

폴리카보네이트(polycarbonate, PC) 플라스틱 식기에서 주로 배출되는 폴리카보네이트는 비스페놀 A와 포스겐의 축합반응을 통해 합성된 합성고분자 재료로, 고온·고습도 환경에서 가수분해되며 환경호르몬인 비스페놀 A를 방출한다.

프탈레이트(phthalate) 쉽게 휘고 탄력성이 있는 성질 때문에 PVC를 부드럽게 하기 위해 플라스틱 첨가제로 아주 널리 쓰이는 화학물질이다. 장난감, 화장품, 인공피혁, 향수, 헤어스프레이, 식품포장재, 폴리염화비닐 의료기기 등 생활용품에 거의 안 들어가는 제품이 없을 정도로 많이 쓰인다. 아이들의 주의력 결핍 증상 악화, 과잉행동, 두뇌발달 저해 등에 영향을 주는 것으로 알려져 있다.

DDT(dichlorodiphenyltrichloroethane) 농약, 합성 살충제로 땅속이나 물속에 남아 있는 DDT는 식물에 흡수된 생물농축을 통해 사람의 몸속 지방에 쌓이게 된다.

알킬페놀류(alkylphenolic compounds) 합성세제, 샴푸, 형광표백제, 주방용 세제류에서 주로 배출되므로 주의해야 한다.

환경호르몬의 감소 방안

환경호르몬은 크게 피부, 입, 호흡기를 통해 체내에 유입되는데, 화장품·샴푸·린스·헤어 및 네일 제품 등 피부를 통해 체내로 흡수되는 경우, 캔·일회용 컵·플라스틱 용기 등에 담긴 음식이나 물과 함께 체내로 흡수되는 경우, 담배 연기·매연·직화구이 연기 등 공기 흡입을 통해 폐로 흡수되는 경우 등이 있다.

식약처는 환경호르몬 섭취를 최소화하기 위해 다음과 같은 방안을 제시하였다.

- 채소나 해조류의 경우 다이옥신 억제 효과가 높기 때문에 깨끗이 씻어서 자주 섭취하도록 하고, 채소의 경우 저농약 또는 유기농 제품을 선택하도록 한다.
- 오염지역의 해산물 섭취를 금하고, 조리 시 고기나 생선의 내장을 깨끗하게 제거한다.
- 전자레인지를 이용하여 음식을 데울 때에는 플라스틱의 사용을 피하고, 전자레인지 전용용기를 사용하도록 한다.
- 식품 포장용 랩을 사용할 때는 100°C를 초과하지 않은 상태에서만 사용하도록 하고, 특히 지방성분이 많은 식품과 주류엔 직접 접촉되지 않게 사용해야 한다.

- 통조림은 개봉 후 다른 용기에 담아야 하며, 포장지 겉 부분이 식품에 닿지 않도록 해야 한다.
- 온도가 높거나 액체 상태의 식품은 유리·도자기·스테인리스 소재 용기에 담아 저장하도록 한다.

식생활에서 환경호르몬을 줄이려면?

비스페놀 A는 일상에서 쉽게 접할 수 있는 영수증이나 번호대기표 등에서 쉽게 접할 수 있으므로 영수증을 자주 만지지 않도록 주의한다. 특히 환경호르몬은 열에 약하고, 상처가 생기면 쉽게 용출되기 때문에 플라스틱 식품 용기를 전자레인지에 데우거나 물병을 여름철 승용차 안에 두지 않고, 오래 써서 흠이 생긴 플라스틱 제품은 사용하지 않도록 한다. 음식을 데울 때에는 플라스틱 용기 대신 유리 용기를 사용하며, PVC가 없는 제품을 구매하는 것이 최선이다. 또한 랩은 비스페놀 A가 많은 PVC 소재로 만들어졌기 때문에 뜨거운 상태의 음식을 랩이나 비닐에 넣고 싸는 것도 피하도록 한다.

유전자변형농산물

GMO(genetically modified organisms)란 '유전자변형 생물체'를 일컫는 용어이다. 특히 이것이 벼·콩·옥수수·감자 등의 농작물에 적용되면 유전자변형농산물 및 식품이라 부른다. 식품의약품안전처는 GMO를 "식량 증산, 영양성분 개선, 저장성 향상 및 병충해 내성 향상 등을 위해 생물공학기법으로 처리한 생물체로부터 유래한 식품"으로 정의하고 유전자재조합식품이라고 한다. 농림축산식품부는 "인공적으로 유전자를 분리 또는 재조합해 의도한 특성을 갖도록 한 농산물"로 정의하고 '유전자변형농산물'이라고 한다. 즉, 유전자변형작물(GMO)은 다른 생물의 DNA에서 잘라낸 유전자를 대상 생물체에 삽입하여 만든 작물이다. 1990년 초 중국은 GMO를 처음 상업화해 바이러스에 내성을 가진 담배와 토마토를 생산하였고, 미국 식품의약청에서 허가받고 판매하기 시작한 최초의 식품은 1994년 미국 기업 '칼젠'이 개발한 'FLAVRSAVR'라는 상표의 토마토이다. 그러나 시장에서 실패하여 바로 철수하였고, GMO가 본격적으로 환경단체나 소비자 단체의 주목받기 시작한 때는 1996년이다. 유전자 변형 기술을 사용한 미국 기업 몬산토의 제초제 '라운드업'과 스위스 기업 '노바티스'가 개발한 GMO 옥수수 'BT콘'이 본격 상품화되면서부터다. 1996년 이후 미국을 중심으로 재배량이 늘어났으며, 콩, 옥수수, 유채, 목화가 대표적이라고 할 수 있다.

2016년 이후 국내에 유통 중인 GMO 농산물에는 콩, 옥수수, 면화, 카놀라, 알팔파, 사탕무가 있으며, GMO를 주 원재료로 사용하여 생산된 식품으로 옥수수유, 대두유, 물엿, 과당 등이 있다. 국내에 수입되는 GMO 원료 가운데 사용 비율이 가장 높은 것은 GM 대두와 GM 옥수수로 GM 대두에서는 GM 단백질과 지방을 분리하고, GM 옥수수에서는 탄수화물과 지방을 추출하여 각기 다른 식품의 원료로 사용한다. GM 단백질은 분해시켜 단백질원이 필요한 간장 등으로 제조하여 사용하고, 추출한 지방은 식용유로 어육, 튀김 등을 튀길 때 사용한다. 또 GM 옥수수에서 추출한 탄수화물은 전분 및 전분당의 원료로 올리고당, 물엿 등을 제조할 때 사용하며, 지방은 옥수수유와 같이 대두유로 사용한다.

이러한 GMO 농산물 및 식품은 경제적 측면에서 잠재적 이익을 제공할 것으로 기대되나, 한편으로는 유전자변형농산물이 환경과 인체에 미칠 수 있는 잠재적 위해성에 대한 문제가 지속적으로 제기되고 있다. 이는 GMO 농산물 및 식품의 안전성 대한 뚜렷한 과학적 증거가 도출되지 않은 상태에서 사회적 합의에 도달하지 못한 채 수입되어 가공 판매되고 있기 때문이다.

건강기능식품

「건강기능식품에 관한 법률」 제3조제1호에 따르면 건강기능식품이란 "인체에 유용한 기능성을 가진 원료나 성분을 사용하여 제조(가공 포함)한 식품"으로 정의한다. 즉, 건강기능식품이란 영양소 기능이나 질병 발생 감소 등의 유용한 성분을 포함하고 있는 원료를 가공하여 제조한 식품이라고 할 수 있다.

건강기능식품의 기능성은 의약품과 같이 질병의 직접적인 치료나 예방을 하는 것은 아니고 인체의 정상적인 기능을 유지하거나 생리기능 활성화를 통하여 건강을 유지하고 개선하는 것을 말하며, 영양소 기능, 질병 발생 위험 감소 기능, 생리활성 기능을 가진다.

영양소 기능 인체의 성장 증진 및 정상적인 기능에 대한 영양소의 생리학적 작용을 나타낸다(비타민, 무기질, 단백질, 식이섬유, 필수지방산의 기능).

생리활성 기능 인체의 구조 및 기능에 대하여 건강상의 기여를 하거나 생리학적 작용 등을 통한 건강 유지, 개선 기능이다('---에 도움을 줄 수 있음'으로 표기 가능).

질병 발생 위험 감소 기능 특정 질병을 표시할 수 있으며. 질병에 대한 발생 위험을 감소시킬 수 있음을 직접적으로 표시할 수 있다.

- 골다공증 발생위험 감소에 도움을 줌 : 칼슘, 비타민 D
- 충치 발생 위험 감소에 도움을 줌 : 자일리톨(xylitol)

건강기능식품은 주의사항을 숙지하고 섭취해야 한다. 항산화제의 경우 비타민 E(토코페롤)는 하루 요구량이 10단위인데 비해 일반적인 제품에서 400단위 또는 그 이상으로 판매되는 경우가 있고, 흡연자가 루테인(lutein)을 지속적으로 복용할 경우 폐암의 발생이 증가하였다는 연구가 보고되어 주의가 요구된다. 이외에도 건강기능식품은 효능과 효과에 대한 허위 과장 광고, 원료의 관리 및 안전성 확보, 품질 관리 및 인증 절차 강화 등에 대한 문제가 제기되고 있다. 따라서 해당 건강기능식품이 식품의약품안전처에서 허가를 받은 것인지 확인해야 하며, 섭취할 경우 정확한 복용량과 섭취기간 및 주의사항을 확인해야 한다.

배달음식 더 안전하게 섭취하려면?

배달시장이 성장하고 배달음식 매출이 늘어날수록 일회용 플라스틱 쓰레기가 늘어난다. 따라서 주문 시 소비자들은 다회 용기를 선택할 수 있어야 하고, 다회용 포장용기를 직접 가져갈 경우 용기 할인을 적용 등 다회 용기 세척 플랫폼 사용화 등의 실효성 있는 대안을 만들어야 한다. 또한 생분해성 봉지 등의 친환경 소재를 사용하는 것도 중요하다. 또한 음식 배달 주문 시 안 쓰는 플라스틱 빨대, 젓는 막대, 1회용 수저와 포크 등은 주문 시 거절하도록 하며 포장이 과도한 업체의 소비를 줄이도록 한다.

마지막으로 배달앱 운영자에 대한 이물 통보 의무화는 배달음식의 이물 저감화 및 위생관리 강화의 계기가 될 수 있으므로 배달앱 운영자는 이물 통보 의무화에 대해 소비자에게 적극적으로 일릴 수 있도록 하고, 배달음식의 이물 정보 수집 및 이물 조사를 통해 이물 저감화 방안을 수립해야 한다.

제 2 부

음식은 과학이다

CHAPTER

4

발효음식에 나타난 과학 이야기

발효는 문화이다 | 발효란 무엇인가 | 재료별로 본 발효식품

발효는 문화이다

자연에서 시작되다

발효음식은 미생물 또는 효소의 작용으로 인간에게 유익한 생화학적 변화가 일어난 것으로 인류 역사와 함께 자연 발생적으로 생겨난 식품이다. 가축의 위로 만든 주머니에 넣어둔 젖에서 치즈가 만들어졌고, 보관한 포도에서 알코올성분이 있는 와인이 만들어졌다는 기록에서 알 수 있듯이 발효음식은 자연적으로 만들어진 것이다.

이렇게 만들어진 발효음식은 오래 저장할 수 있었고 음식을 더 맛있게 만들어주기도 하였기에 점차 적극적인 방법으로 발효음식을 만들게 되었다. 예를 들어, 신선한 채소를 구할 수 없는 겨울에 비타민 C를 공급하기 위하여 발효식품을 만들었고, 바다와 인접하여 해산물이 풍부한 해안지역에서는 생선이나 다른 해산물을 발효한 다양한 식품을 만들었으며, 내륙지방에서는 육류나 채소 등을 염장하고 발효한 식품을 만들었다.

그렇다면 어떤 환경이 발효를 가능하게 했을까? 지구상에 최초로 생명체가 탄생한 35억 년 전부터 미생물은 자연에 존재하였고 이 미생물은 자신의 생존을 위하여 자연에 존재하는 물질을 활용하여 에너지를 얻었는데, 이 과정이 현재 우리가 설명하는 발효과정이다.

이와 같이 자연에 존재하는 미생물을 이용하여 간단한 인위적인 조건(소금 첨가)으로 자두를 자연발효시켜 보았다.

잘 익은 자두를 반으로 갈라 씨를 제거하고 자두 무게의 2%에 해당하는 소금을 버무려 지퍼백에 넣어 9일간 상온 발효하였다. 초기 4일 정도까지는 삼투작용으로 자두의 액체성분이 빠져나오는 것을 관찰할 수 있었고, 5일 정도부터는 혼합발효성 박테리아가 이산화탄소를 생성하여 지퍼백이 부풀어 오르기 시작하여 공기빼기를 해준 후 다시 밀봉해 주었다. 이때 다시 밀봉을 하면서 자두는 자연스럽게 눌리고 자두 안으로 박테리아가 풍부한 발효액이 들어가 발효는 촉진된다. 발효가 완료되었다고 판단되면 냉장보관하면서 발효액과 과육을 다양하게 이용할 수 있다.

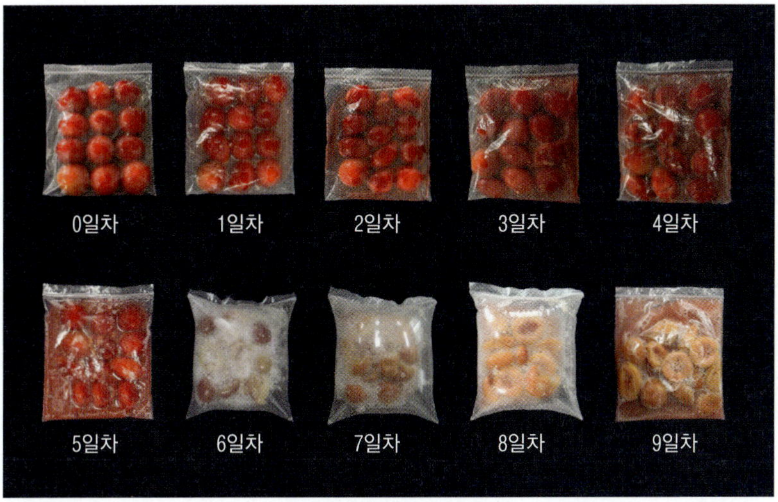

날짜별 자두 발효 진행

나라별로 다르다

발효식품은 대부분 전통적인 방법, 즉 제품화된 발효제에 의존하지 않고 자연에 있는 균을 사용하거나 이전에 만든 발효식품의 일부를 섞는 방법으로 이루어졌기 때문에 각 문화권이 처한 지리적 환경에 따라 이용할 수 있는 식품 자원은 다양하게 나타났다. 지리적, 기후 환경적 차이로 사용되는 균과 발효조건이 달라지면서 나라마다 독특한 특징을 가진 발효식품이 발달하게 되었다.

나라별 대두 발효식품의 사례를 정리해 보면 다음 표와 같다.

나라	발효음식명	주재료	균 종류	특징
대한민국	청국장	대두	고초균(*Bacillus subtilis*)	• 볏짚에 싸서 40~45°C에서 2~3일 발효 • 찌개 등으로 끓여먹음
일본	낫토	대두	납두균(*Bacillus subtilis var. natto*)	• 아침식사 시 반찬으로 곁들여 먹음
태국	토아 나오	대두	*Bacillus*균	• 소금물에 삶은 대두를 부드럽게 찧어 실온에서 2~3일(또는 그 이상) 발효 • 납작하게 성형해 바나나 잎에 싸서 굽거나 그대로 햇빛에 말려 저장하여 양념으로 섭취

(계속)

나라	발효음식명	주재료	균 종류	특징
인도	키네마	대두	*Lactobacillus*균/*Bacillus*균	• 대두를 2~3시간 삶은 다음 절구에 넣고 살짝 찧어 반으로 쪼개어 전체 분량의 1%가량되는 양의 재를 섞어서 잎을 깐 대나무 바구니에 넣고 덮어 실온에서 1~3일 발효 • 반찬, 양념으로 섭취
인도네시아	템페	대두, 다른 콩류 및 곡류와 혼합	곰팡이(*Rhizopus oligosporus*)	• 콩을 모양을 유지할 정도로만 익혀서 35~37°C로 식힌 후 균을 접종하여 바나나잎 등에 싸서 30°C 정도에서 24~36시간 발효 • 하얀 균사체가 콩 사이에 자라면서 자리를 잡아 완성된 템페는 콩 입자가 흩어지지 않고 모양을 유지하여 네모난 블록 형태 등으로 완성
중국	두시	검은콩	누룩균(*Aspergillus oryzae* 등)	• 불린 검은콩을 50분 정도 찌고 30°C 정도로 식힌 후 일주일 발효 후 누룩균을 씻어내고 건조시켜 15% 정도의 소금을 첨가하여 6개월 발효 • 염분이 많아 소량씩 양념으로 사용
	두반장	누에콩	누룩균(*Aspergillus oryzae* 등)	• 익힌 누에콩에 누룩을 넣고 6개월 이상 발효 • 고추에 소금 더해 발효한 것을 일정 비율로 섞어 햇빛이 드는 곳에서 3개월 발효 후 양념으로 사용
아프리카	숨발라	네레 씨앗	고초균(*Bacillus subtilis*)	• 네레 씨앗을 물에 삶고 재와 함께 찧어 껍질 제거한 후 두 시간 정도 더 삶아 자루에 넣고 무거운 것으로 눌러 72시간 발효 • 골프공 모양 또는 패티 모양으로 성형 후 양념으로 사용

유사한 품종의 대두 발효식품일지라도 발효에 관여하는 미생물의 종류가 다르고 발효 기간도 다양하므로 그에 따라 다른 맛과 질감을 갖는 다른 음식이 될 수 있다. 주재료를 단일품종의 곡류를 사용하는 경우도 있고, 다른 곡류와 혼합하여 사용하기도 하며, 각 지역에서 생산되는 특별한 품종의 콩류를 사용하는 경우도 있다.

또한 동남아시아에서 생선이나 해산물을 발효해 만든 액젓이 있듯이 그리스에도 생선을 발효해 만든 소스인 '가룸(garum)'이나 '뮤리아(muria)'가 있고, 유럽에는 효모로 밀을 발효해 만든 맥주가 발달한 반면 동아시아에는 누룩으로 쌀을 발효해 만드는 다양한 주류가 발달했고, 몽골에서는 말이나 낙타의 젖으로 발효한 주류가 있다.

발효란 무엇인가

발효의 기작을 알아보다

발효는 미생물의 작용으로 음식물이 분해되고 인간에게 유익한 물질이 생성되는 반응으로 발효방식에 따라 젖산 발효, 알코올 발효, 초산 발효로 구분한다.

젖산 발효

젖산 발효는 당을 혐기적 상황에서 분해하여 젖산을 생성하는 발효이다. 젖산 발효에서는 이산화탄소가 발생하지 않으며 최종 산물은 젖산이 된다. 젖산 발효의 전체적인 과정은 두 단계에 걸쳐 일어난다. 첫 단계에서는 한 분자의 포도당이 당 분해과정을 거쳐 피루브산 2분자가 되며, 이 과정에서 2분자의 ATP와 2분자의 NADH가 생성된다. 다음 단계에서 2분자의 피루브산으로부터 2분자의 젖산을 생성하는데, 이 반응은 젖산 탈수소효소(lactate dehydrogenase, LDH)가 매개한다. 이때 당 분해과정에서 생성된 NADH가 사용되며, NADH로부터 산화된 NAD^+는 다시 당 분해과정으로 재공급되어 ATP를 더 빨리 만들어내는 데 기여한다.

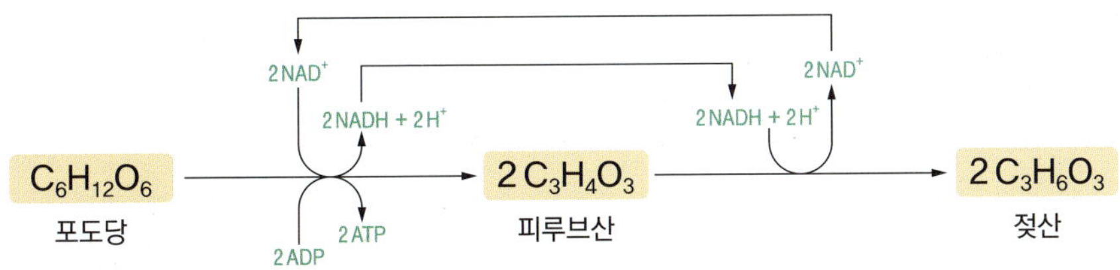

알코올 발효

알코올 발효는 미생물에 의해 당류가 아세트알데히드와 이산화탄소로 분해되면서 알코올(에탄올)을 생성하는 반응이다. 일반적으로 혐기적 상황에서 피루브산을 이용하여 NAD^+와 유기산을 얻는 반응으로, 효모나 일부 어류에서 자연적으로 일어난다. 포도당으로부터 생성된 피루브산에서 아세트알데히드를 거쳐 에탄올과 이산화탄소가 생성되는데, 알코올 발효 반응에서 피루브산 탈탄산효소(pyruvate decarboxylase)의 작용으로 피루브산의 카복실기를 제거하여 이산화탄소 형태로 배출하고 아세트알데히드를 생성한다. 여기에 알코올 탈수소효소(alcohol dehydrogenase)가 작용하여 아세트알데히드로부터 에탄올과 이산화탄소를 생성하며, NADH의 산화가 일어나 NAD^+가 생성된다.

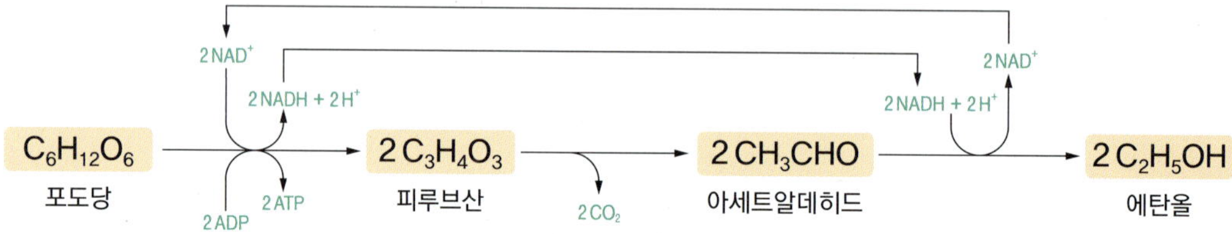

초산 발효

초산 발효는 알코올 발효의 다음 단계라고 할 수 있다. 알코올이 산화되어 초산을 만드는 반응이 초산 발효이다. 초산 발효는 혐기적 반응과 호기적 반응으로 나뉜다. 혐기적 반응에서는 2분자의 아세트알데히드로부터 1분자의 에틸알코올과 1분자의 초산이 생성된다. 호기적 반응에서는 1분자의 알코올로부터 1분자의 초산이 생성되고 중간물질로서 아세트알데히드가 존재한다.

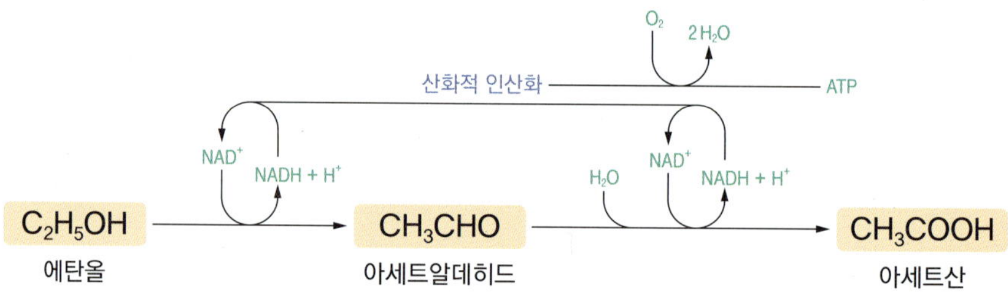

발효식품 왜 좋은가

저장성을 높이다

발효는 쉽게 상하기 쉬운 식품을 오래 보존할 수 있게 한다. 냉장 및 냉동 기술 등 식품 보존 기술이 없었던 과거에는 식품이 부패하기 전에 발효시켜 보존기간을 연장하였다. 유목문화권에서 가축의 젖을 발효해 만든 치즈가 그 대표적인 예이다. 우유 등 동물의 젖은 상온에서 쉽게 상해 오래 보관하기 어렵다. 그러나 발효과정을 거쳐 치즈로 가공하면 가공 이전의 상태보다 더 오래 보관할 수 있을 뿐만 아니라 액체 식품에서 (반)고체 식품으로 변화함으로써 저장과 운반도 용이해진다. 발효로 생성되는 유기산도 식품에 함께 존재할 수 있는 유해균을 억제하여 부패가 일어나는 것을 막는다.

영양학적 가치를 높이다

영양학이 학문으로 정립되기 이전에도 발효식품은 여러 영양소를 섭취하기 위한 목적을 가지고 제조되기도 하였다. 식품이 미생물이나 효소의 작용으로 분해되면서 소화하기 쉬워져 식품의 영양분 흡수를 돕는다. 또한 발효 유제품은 발효에 관여한 미생물에 있는 유당 분해효소의 작용으로 유당불내증 증상을 완화하여 유제품의 소화와 영양분 흡수를 돕는다. 소화와 흡수가 쉬운 상태로의 변화 외에도 발효과정에서 이전에는 없었던 영양소나 물질이 생성되어 건강에 이로운 효과를 내기도 한다. 요구르트에서 일어나는 유산균 발효는 엽산, 니아신, 리보플라빈의 함량을 증가시키고, 김치 발효과정에서도 비타민 C 합성이 일어난다고 알려져 있다.

발효에 관여하는 미생물 자체가 건강에 도움을 주기도 한다. 체내에서 건강에 유익한 효과를 주는 살아있는 균을 가리키는 프로바이오틱스(probiotics)는 미생물을 이용하여 가공한 발효식품에 자연적으로 존재한다. 그 대표적인 예는 젖산발효를 일으키는 균으로서 다양한 발효식품에서 발견되는 유산균이다. 유산균은 위염을 일으키는 헬리코박터균, 식중독을 일으키는 리스테리아 등 유해균을 억제하고 제거하며 펩신 분비를 촉진해 소화를 돕는다. 그뿐만 아니라 요구르트 등 식품으로 섭취된 유산균은 장에서 각종 비타민 B군을 생성한다. 발효식품으로 섭취한 유익한 미생물은 장내 미생물 생태계를 개선하고, 이는 면역력 강화 등 건강에 이로운 작용을 한다.

독특한 풍미 등 새로운 맛을 더하다

발효는 가공 이전의 식재료에는 없었던 독특한 풍미나 성질을 더하기도 한다. 고소하고 담백한 맛이 나는 대두는 발효를 통해 단백질이 분해되면서 감칠맛이 풍부하고 구수한 냄새가 나는 된장이 되고, 양배추는 사우어크라우트(Sauerkraut)가 되면서 신맛을 얻는다. 발효되면서 알코올이 생성되는 과일이나 곡류는 발효로 더해진 풍미와 함께 행복감 등을 주는 알코올의 성질 덕분에 인류 역사와 문화에 중요한 위치를 차지하는 기호식품 중 하나가 되었다. 발효과정에서 생성된 유기산은 식품의 저장성을 높이기도 하지만 새콤한 맛으로 입맛을 자극한다. 곡류를 발효한 식품의 경우 전분이 분해되면서 단맛이 생기기도 한다.

채소 발효를 통해 알아본 발효의 실제, 발효 이렇게 하자

기초를 알자

채소를 발효시킬 때는 채소 고유의 박테리아를 활용하는 것이 일반적이다. 거의 모든 채소에서 발견되는 박테리아 젖산균(lactic acid bacteria, LAB)은 류코노스톡 메센테로이데스(*Leuconistoc mesenterodes*)인데 이 균은 혼합발효균으로 젖산 외에도 이산화탄소, 알코올, 아세트산 등을 만들기 때문에 이 혼합발효균이 활동하는 채소 발효 초기단계에는 이산화탄소가 발생하여 부글부글 끓어오르는 것처럼 보인다. 발효가 진행되면서 산성화가 진행되면 산성에 잘 견디는 락토바실루스 플란타룸(*Lactobacillus plantarum*) 같은 단일발효균이 본격적인 활동을 하게 된다.

LAB의 젖산 생산과정을 살펴보면 박테리아가 포도당의 화학에너지를 이용하기 위해서 효소를 사용하여 포도당을 분해한 다음 각 포도당 분자를 두 개의 젖산($C_5H_6O_3$) 분자로 전환시킨다. 이러한 과정을 통해 생성되는 젖산균의 개체수는 종 모양의 곡선을 그린다. 즉, 채소 발효 초기 단계에서 상승하다가 정점을 찍은 다음 산성화가 진행되면서 하향곡선을 그리는데 이와 같은 개체 수 변동과 함께 젖산균의 종류도 변화된다.

어떤 재료를 어떻게 처리할 것인가

발효가 불가능한 채소는 없다. 채소의 종류, 품종에 따라 적절한 발효과정을 거치면 모든 채소는 발효가 진행된다. 푸른잎 채소는 엽록소가 풍부해서 발효될 때 독특한 향기가 생기며, 저장 탄수화물이라고 할 수 있는 이눌린(inulin)이 들어 있는 뿌리채소는 발효과정에서 분해되어 가스가 발생되기도 한다. 토마토 같은 경우 품종별, 성숙도별(덜익은 것과 빨갛게 익은 것), 전처리별(껍질을 벗긴 것과 벗기지 않은 것)로 발효가 모두 가능하다. 또한 당이 있는 과일류도 모두 젖산발효가 일어날 수 있다. 과일의 경우 서로 다른 유기산의 상호작용에 의해 독특한 맛과 향을 지닌 발효 산물이 될 수 있다. 과일 발효 시 수분이 많고 껍질이 얇은 베리류는 살짝 말려서 발효시키는 것도 좋다. 채소를 발효시킬 때는 통째로 하거나 썰어서 할 수도 있고, 데치거나 쪄서 할 수도 있으며 견과류, 콩류 등은 물에 담갔다가 하기도 한다. 햇볕에 말리거나 수분을 일부 증발시키는 등의 전처리과정을 거칠 수 있는데 이 모든 과정은 발효의 진행을 촉진하기 위한 과정이다.

레드비트, 골드비트 및 비트믹스 절임발효: 컬러가 다른 동일 품종을 각각, 또는 혼합한 절임발효

대저토마토, 방울토마토(껍질 유무) 절임발효: 품종 및 전처리를 달리한 절임발효

슬라이스참외, 반절참외 절임발효: 전처리을 달리한 절임발효

소금 또는 소금물을 이용하다

채소를 발효시킬 때는 소금 없이 발효시킬 수도 있다. 그러나 적정한 농도의 소금(채소 무게의 2~3% 정도)을 넣어주면 발효 속도를 조절할 수 있으며 발효채소의 씹는 식감을 더욱 좋게 할 수 있다. 소금이 펙티나아제(pectinase)의 활동을 저해하여 펙틴의 분해를 막아주어 펙틴의 조직감이 유지되어 아삭한 맛을 유지한다. 소금을 직접 뿌리려면 채소를 썰어서 표면적을 넓혀 소금이 쉽게 조직에 침투될 수 있도록 하면 좋고, 채소를 통째로 하거나 크게 자른 경우, 또 뿌리채소 등 단단한 조직을 가진 재료는 소금물에 담가서 발효시키면 좋다. 소금물에 담그는 경우는 채소 무게의 2~3%의 소금을 뿌려서 그릇에 담은 후 2~3% 소금물을 따로 만들어 채소가 잠기도록 부어주면 된다. 또는 채소가 완전히 물에 잠길 만

매실 절임발효, 매실고추장 절임발효 : 1차 절임발효 후 장 절임발효를 추가로 진행

큼 물을 붓고 내용물의 총 무게를 기록한 후 그 무게의 2~3% 소금을 계량하고 빈 믹싱볼에 넣어서 소금을 용해시켜 다시 부어주는 방법도 가능하다

공기를 차단시키다

채소를 발효시킬 때는 용기에 꾹꾹 눌러 담아 공기를 빼내면서 채소가 즙에 잠길 수 있도록 해야 한다. 산소와 접촉하지 못하도록 하여 호기성 미생물이 성장할 수 없게 하고 산성화 박테리아의 증식을 촉진하기 위함이다.

채소를 공기와 접촉하지 않게 하기 위해서는 채소 위에 누름돌로 눌러주거나 지퍼백에 물을 담아 눌러 준 후 용기의 뚜껑을 닫아주는 방법을 쓸 수 있다. 이 방법은 용기의 모양과 크기에 구애받지 않고 사용할 수 있는 방법이지만 지퍼백에서 물이 흘러나와 절임액의 농도가 낮아질 수 있으므로 주의해야 한다.

공기와 접촉한 발효채소의 표면에서는 효모가 증식할 수 있는데, 이 효모는 캄(kamn)이라고 부르는 것으로 내용물이 완전히 발효되어 즙이 산성화되기 전에 번식할 가능성이 있는 것이며, 베이지색을 띠고 물결무늬처럼 생성되는 특징이 있는데, 이 캄은 숟가락으로 떠내어 제거해 준 후 발효를 진행시키면 된다.

첨가물을 넣다

채소를 발효시킬 때 소금물로 사용하는 물의 일부(5~10% 정도)를 과일즙으로 대체해 주면 LAB가 과일즙의 당을 사용하여 발효가 촉진될 수 있다. 또한 마른 한약재로 약초물을 만들어 섞어주어도 좋다. 이때, 약초물은 물 100 mL당 1 g의 비율로 약초를 넣어 뭉근한 불에서 물의 양이 2/3으로 줄어들 정도로 끓인 후 식혀서 사용한다. 약초물 섞는 농도는 약초 향의 강도와 기호에 따라 조절 가능하다.

채소 세포벽의 펙틴 분해를 늦추어 아삭한 맛을 유지하기 위해서는 타닌이 들어 있는 재료(포도잎, 홀스래디시잎 등)를 넣어주면 좋다. 또한 천일염을 사용하여 발효시키면 칼슘과 마그네슘이 펙틴의 교차결합이 유지되도록 도와주어 아삭한 식감을 유지해 준다.

주니퍼베리, 캐러웨이, 딜, 셀러리씨드, 오레가노, 고추, 강황 등의 허브나 마른 한약재를 넣으면 항균효과가 있어 곰팡이 등이 생기지 못하게 막아주는 역할을 해주기도 한다.

무 절임발효(당귀), 죽순 절임발효(둥굴레) 컬리플라워 절임발효(황기) : 한약재를 첨가하여 저장성 및 기능성을 보강한 절임발효

타이밍을 맞추다

채소는 일반적으로 10~15°C의 낮은 온도에서 천천히 발효시키는 것이 좋다. 2~3일이 지나면 발효는 이미 시작되었다고 할 수 있으며 수일에서 수년 동안 발효를 진행시킬 수 있다. 발효가 진행되면서 식감이나 맛은 지속적으로 변하므로 맛을 보면서 기호에 따라 발효 정도를 결정하면 된다. 즉, 조금 아삭한 느낌의 신선한 맛이 살아 있는 상태가 좋을 수도 있고 충분히 곰삭은 맛을 느끼고 싶을 수도 있다. 다만 이상적인 젓산 발효는 원재료 본질적인 맛은 남아 있으면서 감칠맛과 풍미가 있는 맛이라고 할 수 있으며, 과발효되면 이러한 특징이 신맛으로 변해서 독특한 풍미를 잃을 수도 있다는 점을 기억하자.

3일 숙성 깻잎 절임발효, 10년 숙성 깻잎 절임발효 : 기호에 따라 숙성기간을 달리한 절임발효

알아보자, 발효 vs 부패

발효와 부패는 둘 다 미생물의 작용에 의해 분해 및 결합 등의 화학반응을 하는 것이다. 그러나 발효는 사람에게 유용한 물질이 생성되는 현상이고, 부패는 유해한 물질이나 배설문 등 질소를 함유하는 물질이 생성된다는 차이가 있다. 예를 들어, 알타리의 무 부분만을 사용하고 무청을 그대로 방치해 두면 부패해서 버려야 하지만 소금에 절여서 적정온도를 맞추면 발효균이 작용해서 무청김치가 되는 것이다.

재료별로 본 발효식품

채소 발효

채소 발효는 종류, 품종에 관계없이 가능하고, 동일 재료로 나라마다 사용하는 균이나 만드는 방법이 다르기도 하며 식품류, 주류 및 음료류 등으로 활용되고 있다.

아시아

- 김치(kimchi) : 염장과 발효가 진행된 우리나라의 대표적인 발효식품으로 젖산균에 의한 김치 발효과정에서 비타민 C가 합성되어 과거에는 겨울철 비타민 공급에 중요한 역할을 하였다. 배추, 무 등의 재료를 소금 또는 소금물에 절인 후 다양한 양념과 부재료를 넣고 버무린 것이 일반적이며, 지역에 따라 고춧가루의 양, 액젓 사용 여부, 국물 사용 등으로 다양한 형태로 만들 수 있다.
- 파오차이(泡菜, pao cai) : 중국 사천지방의 채소 발효식품으로 소금물에 채소를 담가 젖산 발효시켜 국물이 있어 우리나라의 물김치와 유사한 형태라고 할 수 있다. 소금물에 설탕을 넣기도 하고 생강 등의 향신료를 넣기도 한다.

파오차이

- 팍 덩(Pak dong) : 채소를 소금에 절여 발효한 태국식 저장음식으로 전통적으로 쌀뜨물을 이용하고 참깨를 넣는 특징이 있다. 특히 겨자잎을 쌀뜨물과 소금에 절인 음식을 팍깟덩(ผักกาดดอง, Pak gard dong)이라고 한다.

팍 덩

에쿵

타페 싱콩

- 에쿵(Ekung) : 인도 북동부의 죽순 발효식품으로 죽순을 썰어 용기에 넣고 뚜껑을 닫아 2~3개월 정도 발효시켜 만든다.
- 타페 싱콩(Tape singkong) : 카사바를 발효해 만든 인도네시아 음식으로 달콤한 후식이다. 카사바에 누룩곰팡이(*Aspergillus oryzae*, *Rhizopus oryzae*)와 효모(*Saccharomyces cerevisiae*, *Saccharomycopsis fibuliger*) 등의 균이 관여하여 만들어진다.
- 나타 드 코코(Nata de coco) : 코코넛워터를 아세토박토 자일리늄(*Komagataeibacter xylinus*)균으로 발효해 만든 필리핀의 젤리 형태 음식이다. 파인애플즙을 이용해 동일 방식으로 만든 음식은 나타 드 피나라고 부른다.
- 타디(Toddy) : 야자나무 수액으로 만든 술로, 지역에 따라 타리(tari, 방글라데시), 소다비(sodavi, 베넹), 밈보(mimbo, 카메룬), 칼루(kallu, 인도) 등 다양한 이름이 있다. 야자나무 수액을 공기 중의 효모로 발효시키는데, 야자나무 수액은 채취하자마자 발효가 시작되어 두 시간 정도 후에는 도수가 4%가량 되는 달콤한 술이 된다. 최대 하루 정도 더 발효시켜 도수가 더 높고 신맛이 나는 술을 만들 수도 있으나 더 오래 두면 초산 발효로 넘어가게 된다.
- 아락(Arak/Araq) : 포도와 아니스로 만든 중동의 대표적인 술이다. 9~10월에 수확한 포도를 으깨 통에 넣고 3주간 발효시키고 증류한 후 아니스 씨를 넣고 한 번 더 증류한 후 숙성시켜 만든다. 맛이 강해 2 : 1(물 : 아락)의 비율로 섞어 마시는데, 물을 섞으면 투명했던 술이 우윳빛으로 변한다. 이는 아니스의 아네톨(anethole)이 에탄올에는

나타 드 코코

타디

아락

녹지만 물에는 용해되지 않고 유화 상태를 유지하기 때문에 나타나는 현상이다. 또한 물보다 얼음을 먼저 넣으면 얼음의 차가운 온도 때문에 아니스의 기름 성분이 응고되므로 물로 먼저 희석한 후 얼음을 띄워야 한다.

유럽

- 사우어크라우트(Sauerkraut) : 채 썬 양배추를 소금에 버무리면서 주물러 발효한 독일식 채소 발효식품으로 그대로 먹거나 화이트와인과 향신료를 넣고 볶아서 제공하기도 하며 수프에도 활용된다.

아프리카

- 시크왕(Chikwangue) : 카사바를 발효시켜 만든 콩고의 주식이다. 카사바를 물에 담가두었다가 물속에서 손으로 으깨어 체에 걸러 섬유질을 제거하고, 남은 페이스트를 2일간 발효시킨 후 반죽하여 바나나 잎 등에 싸서 쪄낸 음식이다.

사우어크라우트

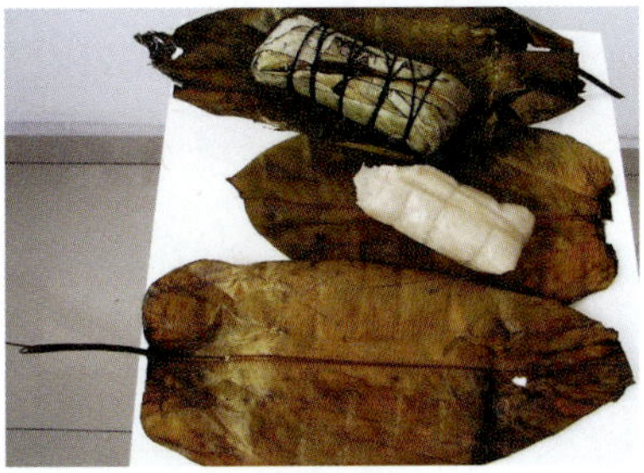

시크왕

아메리카

- 테킬라(Tequila) : 아가베즙으로 만든 술로 블루 아가베의 중심부만을 천천히 구워 아가베에 있는 프럭탄(fructan)을 과당으로 분해한 후 으깨서 즙만 짜내 통에 넣고 발효한 후 증류해서 제조한다. 두 번 이상 증류하는 것이 특징으로, 증류과정을 마친 테킬라는 '실버 테킬라'로 판매되고 나무통(barrel)에서 숙성해 맛을 부드럽게 한 후 '골드 테킬라'로 판매된다.

테킬라

우유의 발효

우유나 각종 가축의 젖을 이용하여 발효시킨 음식의 대표적인 것은 치즈와 발효유이다. 치즈는 우유, 염소젖, 양젖 등 가축의 젖을 미생물 또는 효소로 발효하여 응고시킨 유제품이다.

발효유는 '요거트'라는 이름으로 가장 많이 통용되는데 나라별로 자연환경에 따라 많이 사육하는 가축의 젖을 원료로 사용하며, 발효유 자체로 먹을 뿐만 아니라 알코올, 연유 성분을 넣거나 기타 재료를 넣어 새로운 음료, 디저트 등으로 개발하여 섭취하기도 한다.

아시아

- 필루(Philu) : 인도, 네팔, 티베트에서 소젖이나 야크젖을 크림과 유사하게 만든 발효유이다. 내부를 나뭇가지 등으로 얽어매듯 만든 대나무 통에 바로 짜낸 젖을 매일 2~3번씩 부어주며 6~7일, 길게는 15일 동안 젖산 발효시킨 후 밥과 곁들여 먹거나 커리를 만들 때 넣는다.
- 쿠미스(Kumis) : 말 또는 당나귀 젖으로 만든 터키, 몽골 등 중앙아시아 지역의 발효유로 터키에서는 쿠미스(Kumis), 몽골에서는 아이락(Airag)이라고 부른다. 유산균 외에

필루

쿠미스

케슈크

도 효모가 발효에 관여하는데, 특히 말젖에는 우유보다 당분이 많아 발효 시 알코올 성분과 탄산을 함유하게 된다. 살균하지 않은 말젖에 액상 형태의 스타터(발효유를 만들기 위해 배양한 유산균이나 효모)를 넣고 저으면서 수시간에서 수일 동안 발효시킨다.

- 케슈크(Kashk) : 아프가니스탄, 이라크, 이란, 중앙아시아, 터키 등지의 전통음식으로 쿠루트(Qurut), 초라탄(Chortan) 등으로도 부르는 건조 요구르트 또는 건조 버터밀크이다. 전유로 만든 요구르트에 물을 더해 염소가죽 주머니에 넣고 흔들어서 버터를 만든 후 남은 액체(버터밀크)에 소금을 더해 다시 끓여 커드를 만들고 이것만 걸러내 햇빛에 말린 것이다. 건조된 케슈크는 필요에 따라 물을 더해 다시 크리미한 형태로 만들어 각종 요리에 사용한다.
- 라씨(Lassi) : 요거트에 소금, 설탕을 넣고 물이나 장미수, 과일즙 등을 섞어 만든 인도의 음료이다. 큐민, 카다몬 등으로 맛을 내기도 한다.
- 쉬리칸드(Shrikhand) : 요거트를 천에 걸러 유청을 제거하여 걸쭉하게 만든 것에 사프란, 카다몬, 너트메그 등 향신료를 섞어 만든 인도의 디저트이다.

라씨

쉬리칸드

유럽

- 빌리(Viili) : 핀란드식 발효유로 요거트와 유사하나 사용하는 균이 다르고 표면에 탄력 있는 막이 생기는 것이 다르다. 요거트 발효를 주도하는 유산균 외에도 효모 같은 곰팡이인 게오트리쿰 칸디둠(*Geotrichum candidum*)이 표면에서 자라 탄력이 있고 벨벳 같은 막을 생성한다.

  우유 대신 크림을 사용한 케르마빌리(Kermaviili)는 사워크림처럼 사용하거나 딜과 차이브 등을 더해 소스로 사용한다.
- 케피어(Kefir) : 알코올 성분이 있는 러시아 발효유이다. 유산균과 효모가 발효에 관여하는데 유산균과 효모가 몽글몽글한 형태의 공생체를 이루고, 이 공생체를 우유에 넣어서 발효한다.

아프리카

- 라반 라엡(Laban rayeb) : 요구르트와 유사한 이집트 발효유이다. 항아리에 소젖을 바로 짜서 1~4일 실온(20~25°C)에 두고 자연적으로 발효시켜 만든다. 발효과정을 거치면서 소젖의 지방은 뜨게 되는데, 이 지방층 아래에 생긴 커드가 라반 라엡이다. 지방층은 버터로 쓰고 아래의 라반 라엡은 그대로 마시거나 치즈를 만드는 데 사용한다.
- 레벤(Leben/Lben/Laban) : 중동과 북부 아프리카의 발효유로, 우유를 하루 정도 발효한 후 유지방을 버터의 형태로 분리해 내고 남은 액체(버터밀크) 부분이다.
- 아마시(Amasi) : 남아프리카 발효유제품으로 살균하지 않은 전유를 발효하여 액상 부

빌리

케피어

아마시

분인 움라자(Umlaza)를 걸러낸 나머지 부분이 아마시(Amasi)이다. 팝(Pap)이라고 부르는 옥수수가루죽에 부어 먹거나 그대로 먹는다.

- 누누(Nunu) : 우유를 자연 발효한 가나 및 서아프리카 등지의 발효유이다.

곡물의 발효

곡물을 이용한 대표적인 발효식품은 세계 각국에서 소비되고 있는 각종 곡물가루를 이용하여 만든 빵이라고 할 수 있다.

빵은 효모를 이용해 밀가루 반죽을 발효시켜 부풀려 만든다. 밀가루 반죽을 공기 중에 두면 공기 중에 존재하는 효모에 의해 반죽이 발효된다. 곡물 자체에 자연적으로 존재하는 효모를 이용해 만드는 빵을 천연 발효빵이라고 부른다. 천연 발효빵을 만들 때는 효모를 키우기 위해 반죽을 만들어 두고 쓰는데 이 반죽을 발효종, 사워도우(sour dough)라고 부른다. 즉, 정제가 덜 된 통밀가루를 반죽해 발효하여 곡물 자체에 있는 효모를 키우고 여기에 효모의 영양분이 될 설탕과 통밀가루를 추가하면서 빵을 만든다. 드라이 이스트 발명 이후에는 설탕을 탄 물이나 우유에 넣어 이스트를 활성화하여 비교적 간편하게 만들기도 한다.

쌀가루, 밀가루, 옥수수가루, 수수가루 등을 발효시켜 만든 여러 형태의 식품을 주식으로 사용하거나 다른 재료와 곁들여 먹는 음식을 만들기도 하고, 곡물을 당화시켜 음료를 만들거나 알코올 발효를 진행시켜 주류를 만들기도 한다.

또한 쌀, 찹쌀, 밀가루 등을 발효시켜 시럽에 담그거나 푸딩 등을 만들어 디저트로 섭취하는 경우도 많다.

아시아

- 난(Naan) : 발효한 밀가루 반죽으로 만든 인도 전통 빵이다. 인도 외에도 인도 주변 국가, 서아시아 및 남아시아, 인도네시아, 미얀마, 중국 일부 지역에서 주로 먹는다. 이스트를 넣고 만든 밀가루 반죽을 발효시켜 납작하게 밀고 오븐에 구워 만드는데

난

반짱

쌀국수

도사

지역마다 두께나 생김새가 조금씩 다르며 인도에서는 전통적으로 탄두르(tandoor)라는 원통형 오븐에서 고온에 굽는다.

- 반짱(Bánh tráng) : '라이스페이퍼'로 알려진 베트남의 쌀 가공식품이다. 쌀을 물에 불려서 습식 제분한 후 다시 물에 담가 1~3일 정도 위에 뜬 물을 갈면서 발효시킨 후 전용 찜기에 얇게 펴서 쪄낸 것을 건조시킨다.
- 쌀국수(phở) : 쌀을 물에 불린 후 물을 바꿔주면서 3~7일 발효하고 습식 제분한 후 다시 물을 넣어 3~7일 발효시켜 묽은 쌀반죽을 얇게 만들어 찜기에 쪄내 국수 모양으로 자른다. 또는 발효한 쌀반죽을 면보에 싸서 눌러 물기를 제거한 후 익반죽(끓는 물에 삶음)한 다음 절구 등으로 치거나, 손으로 반죽해 국수틀에 넣고 끓는 물 위에서 바로 익히거나, 제면기로 밀어서 국수 형태로 자른 것을 익힌다. 이것을 생면으로 먹거나 건조시켜 저장하면서 먹는다.
- 도사(Dosa) : 발효한 쌀가루에 물을 넣어 만든 반죽을 기름 두른 철판에 둥글게 구워낸 인도 음식이다. 팬케이크처럼 두껍게 굽기도 하고, 얇고 크게 굽기도 하며 처트니(chutney)나 다른 재료를 안에 넣고 말아서 구워내기도 한다.
- 식혜(Sikhye) : 밥에 물과 엿기름을 섞어 엿기름에 있는 효소로 밥의 전분을 분해한 우리나라 전통 음료이다. 쌀 외에도 보리 등 다른 곡류로 만들거나 호박 등 부재료를 넣기도 한다. 안동식혜는 무, 고춧가루 등과 같은 부재료를 넣어 매콤한 특징이 있다.
- 라오차오(Lao-chao) : 쌀을 발효해 만든, 찰기 있는 식감의 중국 디저트이다.

식혜

아마자케

- 아마자케(Amazake, 甘酒) : 밥을 누룩곰팡이(*Aspergillus oryzae*, koji)로 발효시켜 만든 일본의 음료이다. 누룩이 밥의 전분을 분해하여 단맛이 나고, 발효과정에서 약간의 알코올 성분이 생긴다. 예부터 감미료로 사용되었고, 디저트, 간식, 이유식, 샐러드 드레싱, 스무디 등에 다양하게 활용된다.
- 이들리(Idli) : 인도, 스리랑카, 말레이시아, 싱가포르 등지에서 아침식사용 주식으로 섭취하는 촉촉한 푸딩이다. 쌀과 우르드 콩을 따로 불린 후 갈아서 혼합한 다음 따뜻한 곳에서 하룻밤 발효시킨 후 전용 틀에 부어 넣고 찐다.
- 잘레비(Jalebi) : 인도, 네팔, 파키스탄, 아프가니스탄 등지에서 먹는 도넛과 비슷한 튀긴 음식이다. 밀가루, 병아리콩가루, 터메릭이나 카다몬 같은 향신료와 물을 섞어 묽은 반죽을 만들고 12~24시간 발효시킨 후 170~175°C의 기름에 둥글게 짜 넣어 튀기고, 뜨겁게 데운 설탕시럽에 잠시 담가두었다가 건져서 먹는다.
- 카오막(Khao-mak) : 단맛이 나고 1% 정도의 알코올을 함유하고 있는 태국의 디저트

이들리

잘레비

카오막

이다. 찹쌀을 물에 6시간 정도 불린 후 씻어 삶아 익히고, '룩 팡(look pang)'이라고 부르는 스타터〔쌀가루, 갈랑갈 등 향신재료를 함유하고 있고, 효모, 누룩균, 거미줄곰팡이(*Rhizopus*)균 등이 섞인 것〕를 넣고 섞은 후 바나나 잎에 소분해서 시원한 곳에서 3일간 실온 발효하여 만든다.

유럽

- 타르하나(Tarhana) : 밀가루에 요구르트나 우유, 소금, 향신료, 익힌 채소류를 넣어 발효시킨 후 건조하여 가루 낸 저장 음식으로 가루를 물, 우유, 육수 등에 넣고 걸쭉한 수프로 조리한다. 그리스, 터키, 사이프러스, 중동 등지에서 섭취하고, 터키 가정에서 기본적으로 구비하고 있는 식품 중 하나이다.
- 보자(Boza) : 새콤하고 청량감 있는 불가리아의 곡류 발효음료이다. 북아프리카, 중앙 및 서아시아, 캅카스, 동남부 유럽 등지에서 즐겨 먹으며 나라별로 다양한 곡류를 사용한다. 곡물에 물을 넣고 푹 익혀 으깬 후 체에 걸러 액체만 얻은 다음 이스트와 설탕 섞은 물을 부어 하루 정도 발효시켜 만든다.
- 보드카(Vodka) : 감자나 곡류 등 탄수화물이 풍부한 식품을 발효해 만든 러시아, 폴란드, 핀란드 술이다. 곡류 또는 서류 재료에 물과 이스트를 넣어 알코올 발효가 일어나게 하고, 이것을 증류해 제조한다.

아프리카

- 잉제라(Enjera/Injera) : 신맛 나는 에티오피아 발효빵으로 팬케이크와 유사하며 벼과

타르하나

보자

보드카

식물인 테프를 재료로 한다. 테프 또는 다른 곡류를 가루 내어 물과 섞은 다음 기존에 있던 잉제라 반죽의 맑고 노란 상층액인 에르소(ersho)를 넣어 2~3일간 발효한다. 발효된 묽은 반죽을 철판에서 굽거나 둥글넓적한 팬에 부어 오븐에서 구워 스튜, 샐러드 등 다른 음식에 곁들여 주식으로 먹는다.

- 벤-살가(Ben-saalga) : 기장쌀을 발효해 만든 부르키나파소, 가나의 아침식사이다. 기장을 물에 불려 생강, 후추, 민트 등 향신료와 함께 제분한 후 물을 부어 묽은 반죽을 형태로 만들어 면보에 걸러 발효시켜 끓인다.
- 켄케이(Kenkey) : 가나에서 주식으로 먹는 옥수수 발효 음식이다. 흰 옥수수가루와 옥수수전분을 섞어 40~45°C 정도의 따뜻한 물을 넣어 반죽을 한 다음 이것을 그릇에 넣고 천으로 덮어 따뜻한 곳에서 2일 동안 발효시킨다. 발효된 반죽을 반으로 나눠 하나는 끓는 물에 10분 정도 삶은 후 익히지 않은 나머지 반죽과 잘 섞어주고 먹기 좋은 크기로 나눠서 옥수수 잎이나 옥수수 껍질 또는 플랜테인(plantain) 잎에 싸서 찐다. 신맛이 생선과 잘 어울려 구운(튀긴) 생선요리나 수프 또는 스튜와 함께 먹는다.
- 후수와(Hussuwa) : 수수를 발효시켜 익힌 수단의 음식이다. 수수 페이스트와 발효시켜 당화한 수수를 섞어 반죽을 12시간 정도 발효시킨 후 팬케이크 형태로 약간 익힌 후 당화한 수수를 더 넣고 반죽한다. 이것을 24~48시간 정도 더 발효시키거나 철판에서 익혀서 완전히 말려 질그릇에 주먹만 한 덩어리로 뭉쳐 넣은 후 질그릇을 진흙으로 밀봉하여 난로나 화로 아래에 2달 정도 묻어두어 계속 보온이 유지되도록 하면 젖산 발효와 알코올 발효가 이루어져 새콤달콤한 맛이 나는 후수와가 완성된다.

잉제라

벤살가

켄케이

- 고웨(Gowé) : 수수나 옥수수 등 곡류를 발효시켜 만든 베냉지역의 음료이다. 곡물을 당화시키거나 빻아서 가루 내어 죽처럼 끓인 후 스타터(젖산균과 효모로 구성)를 넣어 발효시킨 후 다시 가열해 저장성을 높인다. 보통 물, 우유, 설탕, 얼음 등을 더해 희석해서 마신다.

고웨

육류, 어류, 달걀류의 발효

육류 자체를 발효시킨 음식과 육류 가공품인 소시지를 발효시킨 음식이 나라마다 다양하게 존재한다. 멸치처럼 작은 어종부터 상어처럼 큰 어종까지 어류 발효식품도 다양하다. 소금으로 염장하면서 발효한 음식, 생선 발효액 자체에 절여 발효한 음식, 생선의 알을 발효한 음식, 기타 부재료를 넣고 발효한 음식 등 다양한 어류 발효음식이 있다. 또한 어류를 발효하여 발효액을 양념으로 사용하는 사례도 많다.

아시아

- 냄(แหนม, Naem, Nham) : 태국의 발효 돼지고기 음식이다. 돼지 생살코기, 익힌 돼지 껍질, 밥, 마늘, 고추, 큐어링 솔트(curing salt)를 갈아서 바나나잎이나 인조 케이싱에 넣고 30°C, 습도 50%에서 3~5일 발효시킨다. 밥이 들어가 젖산 발효가 일어나고, 젖산에 의해 생고기가 화학적으로 변성되고 신맛이 생긴다.
- 사이크록이산(ไส้กรอกอีสาน, Sai-krok-isan) : 돼지고기, 찹쌀, 마늘, 후추, 소금을 넣어 만든 태국 소시지이다. 케이싱에 소를 채우고 햇볕에 짧게는 몇 시간, 길게는 2~3일 정도 말리면서 발효시킨다. 그릴에 굽거나 튀겨서 각종 채소, 고추, 생강 등과 함께 먹는다.
- 수쿡(Sucuk) : 터키식 건조 소시지로, 주로 소 또는 양의 고기와 지방으로 만드나 말고기로 만들기도 한다. 터기 이외에도 중동, 발칸반도, 중앙아시아에서 즐겨 먹는다. 고기를 갈아서 큐어링 솔트를 넣고 버무려 숙성한 후 갈은 지방과 향신료, 전용 스타터

넴

사이크록이산

수쿡

를 섞어 다시 곱게 갈아서 케이싱에 넣고 발효한다. 이후 건조하면서 숙성해 수분 함유량이 40% 이하가 되도록 하여 완성한다.

- 홍어회(Hongeo-hoe) : 홍어를 삼베나 짚에 싸서 삭힌 우리나라 발효 생선으로 발효에 의하여 암모니아가 생겨 특유의 냄새와 톡 쏘는 맛이 있다. 싱싱한 홍어의 껍질을 벗기고 내장을 제거하여 토막을 내어 볏짚과 함께 켜켜이 담아 바구니를 덮어 18~20°C에서 3~4일 동안 삭혀 만든다. 삭힘과정을 마친 홍어는 포를 떠서 초고추장을 곁들여 먹거나 식초에 절였다가 각종 채소와 양념에 무쳐 먹는다. 이외에도 홍어찜, 홍어탕 등으로 익혀서 먹기도 한다.

홍어회

- 식해(Sikhae) : 함경도, 강원도, 경상도 등지에서 섭취해 온 우리나라 전통음식이다. 명태, 가자미, 고등어, 도루묵, 멸치 등 다양한 생선과 질지 않게 지은 쌀밥, 찰밥, 차조밥, 또는 메조밥을 넣고 삭혀 만든다. 생선 재료를 손질해 물기를 빼고 항아리에 소금과 함께 켜켜이 담아 열흘 정도 절이고, 씻어서 먹기 좋은 크기로 자른 다음 밥과 고춧가루를 넣고 버무려 4일 정도 묵힌다. 소금에 절이고 고춧가루에 버무린 굵게 썬 무채를 넣고 다시 열흘 정도 발효시킨다.

식해

- 어란(Eoran) : 숭어나 민어 등 생선의 알을 간장 또는 소금에 절

인 후 햇볕에 반건조시킨 우리나라 음식이다. 숭어의 배를 가르고 알이 터지지 않게 조심해서 꺼낸 다음 재래식 간장에 하루 동안 담가두고, 간이 배면 알을 꺼내어 물에 1시간 정도 담갔다가 건져서 채반 위에 올려놓고 그늘에서 말린다. 이때 참기름에 설탕을 녹여 붓으로 여러 차례 바르면서 말려 주면 균이 번식하지 않고 알주머니의 질감이 좋아진다. 숭어알의 표면이 어느 정도 마르면 깨끗한 면포에 싸서 무거운 돌로 하루 정도 눌러 모양을 잡는다. 하루 2~3차례 눌러 가며 거품과 수분을 제거하고, 채반에 알을 널어서 참기름을 발라 가며 한 달간 말린다. 먹을 때에는 칼을 뜨겁게 달구어 어란을 얇고 투명하게 편으로 어슷썬다.

- 나레즈시(熟鮓, narezushi) : 일본식 생선 식해로, 생선에 쌀밥과 소금을 버무려 삭힌 것이다. 붕어로 만든 후나즈시(鮒寿司, Funazushi)가 대표적이다. 후나즈시는 붕어를 손질해 내장을 모두 제거하고 소금에 2개월~1년 절인 후 배에 밥을 채우고 밥에 버무려 1~4년 발효시켜 만든다.
- 구사야(くさや, Kusaya) : 전갱어 발효액 등으로 만든 절임물에 갈고등어나 날치를 절였다가 말린 일본 음식이다. 염도 8% 가량 되는 절임물에 8~20시간 담가둔 후 건져서 최소 2일 햇볕에 말려서 만든다. 절임물에는 생선을 발효시키는 박테리아가 있으며, 같은 절임물을 100년 이상 대를 이어 쓰기도 한다. 주로 구워서 먹지만, 말린 것 그대로 안주로 먹기도 한다.
- 피시 소스(fish sauce) : 멸치, 생선 내장, 크릴새우 등을 염장해 발효한 액젓이다. 베트남에서는 느억맘(nước mắm), 태국에서는 남플라(น้ำปลา)로 불린다. 재료에 10~30%

어란

나레즈시

구사야

피시 소스

카피

바궁

정도의 소금을 넣어 버무리고 이것을 통에 넣어 최대 2년간 발효한 후 끓여서 생선살에 남은 맛 성분과 액젓을 더 추출해 내기도 하고, 캐러멜 색소 등을 넣어 색을 더 좋게 하는 가공을 거치기도 한다. 요리에 감칠맛과 특유의 풍미를 더하는 양념으로 쓰이기도 하고, 라임즙, 마늘, 고추 등 다른 재료나 양념을 더해 디핑소스로 사용한다.

- 카피(Kapi, shrimp paste) : 새우나 보리새우를 으깨어 발효시킨 태국식 새우젓이다. 으깬 새우에 소금을 섞고 몇 주간 발효하여 만든다. 수분기가 있는 상태 그대로 판매되거나 햇볕에 말린 블록 형태로 판매된다.
- 바궁(Bagoong) : 생선이나 새우를 발효하여 만든 필리핀 양념이다. 재료를 소금과 섞어서 전용 항아리에 넣고 가끔 저어주며 30~90일간 발효한 후 홍국(곰팡이균으로 발효시킨 진분홍색 쌀)을 더해 색을 낸다. 발효과정에서 뜨는 상층액은 따로 떠내 빠띠스(patis)라는 액젓으로 사용한다.
- 플라라(ปลาร้า, Pla ra) : 손질한 생선에 소금과 쌀겨를 넣고 발효한 태국 양념이다. 생선을 손질해서 쌀겨나 볶은 쌀가루와 소금을 넣고 버무려서 밀폐된 용기에 넣고 최소 6개월 발효하여 만들어진다. 짠맛과 함께 신맛이 있고, 냄새가 아주 강하다. 그대로 섭취하거나 피시 소스처럼 다른 재료와 섞어 디핑소스로 활용한다.

플라라

- 프라혹(ប្រហុក, Prahok) : 생선을 염장 및 발효하고 분쇄한 캄보디아 양념이다. 생선의 머리와 비늘 내장을 제거하고 맑은 물로

프라혹

나리

10번 이상 씻은 후 바구니에 넣어 24시간 건조하면서 삭힌 다음 밀폐용기에 소금과 켜켜이 담아 실온에서 한 달간 발효시킨다. 반찬으로 먹기도 하지만 다양한 캄보디아 전통 요리에 양념으로 사용된다.

- 나리(Ngari) : 생선을 혐기성 발효한 인도 마니푸르 지역의 음식이다. 푸부(Phoubu)라는 생선을 소금을 뿌리지 않고 햇볕에 말렸다가 씻어 대바구니에서 물기를 제거한 후 자루에 넣어 밟아 물기를 더 제거하면서 머리에 있는 기름 성분이 스며 나오도록 한다. 겨자기름을 바른 항아리에 가득 넣고 비닐, 생선 비늘, 진흙, 소 똥 등으로 밀봉하여 실온에서 6~12개월 발효한다.

유럽

- 초리소(Chorizo) : 스페인의 대표적인 발효 소시지로 붉은색과 독특한 맛, 훈연향이 있다. 굵게 다진 돼지고기와 돼지비계, 마늘, 훈연 파프리카, 소금으로 소를 만들어 케이싱에 넣어 만든다. 지역마다 다양한 향신료를 추가하고, 훈연과정을 추가하기도 한다.
- 알헤이라(Alheira) : 말굽 모양이 특징인 포르투갈의 건조 소시지이다. 돼지고기나 소고기, 지방, 향신료, 빵, 소금을 사용하고 훈연을 거친다. 전통적으로 그릴 또는 오븐에 구워 데친 야채와 함께 먹는다.
- 앤초비(Anchovy) : 멸치류 생선인 앤초비의 내장을 제거하고 소금이나 소금물에 염장

초리소

알헤이라

앤초비

및 발효한 후 기름 또는 소금에 담아 보관한 음식이다. 샌드위치나 피자 등에 토핑으로 쓰거나 우스터소스 등 각종 소스에 양념으로 쓰인다.

- 수르스트뢰밍(Surströmming) : 청어를 척추에 존재하는 젖산균으로 염장 발효한 스웨덴 음식이다. 4~5월에 살이 오르지 않은 청어를 8월 중순까지 발효시키며 전통적으로 8월의 세 번째 목요일인 수트스트뢰밍프리미어(surströmmingspremiär) 이후에 판매한다. 강한 냄새 때문에 야외에서 주로 먹고, 감자, 양파, 버터, 사워크림과 함께 스웨덴식 납작빵인 툰브뢰드(Tunnbröd)에 올려서 먹는다.
- 락피스크(Rakfisk) : 염장 송어를 발효한 노르웨이 음식으로 스웨덴, 핀란드에서도 즐겨먹는다. 송어의 내장을 제거하고 물에 씻어 소금과 함께 눌러 담아 5°C에서 1~3개월 발효하는데, 이때 설탕을 넣어 자기소화과정을 가속화하기도 한다. 강한 냄새가 있

수르스트뢰밍

락피스크

으나 맛은 부드러우며 익히지 않고 그대로 슬라이스해 납작빵, 자색양파, 사워크림, 감자 등과 함께 먹는다.

- 루트피스크(Lutefisk) : 락피스크와 비슷한 발효 생선으로 대구 등 흰 살 생선을 재료로 한다. 건조된 흰 살 생선을 5~6일 동안 매일 물을 갈아가며 물에 불린 후 소다를 탄 물에 2일 담가둔다. 이후 다시 매일 물을 바꾸며 찬물에 5~6일간 담가둔 후 섭취한다. 가성소다를 탄 물에 불리면 생선이 부풀고 젤리와 같은 식감이 생긴다. 소금을 조금 뿌리고 쪄서 감자, 으깬 완두콩, 녹인 버터, 베이컨을 곁들여 먹는다.
- 하칼(Hákarl) : 상어를 발효한 아이슬란드 음식이다. 상어의 내장과 머리를 제거하여 손질하고, 자갈 많은 모래사장에 묻어서 돌로 눌러둔 채 6~12개월 발효한 후 길게 잘라 7개월간 매달아 건조하여 만든다. 건조과정에서 갈색 껍질이 생기는데 이것은 먹을 때 잘라낸다. 붉은색이 도는 것은 상어 뱃살 부분으로 쫄깃한 식감이 있고, 밝은 색이 도는 것은 몸통살로, 부드러운 식감이 있다. 아이슬란드의 대표적인 증류주인 브레니빈(Brennivín)의 안주로 즐겨 먹는다.
- 보타르가(Bottarga) : 숭어 등 생선의 알을 염장 발효한 지중해 음식으로, 기원전 10세기 문헌에도 기록되어 있다. 생선 알을 손으로 주물러 기포를 없앤 후 소금에 몇 주간 절여 만든다. 얇게 썰어서 먹거나 강판에 갈아서 파스타 등에 양념하거나 가니쉬로 사용한다.

루트피스크

하칼

보타르가

아프리카

피시크

- 피시크(Fesikh) : 생선을 햇볕에 건조한 후 염장하여 발효한 이집트 음식이다. 숭어과 생선을 햇볕에 말린 다음 소금 또는 염도가 높은 소금물에 45일 정도 염장하여 만든다. 양파 또는 파와 레몬을 곁들여 이집트 빵과 함께 섭취한다.

아메리카

이구낙

- 이구낙(Igunaq) : 북극 이누이트족(Chukchi, Nenet, Evenki 등 다른 부족도 포함)의 전통음식이다. 여름에 잡은 바다코끼리의 살과 지방을 스테이크처럼 잘라서 바다코끼리 가죽에 싼 다음 땅에 묻어두면 가을 동안에는 혐기성 발효가 일어나고 겨울에 얼려서 다음 해에 먹는다. 적절히 발효된 이구낙은 지방 부분이 옅은 초록빛을 띠며 먹기 전에 물에 헹궈 특유의 냄새를 없애고 주로 사과와 함께 먹는다.

콩류, 견과류의 발효

다양한 콩류를 발효하거나 다른 곡류와 함께 발효하기도 하며 양념이나 식품으로 사용하는 경우가 많다.

아시아

- 메주(Meju) : 대두를 푹 익혀 절구에 찧고 모양을 잡아 말린 것으로 보리, 밀, 쌀 등이 들어가기도 한다. 콩을 불리고 푹 삶아서 절구에 찧은 다음 모양을 잡아서 2~3일 겉말림을 한 다음 짚을 포개 씌워 4주간 재운 다음 햇볕에 말린 후 다시 2개월간 재운다. 볏짚과 공기를 통해 다양한 미생물이 메주에 들어오게 되고, 이들 미생물에 있는

단백질분해효소와 전분분해효소가 이후 간장 특유의 맛과 향을 내게 된다.

- 된장(Doenjang) : 메주로 간장을 만든 후 남은 건더기를 더 숙성한 우리나라 전통 발효 양념이다. 소금물을 적게 넣어 간장을 만들지 않고 바로 된장으로 만들기도 한다. 우리나라의 된장은 특정 균주를 접종하는 것이 아니라 자연균에 의한 발효에 의존한다는 것이 특징이다. 일본 된장인 미소는 콩을 쪄내 쌀, 소금 누룩을 섞어 만든 것으로, 탄수화물을 강화해 우리나라 전통 된장에 비해 단맛이 있고, 누룩을 섞어 발효에 쓰이는 균주가 정해져 있다.
- 간장(soy sauce) : 메주를 소금물에 담가 숙성하여 액체만 걸러 한 번 달여서 용도에 맞게 사용하는 양념이다. 일본식 간장인 쇼유(しょうゆ)는 대두는 익히고 밀은 구워서 으깨어 누룩을 섞고 여기에 소금물이나 소금을 섞어 숙성하고 발효한다.
- 청국장(Cheonggukjang): 푹 삶은 대두를 볏짚에 있는 납두균으로 2~3일간 발효시킨 우리나라 전통 발효식품이다. 용기에 익힌 대두와 깨끗한 볏짚을 번갈아 깔아서 보자기로 싸 40~45°C에서 2~3일간 발효한다.
- 두시(豆豉, Douchi): 중국식 발효 콩으로, 양념으로 쓰인다. 검은 콩을 불려 50분 정도 쪄서 식혀 누룩균을 접종해 일주일간 발효시킨 후 누룩을 씻어내고 건조시킨 다음 15%가량의 소금을 더해 6개월간 발효한다.
- 두반장(豆瓣醬, Doubanjiang) :중국 사천지방 음식에 많이 사용하는 콩 발효 양념이다. 누에콩을 익혀 누룩을 넣고 6개월 이상 발효시킨 것과, 얼징탸오(二荆条, Erjingtiao)고추에 소금을 더하고 으깬 후 발효시킨 것을 일정 비율로 섞어 햇볕이 드는 곳에서 3개

메주

된장

두시

두반장

낫토

토아 나오

월간 더 발효, 숙성시킨 것이다.

- 낫토(納豆, Natto): 일본의 콩 발효식품으로 우리나라 청국장과 유사하다. 익힌 콩을 낫토균을 이용하여 청국장과 비슷한 방식으로 발효시킨다. 낫토는 일반적으로 익히지 않고 날달걀, 파 등과 함께 밥에 얹어서 먹는다.
- 토아 나오(Tua nao): 태국의 콩 발효식품으로 청국장과 유사하다. 대두를 소금물에 4~6시간 삶은 후 나무절구에 넣고 부드럽게 찧어서 2~3일 자연발효시켜 만든다. 발효된 것을 납작하게 성형한 후 바나나잎에 싸서 직화에 굽거나(Tua nao muh) 그대로 햇볕에 말려(Tua noa kep) 사용하기 전에 구워서 가루를 낸다.
- 키네마(Kinema): 인도 등지의 콩 발효식품이다. 익힌 콩을 락토바실러스 균으로 발효시킨 것이다. 밥과 함께 먹는 수프, 디핑 소스, 사이드디시 등으로 활용하고 건조시켜 저장성을 높이기도 한다.
- 템페(Tempeh) : 곰팡이(*Rhizopus oligosporus*)를 이용한 인도네시아의 콩 발효식품이다. 콩 또는 다른 콩류, 곡류의 모양이 유지되도록 부드럽게 삶아 익혀 35~37°C로 식힌 후 균(*Rhizopus oligosporus*)을 접종하여 바나나잎 등에 싼 후 30°C가량에서 24~36시간 발효시킨다.
- 온쫌(Oncom) : 콩비지 또는 땅콩, 코코넛, 카사바의 깻묵 등을 붉은색(*Neurospora intermedia* var. *oncomensis*) 또는 검은색(*Rhizopus oligosporus*) 곰팡이로 발효시킨 인도네시아 음식이

템페

온쫌

숨발라

다. 인도네시아 서자와(West Java)주의 전통 음식으로, 다른 식품의 부산물을 활용하였다는 점에서 경제적이나, 아플라톡신을 생성하는 다른 균이 있을 위험이 있어 제조 시 위생관리가 매우 중요하다.

아프리카

- 숨발라(Sumbala) : 아프리카의 콩 발효식품으로, 콩과식물인 네레(*Parkia biglobosa*, African locust bean tree)의 씨앗(콩)를 발효하여 만든다. 콩을 햇볕에 말려서 물에 삶아 재와 함께 찧어서 콩 껍질을 벗겨낸 후 재를 씻어내고 다시 콩을 2시간 정도 더 삶아 자루에 넣고 무거운 것으로 눌러 72시간 발효시킨다. 이것을 지름 3~4 cm 정도의 공모양으로 성형한다.

CHAPTER

5

탄수화물 조리에 나타난 과학 이야기

곡류 이야기 | 서류 이야기 | 당류 이야기

곡류 이야기

곡류란 쌀, 밀, 보리, 옥수수 등 식량으로 이용 가능한 전분질 종자로 대표적인 탄수화물 급원식품으로 이용된다. 쌀, 맥류(보리, 밀, 귀리, 호밀 등)와 잡곡(옥수수, 조, 기장, 피, 수수 등)으로 분류되며 최근 들어 퀴노아, 아마란스 등에 대한 관심이 증가하고 있다.

곡류의 종류

종류 및 구성성분

쌀

종류

쌀은 열대와 온대 지역 등 전 세계에서 광범위하게 재배되고 있는 작물로, 품종은 인디카형과 자포니카형으로 나눈다. 인디카형 쌀은 전 세계 생산량의 대부분을 차지하며 쌀알의 모양이 가늘고 긴 장립종이다. 자포니카형 쌀은 한국, 일본, 중국에서 소비되는 종으로 쌀알의 모양이 둥글고 짧은 단립종으로 인디카형에 비해 찰기가 강하고 끈기가 있다.

우리나라에서 재배되는 쌀은 대부분 멥쌀로 전분 중 아밀로펙틴(amylopectin) 함량이 80% 정도이며 나머지는 아밀로오스(amylose)로 구성되고, 낟알이 반투명하고 비중이 높다. 찹쌀은 전분이 아밀로펙틴으로만 구성되며 낟알은 유백색을 띤다.

멥쌀

찹쌀

벼를 쌀로 가공하는 것을 도정이라고 하는데 쌀의 도정 정도를 나타내는 것으로 도정도와 도정률이 있다. 도정도는 현미에서 겨층을 벗긴 정도를 말하며, 도정률은 현미 무게에 대한 도정된 쌀의 무게 비율을 나타낸다. 수확한 벼를 건조, 탈곡한 후 기계를 통하여 왕겨를 벗기면 현미가 된다. 현미에서 겨와 배아의 무게가 약 8%인데, 백미는 이것을 모두 제거한 것이므로 백미(10분도미)의 도정도는 100%, 도정률은 92%이다. 7분도미는 도정도 70%, 도정률 94%, 5분도미는 도정도 50%, 도정률 96%이다.

쌀 소비를 증가시키기 위해 다양한 특수미가 개발되고 있다. 혈액 순환에 효과가 있는 홍국쌀, 칼슘과 철을 첨가해 코팅한 강화쌀, 알칼리 이온수로 씻어 위생적으로 포장한 씻어나온 쌀, 체내 혈당량을 감소하고 비만 억제에 효과가 있는 것으로 알려진 다이어트쌀 등이 있다.

구성성분

쌀은 전체 약 80%가 전분으로 이루어진 우수한 탄수화물 식품이다. 쌀의 주 단백질은 글루테닌(glutenin)에 속한 오리제닌(oryzenin)이며, 그 외 알부민(albumin)과 글로불린

(globulin)이 있다. 라이신(lysine), 트립토판(tryptophan), 메티오닌(methionine) 등 필수아미노산이 적게 함유되어 있으나 단백가는 78% 정도로 곡류 중 우수한 편이다. 쌀의 지질은 불포화도가 높은 지방산이 주성분이며 배아에 함유되어 있다. 햅쌀에 함유된 지질은 밥맛을 좋게 하고 윤기를 주지만, 저장기간이 길어지면 산패를 일으켜 쌀의 품질을 저하시킨다. 쌀에 함유된 비타민으로는 티아민(thiamine), 리보플라빈(riboflavin), 니아신(niacin), 비타민 E 등이 있으며, 무기질은 인, 칼륨, 마그네슘 등은 풍부하나 칼슘 및 철은 부족하다. 식이섬유는 도정을 많이 할수록 감소하여 현미에는 약 1~3%, 백미에는 약 1% 미만이 함유되어 있다. 특히 현미는 전분의 소화·흡수가 느리기 때문에 당뇨병 등의 성인병 예방에 도움이 된다.

밀

종류

밀은 곡류 중 역사가 가장 오래된 농작물 중 하나로 전 세계적으로 3만여 종의 다양한 품종이 재배되고 있으며 재배면적이 가장 넓은 곡류이다. 파종시기에 따라 겨울밀과 봄밀로 나누며 겨울밀의 생산량이 더 많다. 종피의 색에 따라 백색밀, 적색밀로 나누며 카로티노이드가 많을수록 황색에 가까운 밀가루가 된다. 밀은 대부분 밀가루의 형태로 가공되어 제빵, 제과, 제면용으로 사용된다.

또한 단백질 함량에 따라 단백질 함량이 높아 강력분을 생산하여 제빵용으로 이용되는 경질밀과 단백질 함량이 낮고 전분 함량이 높은 박력분을 생산하며 파이나 케이크를 만드는 데 사용하는 연질밀로 나눌 수 있다. 듀럼밀은 초경질밀로 파스타나 마카로니를 만드는 데 이용된다.

구성성분

밀가루의 수분 함량은 12~14%로 저장성이 좋으며 전분은 75~80% 함유되어 있다. 포도당, 맥아당, 과당 등의 당류가 2% 함유되어 있고, 반죽의 응집력에 영향을 주는 펜토산 2~3%, 그 외에도 소량의 셀룰로오스(cellulose), 덱스트린(dextrin) 등이 포함되어 있다. 밀가루의 단백질은 불용성 단백질이며 점성에 관여하는 글리아딘(gliadin)과 탄성에 관여하는 글루테닌(glutenin) 등 두 가지 단백질이 반죽 시 점탄성에 관여하는 글루텐(gluten)을 형성한다. 소량의 가용성 단백질 알부민(albumin)과 글로불린(globulin)은 대부분 배아와 겨층에 있으며 필수아미노산인 라이신(lysine), 트립토판(tryptophan) 등이 부족하므로 불완전단백질이다. 밀의 지질은 약 2~3%가 배아에 존재하고, 밀가루에는 1~1.5% 함유되어 있다. 비타민과 무기질은 대체로 외피와 배아에 함유되어 있어 제분과정 중 제거되므로 손실된 비타민이나 무기질을 첨가하여 강화밀가루를 만들기도 한다.

밀가루 제조

밀가루는 밀을 세척, 템퍼링, 분쇄, 숙성 과정을 가쳐 만들어지며 필요에 따라 영양성분을 강화하기도 한다.

세척 밀의 이물질을 제거하고 세척한다.

템퍼링 세척한 밀을 물 등의 용액에 담가 겨층을 부드럽게 하고 쉽게 제거하기 위해 가수처리한다.

분쇄 제분 공정으로서 거칠게 분쇄하여 겨층과 배유 부분으로 분리한다. 분쇄된 배유를 덧분쇄하여 밀껍질을 제거하면 밀가루가 된다. 균일한 입자의 밀가루를 위해 5~6회 다시 분쇄하는 공정을 거쳐 제분율 72% 정도의 시중 유통 밀가루를 제분한다.

숙성 제분 직후에는 제빵성이 좋지 않으므로 60~90일 정도 방치하는 공정이다. 밀가루가 공기와 접촉하여 카로티노이드 색소는 산화되어 흰색이 되며 단백질의 이황화결합이 증가하여 제빵성이 좋아진다.

영양강화 필요에 따라 비타민 B군, 엽산, 칼슘, 철 등을 0.3~0.5% 강화한다.

보리

보리는 세계에서 재배 역사가 가장 오래된 작물 중 하나로 껍질이 얇아 종실에 밀착되어 잘 벗겨지지 않는 겉보리와 성숙 후에 속껍질과 겉껍질이 잘 떨어지는 쌀보리가 있다. 또한 맥주를 만드는 데 사용되는 두줄보리와 식용으로 사용되는 여섯줄보리로 나눌 수 있다. 도정 후 물에 담가 불려 압맥(壓麥)을 만들거나 홈을 따라 쪼개 할맥(割麥)으로 판매한다. 보리는 보리 중앙의 골에 식이섬유가 많아 소화율이 낮으며, 밥이나 보리차, 엿기름 등으로 다양하게 이용되고 맥주나 사료의 원료로 이용된다.

귀리

귀리는 껍질의 유무에 따라 쌀귀리와 겉귀리로 나뉘며, 단백질 중 라이신 등 필수아미노산의 함량이 높다. 귀리를 볶은 다음 거칠게 부수거나 납작하게 누른 것을 죽처럼 조리한 음식인 오트밀(oatmeal)은 서양에서 주로 아침식사 대용으로 이용된다.

호밀

호밀은 척박한 토양조건에서도 잘 자라지만 글루텐을 형성하지 않아 발효빵을 만들기 위해서는 유산균을 이용하여 반죽을 산성화시키는 사워 도우를 이용한다. 이외에도 시리얼, 냉면 등의 재료나 위스키 등의 원료로 사용된다.

옥수수

옥수수는 환경 적응성이 강하며 세계적으로 생산량이 가장 많은 곡류이다. 세계 제1의 사료 작물로 종자의 모양과 특성에 따라 다양한 품종이 있다. 물엿이나 옥수수기름을 만드는 데 이용되며, 옥수수 수염은 이뇨작용이 있다고 알려져 음료제품으로 제조, 판매되고 있다.

기타 곡류

조 재배 역사가 긴 작물로 동양권에서 많이 재배하는 오곡 중 하나로 메조와 차조가 있다. 주로 차조를 밥에 넣는다.

기장 국내에서는 수확량이 적고 주식으로 이용하기 어려워 국내 재배량은 많지 않다.

수수 건조지대에서 많이 재배하는 잡곡으로 환경에 대한 적응성이 뛰어나다.

아마란스 남미 안데스 고산지대에서 자라며 필수아미노산을 함유한 단백질을 비롯해 항산화, 항암 성분이 다량 함유되어 있다.

퀴노아 안데스 지역에서 재배되며 단백질이 풍부하고 칼슘, 식이섬유, 무기질 등이 많이 함유되어 있다.

저항전분이란?

저항전분(resistant starch, RS)이란 소화효소에 의해 분해되지 않아서 인체 내 소장에서 소화 · 흡수되지 않고 대장 미생물에 의해 분해되는 전분이다. 식이섬유의 일종으로 알려진 저항전분은 프리바이오틱스(prebiotics)로서 포만감을 높이고 대장 환경, 혈당 및 인슐린 반응을 개선하며, 콜레스테롤을 흡착 · 배출해 중성지질 함량을 낮추고 체중을 감소시키는 등 다양한 기능성이 있다.

저항전분이 풍부한 식품으로는 소화가 어려운 씨앗류, 콩류, 통곡물과 같은 종류로 대표적으로 귀리와 콩이 있다. 또한 조리 후 따뜻할 때는 저항전분 함량이 낮지만 식히면 많아지는 쌀이나 감자, 날 것일 땐 저항전분이 많지만 숙성하면 저항전분이 사라지는 바나나 등이 있다.

조리 특성

전분의 조리 특징

호화

생전분(β-전분)의 입자에 물을 가하면 전분의 비결정 부분이 물을 흡수하여 가역적으로 팽윤하고, 팽윤된 전분을 가열하면 물이 결정 부분까지 침투되어 흡수량이 증가한다. 호화(α화)란 계속해서 열을 가하면 전분 결정 구조의 수소결합이 파괴되어 비결정형으로 변하여 반투명의 콜로이드 상태가 되며, 이는 비가역적인 과정이다. 호화된 전분(α-전분)은 아밀로오스가 일부 용출되어 투명도와 점도가 증가하며 효소에 의해 쉽게 소화된다. 호화에 영향을 주는 요인은 다음과 같다.

전분 종류 전분의 호화는 입자의 크기나 형태, 아밀로오스와 아밀로펙틴 함량, 전분 분자의 결정성, 내부 구조 등에 영향을 받는다. 전분 입자가 크면 저온에서 호화가 시작되어 90°C 정도에서 투명도가 높은 졸 상태가 되지만 전분 입자가 작은 경우 호화 개시온도가 높아진다. 아밀로펙틴의 함량이 많을수록 호화속도는 느리지만 호화된 상태에서 안정된 구조를 유지한다.

수분 전분의 호화를 위해 수분은 필수적이다. 수분의 첨가량이 많을수록 전분 입자의 팽윤으로 호화가 빨리 진행된다.

온도 충분한 물이 있을 때 호화온도는 56~75°C 이상이며 가열하는 온도가 높을수록 호화시간은 단축된다.

기타 첨가물질 전분에 산을 첨가해 가열하면 일부가 가수분해되어 호화 시 점도가 낮아진다. 따라서 과즙과 같은 산성물질을 첨가할 때는 전분이 호화된 후 첨가해야 한다. 설탕은 친수성으로 전분의 수분 흡수를 방해하고 호화의 개시온도를 높인다. 설탕 농도가 50% 이상이면 호화는 지연되고 투명도는 낮아진다. 지방은 전분 입자를 둘러싸 전분의 수분 흡수를 지연시켜 호화와 팽윤을 방해한다. 일반적으로 무기염류는 호화를 촉진하지만 황산염은 호화를 억제한다.

$$\beta\text{-전분} \xrightarrow[\text{물, 가열}]{\text{호화}(\alpha\text{화})} \alpha\text{-전분}$$

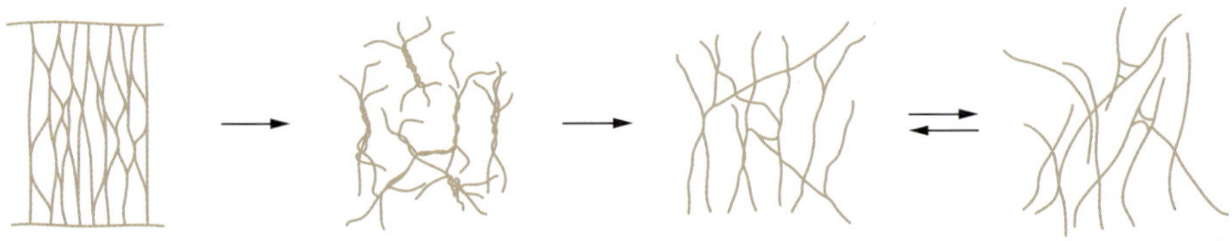

호화와 노화에 따른 전분 입자 변화

노화

호화된 전분을 낮은 온도에서 방치할 때 전분 분자가 모여 인접한 분자끼리 수소결합을 하여 부분적으로 결정화 되는 것을 노화현상이라고 한다. 노화가 일어날 때 전분 분자 사슬끼리 서로 끄는 힘이 작용하여 전분 사슬과 결합되었던 물이 외부로 빠져나가는 것을 이액현상(syneresis)이라 한다. 노화에 영향을 주는 요인은 다음과 같다.

전분 종류 쌀이나 옥수수 등과 같이 전분 입자 크기가 작으면 노화가 잘 일어나고, 고구마와 감자 등의 전분처럼 입자가 큰 경우 노화가 잘 일어나지 않는다. 또한 아밀로오스 함량이 높을수록 노화되기 쉽다.

수분 호화된 전분의 수분 함량이 30~60%일 때 노화가 빨리 일어나므로 수분 함량을 15% 이하나 60% 이상으로 유지하면 노화를 억제할 수 있다.

온도 전분의 노화는 0~5°C의 냉장온도에서 잘 일어나므로 호화된 전분을 60°C 이상에서 저장하거나 0°C 이하로 냉동하면 노화가 잘 일어나지 않는다.

기타 첨가물질 알칼리성 첨가물질은 노화를 억제하고, 산은 노화를 촉진시킨다. 지방은 노화를 억제하고, 무기염류는 노화를 억제하지만 황산염은 노화를 촉진시킨다.

젤화

전분가루에 물을 첨가하고 가열한 후 호화된 전분을 젓지 않은 상태로 냉각시키면 아밀로오스 분자 사슬 간 수소결합으로 입체적 망상구조를 형성하여 내부에 물이 갇히게 되어 젤을 형성한다.

젤화는 아밀로오스가 부분적으로 결정을 만드는 물리적 변화로 찰전분 등 아밀로펙틴으로만 이루어진 전분은 젤화가 일어나지 않고, 아밀로오스 함량이 높은 옥수수 전분은 쌀 전분에 비해 단단한 젤을 형성한다. 산을 첨가하면 전분을 가수분해하여 입체적 망상구조 형성이 방해되어 젤이 잘 형성되지 않고, 설탕을 첨가하면 전분 호화에 사용되어야 하는 수분을 흡수하여 호화된 전분의 아밀로오스 용출이 충분하지 않게 되어 젤 형성이 어려우며 강도는 낮아진다.

호정화

전분에 물을 첨가하지 않고 160~170°C로 가열하면 전분 분자의 글리코시드 결합이 끊어지며 가용성 덱스트린으로 분해되는데 이 과정을 호정화라고 한다. 호정화된 전분은 물에 잘 녹지만 점도가 낮다. 호정화의 대표적인 예로는 뻥튀기, 미숫가루, 누룽지 등이 있다.

당화

전분은 산 또는 효소에 의해 포도당, 맥아당, 올리고당으로 가수분해되어 단맛이 증가하며 이를 당화라고 한다. 당화의 예로는 고추장, 물엿, 조청, 식혜 등이 있다.

식혜를 맛있게 만들려면?

식혜를 만들 때 물에 담그는 엿기름은 손으로 박박 문질러야 β-아밀라아제가 잘 우러나온다. 또한 당화시킨 밥알을 중간에 건졌다가 식혜를 끓인 후 다시 넣으면 밥알의 형태를 유지할 수 있다.

밀가루의 조리 특성

글루텐 형성에 영향을 주는 요인

밀가루는 물을 넣고 반죽하면 글리아딘(점성) 단백질과 글루테닌(탄성) 단백질이 점탄성을 띠는 3차원 입체 망상구조의 글루텐 복합체를 형성한다.

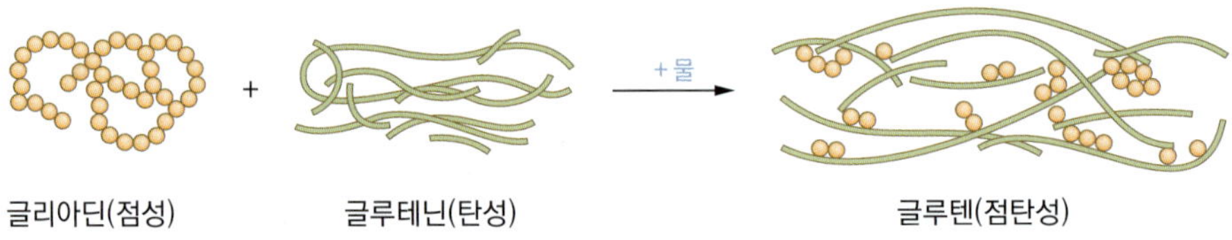

글루텐의 형성

밀가루 종류 박력분보다 강력분의 단백질 함량이 높아 질기고 단단한 반죽을 형성한다.

물 첨가방법 반죽 시 물을 소량씩 여러 번 나누어 첨가하면 글루텐 형성이 잘되고, 물의 온도가 높을수록 단백질이 빨리 수화되어 글루텐 생성이 빨라진다.

반죽을 치대는 정도 반죽은 많이 치댈수록 점탄성이 커지고, 반죽을 비닐 등을 이용해 잘 싸서 일정시간 숙성시키면 신장성이 커지고 부드러워진다.

첨가 재료

- 설탕 : 반죽에 설탕을 첨가하면 설탕이 수분을 강하게 흡착하여 글루텐 형성이 억제되고 가열 시 표면이 갈라진다.
- 소금 : 글루텐 구조를 치밀하게 하고 글리아딘의 점성을 증가시켜 질기게 한다.
- 달걀 : 가열 시 달걀 단백질이 응고되어 글루텐 구조를 단단하게 하고, 난황의 유화성은 반죽에 포함된 지방을 고루 분산시키는 작용을 한다.
- 지방 : 글루텐의 성장을 방해하여 켜를 형성하며, 반죽이 부드러워지는 연화작용을 한다.

글루텐과 튀김옷

튀긴 음식의 바삭한 질감을 위해 튀김옷은 글루텐 함량이 적은 박력분을 사용하는 것이 좋다. 중력분을 사용하는 경우 바삭함을 주는 전분을 동량으로 섞어 사용한다. 밀가루 무게의 1.5~2배 양에 15°C 정도의 찬물을 넣고 차가운 그릇에서 섞어주는데, 이때 밀가루가 보일 정도로 대충 섞어주면 글루텐 형성이 억제된다. 또한 반죽을 미리 만들어 놓으면 글루텐이 생기므로 튀기기 직전에 만들도록 한다. 액체로 사용되는 물의 1/3 정도를 달걀로 대체하면 글루텐이 덜 형성되고, 달걀 단백질이 열에 응고되며 수분을 방출시켜 튀김이 단단해진다. 설탕은 글루텐 형성을 억제시켜 수분의 증발이 쉬워져 튀김옷이 연해지고 바삭해지며 메일라드 반응으로 색이 진해진다. 0.2~0.3%의 중조(베이킹소다)를 첨가하면 탄산가스가 발생하며 수분도 증발되어 튀김이 더욱 바삭해진다.

종류 및 이용

면류

면류는 글루텐의 점탄성을 이용한 식품으로 국수, 중화면, 우동면 등의 반죽을 길게 뽑아서 만든 신연면과 마카로니 등의 압출하여 만드는 압출면, 라면 등의 즉석면이 있다.

국수 중력분을 사용하여 제조하며, 적당량의 소금을 사용하는 것은 글루텐의 강도를 높여주고 반죽에 탄력을 주며 균열을 막아준다.

중화면 강력분으로 제조하며 글루텐 형성을 촉진하기 위해 알칼리성 물을 첨가하기 때문에 탄력성이 강하다. 알칼리성 물로 인해 밀가루의 플라보노이드 색소가 노란색으로 변색되어 중화면은 노란색을 띠게 된다.

파스타 초경질밀을 제분한 세몰리나에 물, 달걀, 소금, 올리브유 등을 혼합하고 반죽하여 압출·건조시킨 것으로 건파스타와 생파스타가 있으며, 모양과 크기가 다양하다. 파스타는 1%의 소금을 첨가하여 끓인 물에 파스타를 부채 모양으로 펼쳐 넣어주어 면이 서로 달라붙지 않게 삶아주고, 알단테(al dante) 정도로 익힌 후 체에 받쳐 물기를 제거하고 바로 소스에 버무린다.

라면 중력분과 물, 소금을 혼합·반죽하여 롤러를 이용하여 얇게 펴주고 제면기로 가늘게 잘라 면을 만든다. 증기를 이용하여 95°C에서 2분 정도 쪄내 전분을 호화시키고 1인분씩 개별로 성형한다. 이후 150~160°C 기름에 1~2분 정도 튀긴 후 냉각한다.

제과 · 제빵류

제과류

과자 등의 제과류는 보통 화학적 팽창제(베이킹 파우더)를 사용하여 부풀린다.

케이크 지방을 이용하여 제조한 쇼트케이크(파운드케이크, 레이어케이크 등)와 거품을 이용한 거품케이크(스펀지케이크, 엔젤케이크, 쉬폰케이크 등)가 있다.

페이스트리 작게 자른 버터(고체지방)와 소량의 물로 반죽해 층이 없고 켜는 많고 얇아서 연하고 바삭바삭하며 주로 파이의 껍질 등으로 사용하는 플레인 페이스트리와 밀가루 반죽으로 반고체 상태의 버터를 싸고 접고 밀기를 반복하여 만드는 퍼프 페이스트리가 있다. 퍼프 페이스트리는 플레인 페이스트리에 비해 부피가 크고 켜가 뚜렷하다.

비스킷 밀가루 종류와 재료를 다양하게 사용하며 소프트 비스킷, 하드 비스킷 등으로 분류한다. 박력분과 다량의 지방과 설탕을 사용하여 광택이 없고 부드럽고 풍미가 강한 소프트 비스킷과 중력분이나 강력분과 소량의 지방, 설탕을 사용하여 단단하고 광택이 있으며 보존성이 좋은 하드 비스킷이 있다.

퀵브레드 수증기나 화학적 팽창제를 이용해 부풀리는 빵으로 주로 다목적 밀가루(중력분)를 사용하고, 액체는 우유, 물, 채소주스, 과일주스 등을 사용하며 지방은 버터를 사용한다.

제빵류

제빵류는 보통 화학적 팽창제보다 생물학적 팽창제(이스트)를 발효하여 부풀린다.

식빵류 식빵은 강력분, 액체, 이스트, 지방, 소금, 설탕 등의 재료를 섞어 반죽하는 직접 반죽법을 주로 이용하며, 지나친 반죽은 형성된 글루텐 섬유가 늘어나 가늘어지고 끊어져 반죽이 다시 물러지므로 주의해야 한다.

단과자빵류 단과자빵(단팥빵, 소보로빵 등)은 본 반죽과 스펀지 반죽을 만들어 두 번에 나누어 반죽하는 스펀지법을 이용하여 반죽한다. 이 방법을 사용하면 이스트 사용량을 줄일 수 있고, 향미가 좋고 가벼운 빵을 만들 수 있다.

알아보자, 도우(dough) vs 배터(batter)

도우는 손으로 뭉칠 수 있을 정도의 된반죽으로 식빵, 과자빵, 만두피, 면류 등에 사용되는 반죽이고, 배터는 흐르는 상태의 묽은 반죽으로 튀김옷, 머핀, 와플, 케이크, 팝오버 등에 사용되는 반죽이다.

서류 이야기

서류는 뿌리의 일부나 땅속줄기가 비대해져 전분을 비롯한 기타 다당류를 저장하는 덩이를 말한다. 서류의 주성분은 전분 형태의 탄수화물이지만 수분 함량이 70~80% 정도로 높으며 곡류에 비해 열량이 적다. 그러나 쉽게 발아하고 냉해 등으로 인해 저장성이 낮은 편이다.

종류 및 구성성분

감자

감자는 남미의 안데스 산맥이 원산지로 이곳에 거주했던 잉카인들의 식량이었다. 이후 신대륙 발견과 함께 유럽에 소개되었으며, 우리나라에는 중국을 통해 1800년대 초반에 전래되었다. 감자는 껍질층이 두 개로 이루어져 있는데 바깥쪽 주피에 색소가 함유되어 있어 노란색, 흰색, 보라색 등의 다양한 색을 내며 안쪽의 후피에 전분이 들어 있다.

감자는 수분 약 80%와 탄수화물 15~20%로 구성되었으며, 탄수화물의 대부분이 전분으로 존재한다. 단백질은 1% 내외로 곡류와 비교하면 단백질 함량이 적다. 주단백질은 글로불린의 튜베린(tuberin)이며 필수아미노산 조성이 우수하다. 감자의 비타민 C는 가열 시 전분과 결착되어 파괴되지 않기 때문에 비타민 C의 좋은 급원식품이다. 감자의 솔라닌은 햇빛에 의해 생성되는 독성물질로 발아된 싹이나 껍질의 녹변 부위에 존재하며, 섭취 시 설사, 복통, 두통 등의 증상을 일으킬 수 있으며 가열 조리에도 파괴되지 않으므로 제거 후 조리해야 한다.

고구마

고구마는 우리나라에 18세기 후반에 보급되었으며, 비대해진 땅속 덩이뿌리를 식용하는 것이다. 고구마의 껍질은 적자색, 육질은 황백색이나 황색을 띠는 것이 많으며 육질이 자색인 자색고구마, 주황색을 띠는 호박고구마, 노란색인 황금고구마 등이 있다.

고구마의 수분 함량은 60~70%이고 탄수화물 함량이 높은 편으로 열량이 감자보다 1.5배 정도 높다. 고구마의 탄수화물은 주로 전분으로 이루어져 있으나 당분도 20% 정도 함유되어 단맛이 강한 편이다. 고구마의 단백질 함량은 1~2%이며, 주 단백질은 글로불린에 속하는 이포메인이다. 비타민 C는 열에 안정하여 고구마를 찐 후에도 70~80%가 남아 있으며 칼슘(Ca)과 칼륨(K)이 풍부하다. 고구마를 자른 단면의 유백색 점성이 있는 액체는 얄라핀(jalapin)으로 공기와의 접촉 시 산화되어 검게 변하며 물에 녹지 않아 제거가 힘들다.

토란

토란은 80% 정도가 수분이며, 13% 정도의 탄수화물은 대부분 전분으로 구성되어 있고 칼륨이 풍부하다. 토란 껍질을 제거하면 끈적거리는 성분의 갈락탄(galactan)이 나오는데 토란탕을 끓일 때 이 성분으로 인해 거품이 생겨 국물이 걸쭉해지고 맛 성분의 침투와 열 전달을 방해하므로 조리 전에 제거하는 것이 좋다. 소금물이나 쌀뜨물에 데치거나 소금으로 문지르면 제거된다. 또한 토란탕 조리 시 1% 정도의 소금을 넣으면 점질물질이 쉽게 응고되어 점성이 낮은 토란탕을 만들 수 있다. 토란의 아린맛 성분인 호모젠티스산(homogentisic acid)은 소금물에 담그거나 데치면 제거할 수 있다. 토란은 5°C 이하의 온도에서 냉해를 입어 부패하므로 흙이 묻은 채 신문지에 잘 싸서 서늘한 곳에 보관하는 것이 좋다.

토란 껍질, 이렇게 벗겨 보아요

맨손으로 토란 껍질을 벗기면 손이 따갑거나 가려운 것은 수산염(oxalate)이 피부를 자극하기 때문이다. 껍질에 많은 수산은 소금물, 식초물에 담그거나 가열하면 파괴된다.

돼지감자

돼지감자는 돼지 사료로 이용되어 붙은 이름으로 '뚱딴지'라고도 하며 이눌린(inulin)이 풍부한 식품이다. 이눌린은 소화, 흡수가 되지 않으며 장내 비피더스균의 생육을 촉진하기 때문에 장 건강과 비만 예방에 도움을 준다. 생 돼지감자는 우엉 같은 맛이 나며 아삭해 무침, 조림, 수프, 샐러드, 차 등에 다양하게 이용한다.

마

마는 재래종인 참마와 일반 재배종 마(장마, 단마, 둥근마)로 나뉜다. 마의 주성분은 전분이고 칼륨, 비타민 C, 철 등이 풍부하다. 마의 껍질을 제거하면 미끈한 점질물질인 뮤신이 나오는데 이 성분은 위벽을 보호한다. 마에는 아밀라아제 등 소화효소가 들어 있어 생으로 먹어도 소화가 잘되므로 생으로 갈아먹거나 즙이나 분말로 이용하기도 하며 튀김, 수프, 조림, 샐러드, 전 등을 만들어 먹는다.

카사바

카사바는 남아메리카 원산지의 덩이뿌리로 아메리카인디언의 주식이었으며 전분과 주정을 만드는 데 이용되고 사료로 사용된다. 카사바를 곱게 빻은 후 물에 넣어 가라앉는 것을 건진 후 말려서 얻은 것을 타피오카라 하며, 이 전분은 물에서도 쉽게 불지 않아 버블티에 넣는 타피오카 펄(tapioca pearl) 제조에 이용된다. 카사바는 쓴맛을 내는 시안배당체(cyanogenic glycosides)가 함유되어 있어 유독물질인 시안이 생성되므로 타피오카 전분 제조 등으로 가공하여 사용한다.

조리 특성

감자의 조리 특성

점질 감자 vs 분질 감자

감자는 가열 후 질감에 따라 점질 감자와 분질 감자로 구분하며, 비중이 달라서 소금물에 넣으면 점질 감자는 물에 뜨고 분질 감자는 가라앉는다. 점질 감자는 가열 조리 시 세포가 서로 단단하게 결합되어 있어 끈기가 있고 촉촉하지만 잘 부서지지 않아 조림, 볶음, 샐러드 등에 적합하다. 반면 분질 감자는 점질 감자에 비해 전분 입자가 크고 전분의 함량이 높아 가열하면 세포가 분리되므로 윤기 없고 불투명하고 푸슬푸슬한 식감으로 매시드 포테이토, 구운 감자 등에 적합하다.

매시드 포테이토는 뜨거울 때 만들자

뜨거운 감자는 세포막이 연해져 세포가 잘 떨어지지만 식으면 펙틴의 활성화로 세포끼리 더 단단히 붙게 한다. 감자가 식으면 끈기가 생겨 잘 으깨지지 않으며 억지로 체에 내리면 세포막이 파괴되면서 입안에서의 감촉도 좋지 않다.

갈변

감자는 썰어서 공기 중에 방치하면 티로신(tyrosine) 성분이 티로시나아제(tyrosinase)에 의해 갈색의 멜라닌(melanin)을 생성하여 갈변현상이 일어난다. 티로신과 티로시나아제는 수용성으로 물에 용출되므로 감자의 껍질을 벗기거나 자른 후 물에 담그면 감자의 갈변을 막을 수 있다. 또한 산소와의 접촉을 피하거나 레몬즙 등의 산 또는 아스코르브산(ascorbic acid) 첨가, 아황산(sulfurous acid) 훈증 등으로도 갈변을 억제할 수 있다. 감자는 익힌 후에도 서서히 갈변하며, 티로신 함량이 높을수록 갈변현상이 잘 일어난다.

고구마의 조리 특성

갈변

고구마를 잘라서 공기 중에 방치하거나 껍질을 벗기면 폴리페놀 산화효소가 폴리페놀 화합물에 작용하여 멜라닌을 생성하여 갈변을 일으킨다. 고구마의 껍질은 주피와 피층으로 이루어져 있으며 폴리페놀 산화효소와 폴리페놀 화합물은 피층에 많으므로 껍질을 벗겨 물에 담가 공기와의 접촉을 차단하면 갈변을 막을 수 있다.

조리 및 이용

고구마는 당면, 전분, 물엿, 주정의 원료로 사용되며 찐고구마, 군고구마, 샐러드, 튀김 등으로 이용된다. 군고구마는 고구마의 내부 온도를 β-아밀라아제의 최적온도인 55~65°C 정도로 유지하여 서서히 가열하면 당화가 잘 진행되어 단맛이 강해진다. 고구마가 장시간 물에 잠겨 있는 경우 세포막이 파괴되며 칼슘이온이나 마그네슘이온이 펙틴과 결합해 불용성의 펙틴산염이 되어 단단해지는 관수현상이 일어난다.

당류 이야기

단맛을 내는 당류는 조리 시 대부분 감미료로 사용된다. 천연감미료에는 설탕, 꿀, 과당, 포도당, 전화당, 조청 등이 있고, 대체감미료에는 아스파탐(aspartame), 아세설팜 칼륨(acesulfame Potassium), 사카린(saccharin), 당알코올, 스테비오사이드(stevioside), 수크랄로스(sucralose) 등이 있다.

종류 및 구성성분

설탕

단맛을 주는 기본물질 설탕류는 사탕수수나 사탕무 등에서 추출한 당액이나 원당을 정제한 것이다. 조리 시 다양한 음식에 단맛을 부여하고 당절임 등으로 저장성을 높이기 위해 사용되며 잼과 캔디, 젤리의 재료로도 사용된다.

포도당

포도당은 포도와 같은 과일에 많이 들어 있으며 설탕, 맥아당과 같은 이당류나 전분과 같은 다당류를 구성하는 기본 당으로 환원당이다.

과당

단맛을 가진 과일이나 꿀에 많이 함유되어 있는 과당은 설탕을 가수분해하여 얻은 당액을 가공하거나 전분을 당화시켜 얻은 포도당을 이성화한 것이다. 또한 과당은 단당류 중 단맛이 가장 강하고 흡습성이 높아 일상에서 액체 상태로 존재한다.

전화당

전화당은 설탕을 산이나 효소로 가수분해하면 생성되는 과당과 포도당의 동량 혼합물이다. 흡습성이 큰 과당을 함유하고 있어 결정화가 잘 일어나지 않아 케이크와 양갱 등의 원료로 사용된다.

대체감미료

대체감미료는 강한 단맛을 내고 열량이 낮기 때문에 당뇨 환자용이나 다이어트 식품 등의 제조 시 설탕 대체제로 사용되고 있다.

당알코올 설탕의 0.4~1.0배의 감미도로 만니톨(mannitol), 자일리톨(xylitol), 소르비톨(sorbitol) 등이 있다.

아스파탐(aspartame) 설탕의 180~200배의 감미로 아미노산인 아스파트산(aspartic acid)과 페닐알라닌(phenylalanine) 두 분자가 결합된 인공감미료로 가열이나 산에 노출되면 단맛이 없어지므로 가열 후 첨가해야 한다. 베이커리 제품에 사용이 어렵고 다이어트 음료, 비타민 등의 제품에 사용되지만 페닐알라닌 분해효소가 결핍된 페닐케톤뇨증 환자는 섭취하면 안된다.

아세설팜 칼륨(acesulfame Potassium) 설탕의 130배 정도의 단맛을 내고 가열이나 냉각에 안정하지만 쓴맛이 있으며 음료용 분말, 해초가공품, 껌, 아이스크림 등의 제조에 사용된다.

스테비오사이드(stevioside) 스테비아 잎에 함유된 감미물질인 스테비오사이드는 설탕의 300배 단맛을 내고 약간 떫은맛이 있으며 절임류, 소주, 케첩, 간장 등에 사용된다.

수크랄로스(sucralose) 설탕의 600배 정도의 단맛이 나며 설탕으로 제조한다. 고온에 안정하기 때문에 탄산음료, 베이커리 제품, 주스, 잼, 껌, 가공유 등에 사용된다.

사카린(saccharin) 설탕의 약 300배 정도의 단맛이 있으며 안전성 논란이 있어 나라마다 사용허가 기준이 다르다. 뉴슈가, 사카린, 신화당 등의 제품으로 판매된다.

알아보자, 조청 vs 올리고당 vs 물엿

조청, 올리고당, 물엿의 단맛을 비교해 보면 물엿이 가장 달고 올리고당, 조청 순이다. 조청은 맥아당이 주성분이며 멥쌀, 찹쌀, 고구마, 수수, 조 등의 전분을 엿기름으로 당화시켜 장시간 가열하고 농축시킨 것으로 조림, 볶음 등에 사용되고, 꿀 대용으로 강정, 떡, 과자 등의 제조 시 사용한다. 올리고당은 전분을 효소 분해하거나 미생물 대사산물을 정제한 대체감미료이며, 난소화성으로 장내 비피더스균 증식 기능이 있다. 물엿은 고구마, 감자, 옥수수, 밀 등의 원료를 산이나 효소로 가수분해하여 여과하고 농축한 액체 감미료로 올리고당이나 조청보다 단맛이 강하고 칼로리도 높다.

첨가당보다 천연당(자연당)을 사용하자!

과당(果糖)은 한자로 과일 과(果), 엿 당(糖)으로 '과일 속에 든 달콤한 성분'이라는 뜻이다. 과당은 꿀에 든 자연산 당 성분이며 과일 속에 있기는 하지만 양이 많지 않다. 문제가 되는 것은 과자, 콜라, 사이다 등의 가공식품에 든 합성물질인 '가당'이다. 가공과정에서 추가로 넣는 당을 '첨가당' 또는 '가당'이라고 부르는데 종류에는 액상과당, 설탕, 물엿, 시럽 등이 있다.

포도당은 우리 몸에 들어가면 에너지원으로 사용되는 반면, 첨가당은 에너지원으로 사용되지 않아 아무리 먹어도 포만감이 들지 않고 간에서 지방으로 바뀌어 저장되거나 콜레스테롤을 만드는 원료로 사용된다. 따라서 첨가당을 과잉 섭취하면 통풍, 비만, 고혈압, 당뇨병 등이 발생할 수 있으므로 건강한 식생활을 위해 첨가당(가공식품)이 아닌 천연당(과일류)을 섭치해야 한다.

올리고당 구입 시 고려할 점은?

올리고당은 단맛을 내는데 이용되는 식품으로 설탕 대체제로 많이 쓰인다. 시중에 판매되는 제품을 살펴보면 '프락토올리고당', '이소말토올리고당' 등으로 올리고당의 종류가 여러 개 있는 것을 볼 수 있다.

프락토올리고당과 이소말토올리고당은 구성성분이 다른 것으로 어느 것이 좋다고 말할 수는 없으며 어떤 요리를 하는지에 따라 달리 선택하면 된다. 프락토올리고당은 열에 약하기 때문에 마른 반찬을 만들 때 쓰거나 불을 많이 가하지 않는 음식에 사용하는 것이 좋고, 이소말토올리고당은 열에 강하므로 센 불로 조리는 음식에 효과적이다.

조리 특성

감미

당류는 구성당의 종류, 농도, 온도 등에 따라 단맛의 강도가 다르다. 동일한 농도와 온도에서 일정한 단맛을 가지는 설탕이 단맛의 기준이 되며, 일반적으로 단맛은 차가울 때 덜 달게 느껴진다.

용해도

당은 친수성이 있으며, 온도가 높아지면 용해도도 높아지는데 용해도에 따라 포화용액, 불포화용액, 과포화용액으로 분류된다. 단맛이 강한 설탕의 용해도가 가장 높고 유당의 용해도가 가장 낮아 결정화가 잘 일어나 유당이 많이 함유된 아이스크림은 모래 씹는 느낌이 나기도 한다.

결정화

결정화는 용액 중 용질의 용해도가 변하면서 결정이 생기는 것으로 이 원리에 의해 결정형 캔디가 제조되며 당의 종류나 용액의 농도, 온도, 용해도, 냉각 후 젓는 속도, 첨가물 등에 영향을 받는다. 결정화는 당용액을 가열한 후 냉각하면 용액의 용해도가 떨어져 과포화용액이 되고 핵이 형성되어 결정이 생기는 것이다. 급냉 또는 계속 저어주면 결정 성장이 억제되어 작은 결정이 다수 나오고, 서서히 젓거나 온도 차이가 적으면 큰 결정이 생긴다.

갈변현상

갈변은 효소적 갈변과 비효소적 갈변으로 나뉘는데 당의 갈변은 캐러멜화나 메일라드 반응이며 비효소적 갈변반응이다. 캐러멜화는 170°C 이상의 고온에서 당을 가열시킬 때 당이 흑갈색의 캐러멜을 형성하는 갈변반응으로 캔디 및 달고나, 캐러멜이 대표적인 예이다. 메일러드 반응은 식품 내 당의 카보닐기와 아미노산의 아미노기가 반응하면 갈색 물질을 형성하는 갈변 반응으로 멜라노이딘 반응 또는 '아미노-카보닐 반응'이라고 한다.

흡습성

흡습성은 당류의 용해도와 관련이 있다. 공기 중의 습기를 흡수하는 성질로 식품의 텍스처에 영향을 준다. 포도당이나 설탕에 비해 흡습성이 큰 과당은 상온에서 액체로 존재하며, 전화당, 꿀, 고과당시럽 등 과당 함량이 높은 당류는 흡습성이 크다. 흡습성이 높은 꿀을 케이크에 사용하면 촉촉함이 높아져 좋은 효과를 주지만 쿠키는 눅눅해지므로 효과적이지 않다고 할 수 있다. 설탕이 습기가 많은 환경에서 덩어리지는 것도 흡습성에서 기인한 것이다.

기타

- 설탕은 펙틴 젤을 형성하여 잼, 젤리 제조 시 사용하며, 한천 젤의 투명도와 강도를 높인다.
- 전분의 호화상태를 유지시키고 노화를 지연시킨다.
- 열에 의한 단백질 응고를 지연시켜 제품이 단단해지는 것을 방지한다.
- 발효식품 제조 시 이스트의 발효를 촉진시킨다.
- 난백의 기포 안정성을 높인다.
- 당장식품은 수분 활성이 낮아져 미생물의 생육이 저해되어 저장성이 증가한다.

알아보자, 결정형 캔디 vs 비결정형 캔디

결정형 캔디는 결정 크기가 작을수록 품질이 우수하며 퍼지, 퐁당, 디비니티 등이 있다. 결정형 캔디 제조 시 가열하는 냄비 가장자리에 결정이 남아 있지 않게 설탕을 완전히 용해시킨 후 퐁당은 114~117℃, 퍼지는 112~120℃, 디비니티는 122~127℃까지 가열하여 농축시킨다.

비결정형 캔디는 가열로 인해 당이 캐러멜화에 사용되거나 산 등에 의해 당의 농도가 감소되어 결정이 형성되지 않기 때문에 만들어진다. 캐러멜(설탕과 동량의 시럽이나 버터, 우유 등을 넣어 서서히 저어가며 118℃까지 가열한 후 냉각시켜 성형), 브리틀(많은 양의 시럽을 넣고 고온에서 가열한 후 베이킹소다를 넣어 가스를 발생키고 견과류를 넣어 일정한 틀에 부어 재빨리 냉각), 태피(많은 양의 시럽과 산을 첨가한 후 높은 온도로 가열, 농축시킨 다음 손으로 늘려서 엿처럼 제조), 토피(캐러멜화한 설탕, 버터, 밀가루, 당류 등을 섞어 제조) 등이 있다.

CHAPTER 6

단백질과 지방 조리에 나타난 과학 이야기

육류 이야기 | 어패류 이야기 | 난류 이야기 |
우유 이야기 | 콩류 이야기 | 유지류 이야기

육류 이야기

구조

근육조직

근육조직은 근육 미세섬유인 미오신(myosin)과 액틴(actin)을 구성하는 단백질 분자들이 결합하여 근원섬유를 구성하고, 근원섬유가 모여서 근섬유를, 근섬유가 모여 근속을, 근속이 모여 근육조직을 구성하고 있다. 액틴과 미오신이 결합하면 액토미오신(acto-myosin)을 만들며, 이때 근육의 수축이 일어나고 이들이 다시 액틴과 미오신으로 분리될 때 근육의 이완이 발생한다.

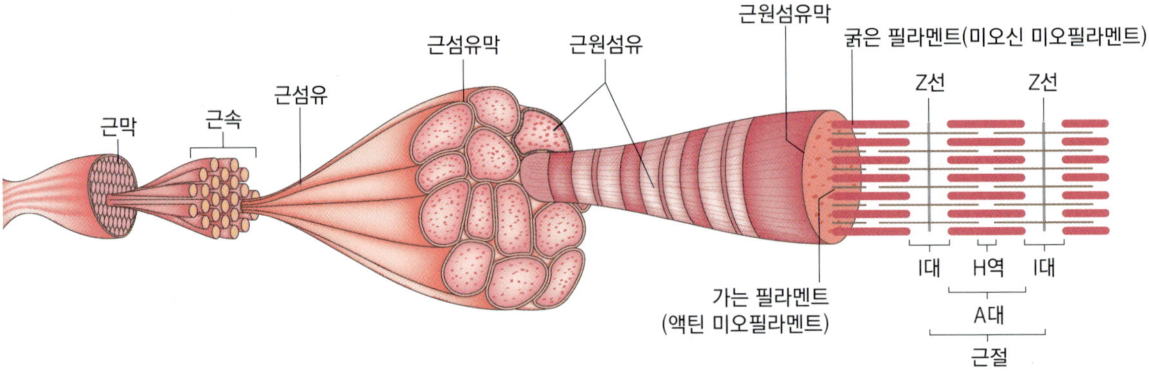

근육조직의 세부 구조

결합조직

결합조직은 근섬유와 지방조직을 둘러싸고 있는 조직을 말하며, 힘줄 등과 같이 각 근육이나 장기를 다른 조직과 결합하는 역할을 한다. 결합조직은 엘라스틴(elastin), 콜라겐(collagen), 레티큘린(reticulin) 등으로 구성되어 있으며, 그중 콜라겐 함량이 가장 많다. 콜라겐은 물과 함께 가열하여 온도가 65°C 이상으로 올라가면 수용성인 젤라틴(gelatin)으로 바뀌어 흐름성이 있는 졸(sol) 형태로 변하고, 다시 온도가 내려가면 굳어져 젤(gel) 형태로 변하는 특징을 갖는다. 족편, 도가니탕 등이 이러한 원리가 나타나는 음식이다. 엘라스틴은 섬유상 단백질로, 황색을 띠며 고무와 같은 탄성을 가지며 콜라겐과 달리 가열 시 변화가 거의 없다.

지방조직

지방조직은 근육 및 결합조직 사이에 작은 입자나 덩어리로 흩어져 있는데, 근육조직에 퍼져 있는 지방은 육류의 연한 정도에 영향을 미치고 전체적인 풍미에 관여한다. 즉, 지방이 근육조직 사이사이에 촘촘히 박혀 있는 대리석 같은 얼룩무늬로 존재하는 것을 마블링(marbling)이라고 하는데, 마블링이 잘 된 육류를 상강육(marbled meat)이라고 하며 마블링이 잘 된 육질일수록 부드럽고 풍미가 좋다.

조리 특성

숙성

사후경직

동물은 도살되어 시간이 경과하면 근육이 굳어지는데 이러한 현상을 사후경직(rigor mortis)이라고 한다. 사후에 근육이 수축되어 질기고 단단해질 때 내부로 산소의 유입이 차단되어 해당작용(glycolysis)이 일어나게 된다. 해당작용은 근육에 저장되어 있던 글리코겐(glycogen)을 분해하여 젖산을 만드는 반응으로, 이를 통해 산이 형성되므로 pH가 낮아지게 된다. 즉, 도살 직후 체내의 pH는 7.0~7.4 정도이지만 젖산이 생성되면서 pH가 감소하여 산성으로 변하고, pH가 6.5 이하로 저하되면 ATP(adenosine triphosphate)가 분해되며, ATP 분해효소의 작용으로 형성된 인산(phosphoric acid) 때문에 근육의 pH가 6.3으로 저하된다. 이때 발생된 에너지는 근육단백질인 액틴과 미오신을 결합하여 액토미오신을 형성한다. 따라서 근육이 수축하여 육질이 단단해지고 근섬유의 보수성도 감소되어 육류의 품질이 저하된다.

도살 직후 사후경직이 발생하기까지의 시간은 동물의 종류에 따라 다르나 대부분 몸집이 큰 동물일수록 발생시간이 길고, 온도가 낮을수록 오랜 시간이 소요된다. 또한 사후경직은 도살 직후의 글리코겐 함량에 따라 달라지는데, 도살 전 스트레스를 많이 받은 경우

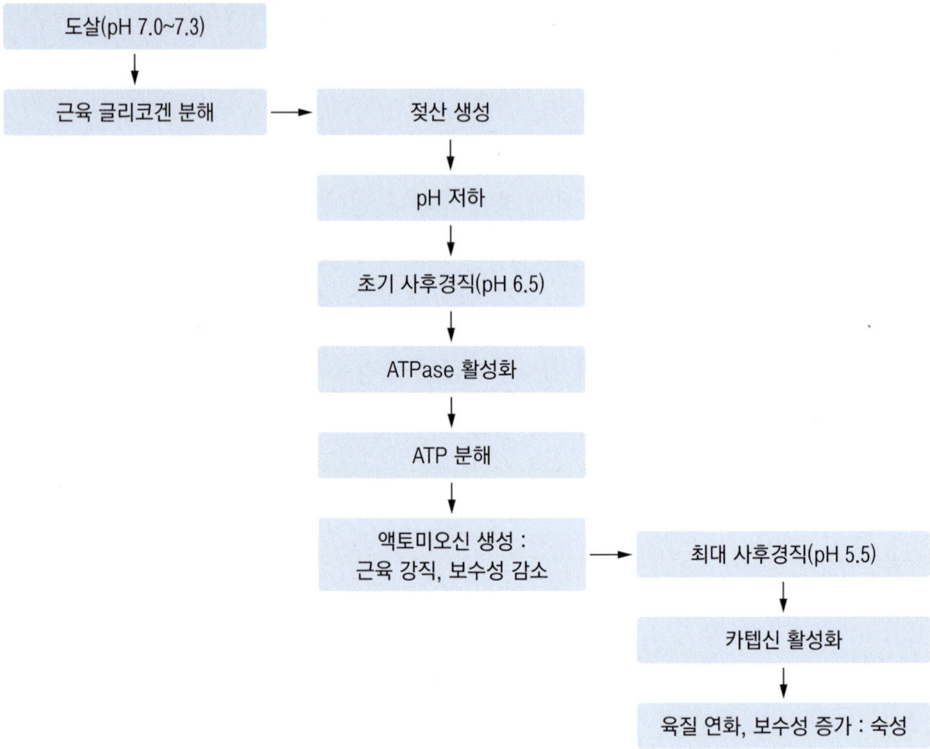

육류의 사후 변화

글리코겐 함량이 낮으며 이에 따라 사후경직과 그 후의 과정인 숙성(aging)이 충분히 일어나지 않아 조직감이 질겨지고 맛도 저하된다.

숙성

사후경직 동안 젖산이 계속 생성되어 pH가 약 5.5 정도에 이르면 근육 내에서 젖산 생성이 정지되며, 그 이후 숙성이 일어난다. 이때 체내 단백질분해효소인 카텝신(cathepsin)이 활성화되면서 액토미오신이 가수분해되어 육질이 연화된다. 더불어 유리아미노산 등이 생성되고, 근육 내에 있던 ATP가 분해되면서 이노신산(inosinic acid, IMP), 이노신(inosine) 등의 향미 성분이 증가하면서 보수성도 증가한다.

숙성기간에 산소가 충분히 공급되면 육색소인 미오글로빈이 산소와 결합하는 산소화

반응이 진행되면서 옥시미오글로빈으로 되어 육류의 색이 선명한 선홍색으로 변한다. 따라서 육류의 색으로 육질의 숙성 정도를 파악할 수 있다.

숙성속도는 온도가 높을수록 빠르게 진행되나, 높은 온도에 보관 시 숙성과 더불어 부패하게 되므로 저온에서 서서히 숙성하는 것이 바람직하다. 또한 동물의 몸집이 클수록 숙성기간이 긴 특징이 있는데, 소고기의 경우 4°C 정도의 냉장온도에서는 약 7~10일, 2°C에서는 약 2주 정도 소요되며, 돼지고기는 2~4°C에서 약 3~5일, 닭고기는 약 2일이 소요된다.

알아보자, 습식 숙성(wet aging) vs 건식 숙성(dry aging)

습식 숙성은 일반적인 숙성방식으로, 육류를 플라스틱 포장 재질로 진공 포장한 후에 약 -1°C에서 약 60일가량 저장하며 숙성하는 방식이다. 건식 숙성은 일정 온도, 습도, 통풍이 유지되는 곳에서 육류를 공기 중에 2~4주간 노출시켜 자연적으로 숙성시키는 방법으로, 수분이 증발되어 전체적으로 풍미가 진해지며 천연 효소가 근육을 분해해 부드러워지는 효과를 얻을 수 있다. 그러나 수분의 증발로 중량이 감소하고 겉 부분은 산패가 일어나 제거해야 하므로 일반 숙성 고기보다 가격이 비싸다.

연화

기계적 방법

고기를 두드리거나 칼집을 내거나 다지는 등의 방법을 이용하여 근섬유와 결합조직을 짧게 끊어주면 육질이 부드러워진다. 즉, 칼로 썰 때 고기결의 직각 방향으로 썰어주면 육질이 부드러워 진다.

효소 첨가

주로 단백질로 이루어져 있는 근섬유와 결합조직을 단백질분해효소에 의해 가수분해하여 부드럽게 하는 방법으로, 과일에는 단백질분해효소가 함유되어 있어 과일을 이용하면 육질이 연화된다. 파인애플에는 브로멜린(bromelin), 파파야에는 파파인(papain), 무화과에는 피신(ficin), 키위에는 액티니딘(actinidin) 등이 있으며, 생강, 배, 무 등에도 단백질분해효소가 존재하고 있어서 육류에 사용하면 육질을 연화시킬 수 있다.

설탕의 첨가

설탕은 수화작용을 통해 단백질의 가열에 의한 응고를 지연시켜 육질을 부드럽게 한다. 그러나 설탕을 너무 많이 첨가하면 탈수작용을 일으켜 질겨질 수 있다.

염의 첨가

소금이나 간장과 같은 염을 첨가하면 육질이 부드러워지는데, 이는 염이 근섬유와 접촉하는 부분을 분해시켜 수분과 결합하는 능력을 높이기 때문이다. 즉, 수화작용을 통해 육질이 부드러워지나 너무 많이 첨가하면 탈수로 인해 질겨진다.

pH 조절

근육단백질의 등전점인 pH 5~6에서는 단백질의 용해도가 가장 낮으므로 이보다 낮거나 높게 조절하면 육질을 연화시킬 수 있다. 육류를 숙성시키기 위해 젖산 생성을 촉진시키거나, 그와 유사한 효과를 얻기 위해서 인위적으로 산을 넣기도 한다. 예를 들어, 토마토는 유기산이 많아 육류 요리에 이용하면 육질이 부드러워진다.

가열에 의한 변화

단백질 변성

육류의 근육단백질은 50°C 내외에서 변성이 일어나면서 수축하기 시작하며 온도가 증가할수록 용해성이 감소하고 단단해진다. 또한 근육이 수축함에 따라 육즙이 빠져나오면서 중량의 감소도 일어나는데, 소고기의 경우 내부 온도에 따라 부르는 명칭이 다르다. 내부 온도가 60°C일 때를 레어(rare)라고 하며 액즙이 많고 부드럽고, 내부 온도가 71°C일 때는 미디움(medium)이라고 하며 액즙이 감소하고 육질도 질겨진다. 내부 온도가 77°C일 때는 웰 던(well done)이라고 하고 육질이 가장 질기다. 한편, 결합조직의 경우 가열 전에는 질긴 상태이나 물과 함께 가열이 진행되면 콜라겐이 분해되어 수용성 젤라틴으로 변해 연화되기 시작한다. 따라서 결합조직이 많은 육류의 경우 저온에서 장시간 가열하는 것이 좋다.

돼지고기는 선모충과 유구촌충이라는 기생충에 감염되는 경우가 있는데, 이들의 치사온도가 약 58°C이므로 내부 온도를 85°C 이상이 되도록 조리하면 안전하게 섭취할 수 있다.

색의 변화

육류의 근육 색은 미오글로빈(myoglobin)이라는 붉은 색소단백질이 산소가 많은 경우 산소와 결합하면서 선홍색의 옥시미오글로빈(oxymyoglobin)으로 바뀌고, 산소 공급이 잘 되지 않는 경우에는 미오글로빈의 철이 전자를 잃으면서 산화되어 페릭(ferric; 3+) 상태로 되며 적갈색의 메트미오글로빈(metmyoglobin)으로 변하게 된다. 육류를 오랜 기간 저장할 때 표면이 어두워지는 현상은 이러한 이유 때문이다.

또한 육류를 가열하면 미오글로빈이 회갈색의 변성글로빈 헤미크롬(hemichrome)과 헤마틴(hematin)으로 변하여 회갈색으로 변한다. 반면, 육가공 식품의 경우 가열을 하여도 붉은색을 유지하는데, 이는 미오글로빈에 아질산염(nitrite) 처리를 하기 때문이다. 미오글로빈에 아질산염을 가하면 산화질소미오글로빈(nitrosomyoglobin)이 되어 선명한 선홍색을 띠며, 산화질소미오글로빈은 열에도 안정하여 붉은색을 유지하는데, 이는 돼지고기로 햄이나 베이컨과 같은 염장육을 만들 때 일어나는 현상이다.

이와 더불어 육류의 단백질 성분은 당성분과 당-아미노 반응을 통해 멜라노이딘(melanoidine)을 생성하여 갈변화가 일어난다.

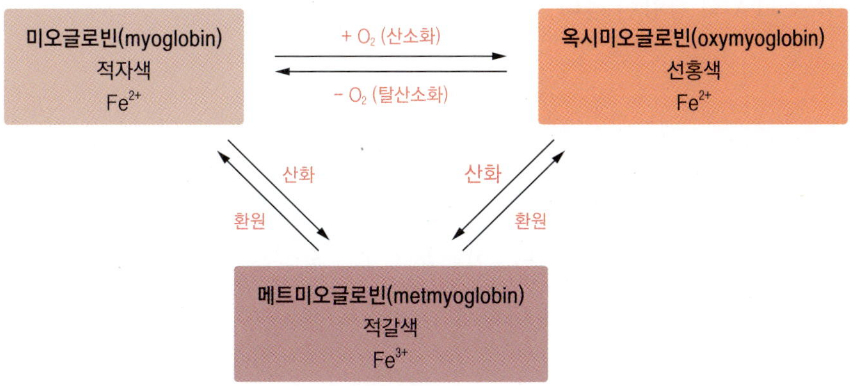

육류의 색 변화

어패류 이야기

구성성분

수분

어패류는 약 70~80% 정도의 수분을 함유하고 있으며, 육류보다 수분 함량이 높다.

단백질

어패류의 단백질 함량은 약 17~20%로 육류와 유사한 아미노산으로 구성되어 있으며, 특히 라이신(lysine) 함량이 높아 곡류 등과 함께 섭취 시 영양적으로 상호 보완될 수 있다. 어패류의 단백질은 근섬유의 길이가 짧고 육류 단백질에 비해 콜라겐 등 결합조직이 적어 조직이 연하며 소화가 잘 되는 특징을 갖는다.

지방

어패류의 지질 함량은 1~20%로 어종, 서식 장소 등에 따라서 차이가 크며, 같은 어종도 계절, 산란 유무 등에 따라 차이가 발생하는데 산란기 직전이 지질의 함량이 가장 높아 맛이 가장 좋다. 어패류의 지질은 동물성 지질임에도 불포화지방산의 함량이 80% 정도로 높아 상온에서 액체 상태이다. 특히 등푸른생선인 고등어, 청어 등은 오메가-3(omega-3) 지방산(DHA, EPA)의 함량이 높다.

탄수화물

어류는 글리코겐을 약 0.2~1.0% 함유하고 있지만, 포획된 직후에 분해되기 시작한다. 조개류는 약 3~5%의 글리코겐을 함유하고 있고, 글리코겐이 효소작용으로 인해서 포도당으로 전환되기 때문에 단맛이 난다. 어패류에서는 숙신산(succinic acid, 호박산)이 감칠맛을 내는데, 특히 조개류의 근육에 다량 함유되어 있다.

무기질

어패류에는 나트륨, 칼륨, 인 등의 함량이 높다. 굴과 같은 조개류에는 요오드 함량이 높고 아연도 풍부하게 함유되어 있다.

비타민

어류의 간에는 비타민 A와 D의 함량이 높으며 지질 함량이 높은 어류에는 카로틴(carotene)이 많다. 조개류에는 비타민 B_1의 효력을 저하시키는 효소인 티아미나아제(thiaminase)가 함유되어 있지만, 종종 회를 섭취하는 정도로는 우려할 수준은 아니다.

기타

맛 성분

어패류를 물에 넣고 가열하면 국물 맛이 좋아지는데 이는 어패류 내 저분자량의 수용성 물질들이 물로 추출되었기 때문이다. 이러한 수용성 추출물로는 유리아미노산, 뉴클레오티드(nucleotide), 베타인(betaine), 유기산, 젖산 등이 있으며, 구수한 감칠맛을 나타낸다.

냄새 성분

어패류의 비린내 성분은 신선도와 어종에 따라서도 달라진다. 해수어의 비린내는 트리메틸아민(trimethyl amine, TMA)에 의한 것으로 약한 단맛을 가진 트리메틸아민옥사이드(trimethyl amine oxide, TMAO)가 세균에 의해서 환원되면서 만들어진 화합물이다. 담수어의 비린내는 라이신에서 생성된 피페리딘(piperidine)과 아세트알데히드(acetaldehyde)에 의한 것으로, 신선도가 저하되면 요소가 효소에 의해서 분해되어 암모니아를 형성한다.

색소

어류의 색소는 대부분 어피의 색소층에 축적되어 있다. 어피의 붉은색은 주로 카로티노이드(carotenoid) 색소에 의한 것이며, 검은색은 티로신(tyrosine)으로부터 합성되는 멜라닌(melanin) 색소, 청록색은 프테린(pretin)과 담즙 색소로 인해 나타난다. 갈치 등의 은색은 구아닌(guanine)과 요산(uric acid)에 의한 침전물이 빛을 굴절, 반사하여 나타나며, 꽁치와 복어의 녹색은 빌리베르딘(biliverdin)에 의한 것이다.

새우나 게와 같은 갑각류의 껍질에는 아스타잔틴(astaxanthin)이 존재하는데, 신선한 상태에서는 단백질과 지단백이 결합되어 청록색을 나타내며, 가열 시 단백질이 변성되면서 색소가 노출되어 적색을 띠고 산화되면서 아스타신(astacin)으로 변한다. 오징어와 낙지의 표피 색소는 오모크롬(ommochrome)으로 죽은 후 선도가 떨어지면 체액이 약알칼리성으로 변해서 붉은색을 띤다. 헤모시아닌(hemocyanin)은 전복 또는 조개류의 청색 색소로 구리를 함유하고 있다.

조리 특성

사후 변화

사후경직

어패류의 사후경직은 포획된 뒤 1~7시간 후에 시작되어 5~22시간 지속되는데 어패류의 종류, 어패류가 죽기 전 상태, 죽은 후 방치된 온도, 내장 유무 등에 의해서 달라진다. 일반적으로 붉은살 생선이 흰살 생선에 비해 사후경직이 빨리 시작되며 지속시간도 짧다. 또한 죽기 전에 오랫동안 격렬한 운동을 한 경우 저장되어 있는 글리코겐을 사용하기 때문에 사후경직이 빨리 시작되며 경직이 지속되는 시간도 짧다. 또한 어획 후 바로 냉동하지 않고 실온에 오래 방치하게 되면 사후경직이 빨리 일어난다. 따라서 어패류는 사후경직 지속시간을 연장하는 것이 선도를 유지하는 방법으로, 어패류를 잡은 후 동결 처리하면 사후경직 개시시간을 연장할 수 있어 선도를 높일 수 있다.

자기소화

사후경직이 끝나면 자기소화(autolysis)에 이어 부패(putrefaction)가 일어나는데, 어육은 육류에 비해 자기소화과정이 빠르게 일어나며 어종, 온도, pH 등의 영향을 받는다. 자기소화가 진행된 어류는 조직이 연해지고 풍미도 떨어져 회로 먹기에는 좋지 않으며 열을 가해 조리하여 섭취하는 것이 좋다.

부패

자기소화가 종료되면 pH가 중성이 되어 세균이 번식하기에 적절한 환경이 된다. 먼저 TMAO가 세균에 의해 TMA로 환원되면서 좋지 못한 비린내가 발생하게 되고, 그 외에 세균과 효소의 작용 및 지방 산화 등으로 여러 가지 아민류, 유리지방산, 암모니아 등을 생성하여 부패취가 생성된다. 또한 유독성 아민류인 히스타민(histamine)이 생성되어 알레르기나 두드러기 등의 식중독을 일으킨다.

조리에 의한 변화

염에 의한 변화

어패류에 2~6%의 소금을 가하면 삼투압에 의해 소금이 어육 속으로 침투하게 된다. 이때 염용성 단백질인 액틴과 미오신이 용출되며 서로 결합하여 액토미오신을 형성하며 탄력성이 증진된다. 그러나 소금의 농도가 15% 이상으로 증가하면 단백질의 용출은 줄어들고 어육 단백질의 응고가 일어나며, 탈수반응이 진행되어 탄력성이 감소한다. 용출된 액토미오신은 표면에 수분이 흡착되며 점도가 높은 졸이 형성되고, 액토미오신 사이의 망상 구조가 발달하면 점도가 낮아져 젤이 형성된다. 이러한 원리를 이용하여 어묵을 만든다.

산에 의한 변화

어류에 산을 가하면 산이 단백질을 변성시켜 응고되므로 살이 단단해진다. 또한 어류의 비린내 성분인 트리메틸아민은 염기성 성분이므로 산을 가하면 중화되어 비린내가 제거된다. 또한 산은 pH를 저하시켜 미생물에 대한 살균효과를 나타내기도 한다.

가열에 의한 변화

어육 중의 근육단백질인 액틴과 미오신, 근장단백질인 미오겐은 열 응고성이 있어 가열에 의해 응고, 수축하여 살이 단단해진다. 근육단백질의 수축으로 탈수반응이 일어나 중량이 감소되는데 이때 지미성분도 함께 용출된다. 또한 생선을 가열하는 경우 껍질이 수축되어 살이 굽어지는 것을 볼 수 있는데, 이는 콜라겐이 수축하기 때문으로 이때 진피층 밑에 있던 지방이 용해되어 외부로 빠져나온다.

생선을 프라이팬에서 구우면 팬에 들러붙는데 이러한 현상을 열 응착성이라 한다. 어패류의 미오겐 단백질은 가열하면 결합이 끊어지면서 다른 물질과 결합 가능한 활성기가 노출되어 프라이팬의 금속이온과 반응하여 들러붙게 되는 것이다.

붉은살 생선 조림, 어떻게 할까?

붉은살 생선은 흰 살 생선에 비해 비린내가 강하고 살이 단단하므로 양념이 깊이 밸 수 있도록 간을 약하게 하여 생선살의 중심부까지 열이 전달되도록 비교적 오래 조리는 것이 좋다. 또한 가시가 많은 준치 등의 생선은 조림을 할 때 양념국물에 식초를 약간 넣은 후 약한 불에 오랜 시간 조려서 뼈째 먹기도 한다. 이는 뼈의 주성분인 칼슘이 산에 의해 녹는 성질을 이용한 조리법이다.

난류 이야기

구조 및 구성성분

구조

난각

난각은 다공질 껍질로서 약 94%가 탄산칼슘($CaCO_3$)으로 구성되어 있으며, 내부를 보호하는 역할을 한다. 난각의 미세한 기공을 통해서 탄산가스(CO_2) 배출, 수분 증발, 세균 침입 등이 발생한다. 산란 직후 신선란의 난각은 까끌까끌한 특징이 있는데 이는 큐티클(cuticle)층 때문이며 시간이 지나면서 마모된다.

난각막

난각 내부에 존재하고 있는 두 겹의 속껍질로, 상태가 신선한 달걀은 내난각막이 외난각막에 잘 부착되어 있지만, 저장 중 내부의 수분과 이산화탄소 등의 증발로 내용물이 줄어들면서 외난각막과 내난각막 사이가 벌어져 공기집이 생긴다. 이 틈을 기실이라고 하며, 기실은 저장함에 따라 점차 넓어져 달걀의 신선한 정도를 판단하는 데 이용한다.

난백

난백은 유동성을 가진 투명한 액체로 달걀 전체 중 약 55~60%를 차지한다. 난백은 점도가 낮은 묽은 수양난백과 점도가 높은 된 농후난백으로 이루어져 있다. 신선할 때 농후난백과 수양난백의 비율은 약 60:40 정도이며, 오래된 달걀일수록 농후난백의 점도가 감소하여 수양난백이 된다.

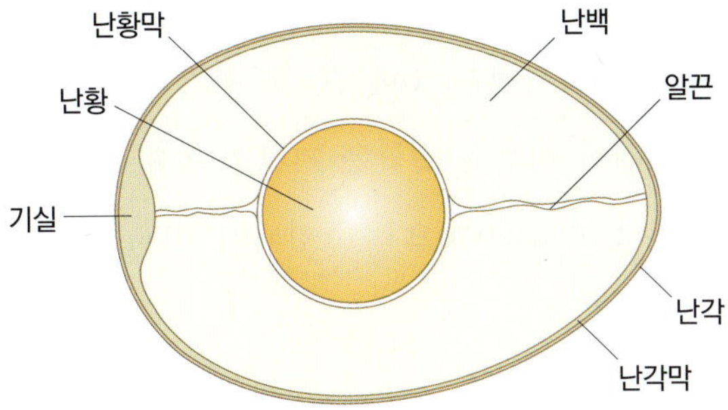

달걀의 구조

난황

전체의 약 30~33%를 차지하는 난황은 탄력성을 갖고 있는 비텔린막(vitelline membrane)으로 둘러싸여 있으며, 알끈에 의해 고정되어 달걀의 중앙에 위치한다. 난황은 시간이 지날수록 주변 수분을 흡수해서 부피가 커지는데, 이런 부피 팽창으로 막의 힘이 약해져 쉽게 터진다. 난황의 색은 카로티노이드계 색소인 잔토필(xanthophyll)이다.

알아보자, 유정란 vs 무정란

무정란은 암탉의 난소에서 스스로 난황이 만들어지고 난관을 통해 껍질이 생겨 질을 통해 생산된 달걀이고, 유정란은 수탉과의 교미를 통해 병아리로 부화할 수 있는 배반이 형성된 달걀이다. 유정란이 비타민 함량이 조금 많고 난황과 난백의 점도가 높으며 껍질이 단단하고 비린맛이 적은 반면 영양소 차이는 크지 않다.

구성성분

단백질

달걀은 필수아미노산을 모두 함유하고 있어 단백가가 100인 완전 단백질 식품으로 특히 메티오닌(methionine)을 비롯한 필수아미노산과 함황아미노산인 시스틴(cystine)의 함량이 높다. 난백의 경우 약 90%가 수분이며 약 10% 정도가 단백질로 구성되어 있다. 난백 단백질 중 약 2/3가 오브알부민(ovalbumin)으로 가장 많이 함유되어 있으며, 콘알부민(conalbumin)이 약 13% 정도 함유되어 있다. 이외에 오보뮤코이드(ovomucoid), 라이소자임(lysozyme), 오보뮤신(ovomucin), 오보글로불린(ovoglobulin), 아비딘(avidin) 등이 있다. 난황은 약 50%가 수분이고 고형분 중에서는 단백질이 약 33% 함유되어 있다. 난황 단백질의 대부분은 인단백질이 지질과 결합된 지단백 형태로 존재하며 주로 리포비텔린(lipovitellin), 리포비텔리닌(lipovitellinin)으로 구성되어 있다.

지방

지방은 약 11%를 함유하고 있는데, 난백에는 지방이 거의 함유되어 있지 않고 대부분은 난황에 함유되어 있다. 난황의 약 30%가 지방으로 구성되어 있으며, 이 중 중성지질 62.3%, 인지질 32.8%, 콜레스테롤(cholesterol) 4.9%로 구성되어 있다. 인지질의 대부분은 레시틴(lecithin)으로, 유화성이 커서 유화제로도 사용된다.

탄수화물

탄수화물은 난백과 난황에 약 1% 정도 함유하고 있으며 글루코스(glucose), 만노스(mannose), 갈락토스(galactose) 등이 있다.

비타민

달걀의 비타민은 주로 난황에 함유되어 있으며, 특히 난황은 비타민 $A \cdot B_1 \cdot B_2 \cdot D \cdot E$ 등이 풍부하고, 난백에는 비타민 $B_1 \cdot B_2$, 판토텐산(pantothenic acid) 등이 있으며, 특히 비타민 B_2가 많이 함유되어 있어 형광빛을 내는 반면, 비타민 C는 부족한 편이다.

무기질

달걀에는 인과 황 함량이 풍부하며, 난황 중에 함유되어 있는 철은 흡수율이 높다.

색소

난백은 유백색이며 약간의 담황색을 띠고 있는데 이는 비타민 B_2에 의한 것이다. 난황의 노란색은 루테인(lutein)과 제아잔틴(zeaxanthin)에 의해 나타나며, 그 함량은 닭의 사료에 의해서 영향을 받는다고 알려져 있다.

조리 특성

열 응고성

달걀은 가열하면 응고되는데 단백질이 열에 의해 변성되어 나타나는 현상으로 난백의 경우 60°C 전후에서 응고가 시작하여 63°C에서 대부분이 응고되고 65°C에서 응고가 완료되며, 난황은 약 65°C에서 응고가 시작되어 68°C에서 대부분 응고되고 70°C에서 응고가 완료된다.

열 응고성에 영향을 미치는 요인은 다음과 같다.

희석 정도

단백질 농도가 높을수록 응고온도가 낮고 단단해진다. 달걀에 물을 넣어 희석하면 달걀의 응고성이 감소되어 응고가 잘 일어나지 않는다. 따라서 희석을 할수록 응고온도가 올라가며 응고물의 질감은 부드러워진다.

가열온도와 시간

고온에서 빨리 가열하면 수축하여 응고물은 단단하고 질긴 상태가 되며 기공이 생기기 쉬우나 가열시간은 단축된다. 저온에서 서서히 가열하면 응고물은 부드럽고 연한 상태가 되나 응고에 소요되는 시간은 길어진다. 가열온도가 98~100°C이면 약 12분, 85~90°C에

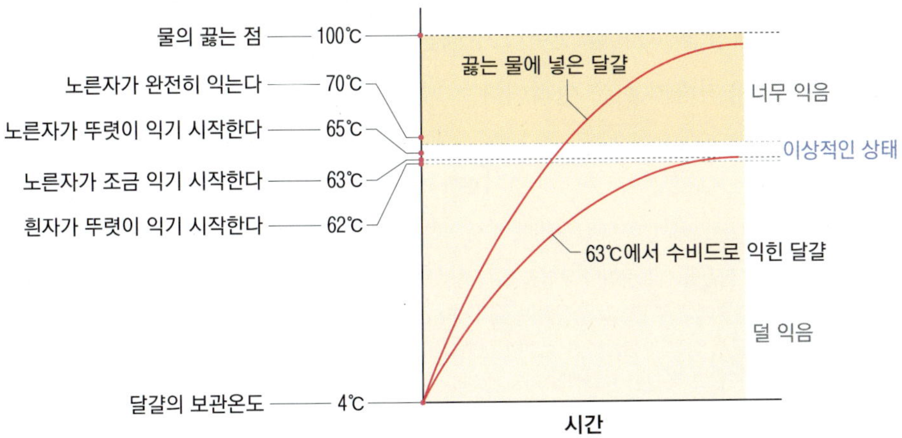

온도에 따른 달걀의 응고 변화

서는 25~35분이 소요되고 70°C에서 가열하는 경우 완숙까지 약 90분이 걸린다.

익히는 정도에 따른 달걀 프라이(fried egg)

- over light : 흰자를 아주 얇게 익히는 것
- over easy : 팬에 오일 등을 바른 후 흰자가 어느 정도 익었을 때 뒤집는 것
- over medium : over easy와 같은 방법이나, 노른자를 반 정도 익히는 것
- over well : over easy와 같은 방법이나, 노른자를 완전히 익히는 것
- over hard : over easy와 같은 방법이나, 뒤집기 전에 노른자를 깨뜨려서 완전히 익히는 것
- sunny side up : 팬에 오일 등을 바른 후 흰자만 익혀 태양이 떠오르는 것처럼 선명하게 하는 것

첨가물

설탕은 단백질을 연화시켜 응고성을 감소시키며, 단백질의 수분을 빼앗아 응고온도를 높인다. 예를 들어, 커스터드(custard)를 만들 때 설탕을 30% 이상 첨가하면 응고가 잘 되지 않는다.

소금을 비롯한 염류를 첨가하면 달걀의 응고가 촉진되어 응고물이 단단해져, 수란을 만들 때 물에 소금을 첨가하면 모양 유지가 잘 된다.

달걀에 산을 첨가하면 낮은 온도에서 응고가 일어나며 응고물이 단단하다. 이는 달걀의 주단백질인 알부민(albumin)은 등전점이 pH 4.8 정도로 산을 첨가하여 등전점 부근으로 맞추면 60°C 전후에서 응고가 잘 일어나기 때문이다. 수란을 만들 때 식초를 넣으면 응고가 잘 되어 모양을 유지하기 쉬운 원리이다.

달걀말이에 소량의 설탕을 넣으면?

달걀말이를 만들 때 달걀물에 설탕이나 우유를 조금 첨가하여 살짝 거품을 내어 조리하면 조직감이 부드럽고 고운 노란색을 띠며, 식은 후에도 부드럽고 폭신하며 질겨지지 않는다. 이처럼 단백질 용액에 설탕을 넣으면 열에 의해 단백질 분자가 펼쳐지면서 설탕과 결합하여 이것이 단백질 분자의 재결합을 방해하고 단백질 응고가 지연된다. 이 때문에 응고한 것은 부드럽고 폭신한 탄력성을 가지게 된다.

기포 형성성

난백의 기포성은 식품을 팽창시켜서 조직감을 가볍게 하는데, 난백을 오래 교반할수록 기포의 막이 두꺼워지고 탄력성이 생겨 안정한 상태를 유지할 수 있으나, 지나치게 교반하면 기포의 막이 두꺼워지고 탄력성이 없어지며 단단해져서 팽창성이 감소된다. 난백의 기포성에 크게 기여하는 단백질은 오보글로불린, 오보뮤신, 라이소자임, 콘알부민이다. 오보글로불린은 표면장력을 낮추어 주므로 기포 형성능력이 크다. 오보뮤신은 달걀 용액의 점도를 높여 기포막을 형성하여 거품을 안정화시키고, 라이소자임은 오보뮤신 존재 시 거품의 부피를 증가시킨다. 콘알부민은 열에 불안정하여 저온 살균온도에서도 영향을 받아 거품이 약화된다. 그러나 금속과 결합한 상태에서는 열에 안정하여 변성이 억제된다.

난백의 기포성에 영향을 미치는 요인은 다음과 같다.

신선도

난백이 묽으면 점도가 낮아 기포를 쉽게 형성할 수 있어 거품의 양은 많으나 안정성은 떨어지는 반면, 난백이 되직하면 점도가 높아 기포 형성은 어려우나 안정성은 높다. 따라서 신선한 달걀은 농후난백이 많으므로 거품이 생성되기 시작하기는 어렵지만 일단 거품이 생기면 안정성이 높고, 저장란은 수양난백이 많아 기포는 쉽게 형성되나 기포의 안정성은 낮다.

온도

난백 온도가 높을수록 거품이 쉽게 형성되고 질이 고우며 기포의 부피도 크지만, 표면이 쉽게 마르고 안정성이 낮아져서 액체가 쉽게 분리된다. 온도가 낮으면 점도가 높아 거품을 만들기는 어렵지만, 안정성이 높고 탄력 있는 거품이 형성된다. 난백은 온도가 30°C 전후일 때 기포 형성력과 안정성이 좋으므로 달걀을 냉장 보관한 후 거품을 낼 때는 실온에 꺼내 놓은 후 거품을 내는 것이 좋다.

첨가물

난백에 산을 첨가하면 주요 단백질인 오브알부민의 등전점인 pH 4.8 부근에서 기포성이 가장 크다. 이는 등전점에서 난백의 점도가 낮아져서 거품이 잘 일어나고, 단백질의 정전기적 반발력 감소로 거품 표면에 단백질의 흡착이 용이하여 비교적 안정한 기포막을 만들기 때문이다.

난백에 설탕을 첨가하면 난백의 점성을 증가시켜 기포 형성능력은 떨어지나 광택이 있는 안정된 거품으로 된다. 미리 설탕을 첨가하면 거품이 형성되는 시간이 2배 이상이 필요하므로 난백을 먼저 교반해서 거품을 형성시킨 다음에 천천히 첨가해야 광택이 있고 부드러우며 안정성도 크다.

소금은 기포 형성을 방해하고 안정성을 떨어트린다. 그러나 실제 조리에서 소금의 농도는 1% 미만이 일반적이므로 그 영향은 크지 않다고 할 수 있다.

기름은 소량이라도 거품이 형성되는 것을 방해하고 거품의 안정성 또한 떨어뜨린다. 난백에서 난황을 분리할 때 난황이 조금이라도 들어가면 난백의 기포성이 감소되는데, 이러한 이유는 난황의 지질 때문이다.

물을 첨가해 주면 거품의 부피는 증가하나 안정성은 저하된다.

유화성

난황에 있는 인지질인 레시틴과 세팔린(cephalin)은 친수성기와 소수성기를 모두 갖고 있는 물질이기 때문에 천연 유화제일 뿐만 아니라, 난황 자체가 수중유적형(oil-in-water; O/W) 유화 식품에 해당된다.

유화성은 난황 > 전란 > 난백의 순이며, 난황의 유화성을 이용한 음식은 마요네즈, 샐러드 드레싱, 크림퍼프, 케이크 반죽 등으로 전란이 들어가는 케이크도 유화 음식이다.

우유 이야기

구성성분

단백질

우유의 단백질은 완전 단백질로 성장 및 유지에 필요한 필수아미노산을 함유하고 있다. 산이나 레닌(rennin)에 의해 응고되는 카제인(casein)이 약 80%이고, 응고되지 않고 유청에 남는 유청 단백질이 약 20%이다.

카제인은 인산을 갖고 있는 인단백질이고, 신선한 상태 우유의 정상 pH 6.6에서 안정한 콜로이드(colloid) 형태인 미셀(micelle)을 구성하고 있다. 카제인 단백질은 산이나 레닌, 폴리페놀 화합물에 의해서는 쉽게 응고되지만 열에는 안정하여 열에 의해서는 쉽게 응고되지 않는 특징을 갖는다. 카제인 단백질이 산에 의해 쉽게 응고되는 성질을 이용하여 치즈를 만드는데, 산을 이용해 만든 치즈의 경우 응고과정에서 칼슘이 손실되기 때문에 칼슘 함량이 그만큼 줄어들게 된다.

유청 단백질은 산이나 레닌에 의해 응고되지는 않지만 열에 의해 쉽게 응고되는 단백질로 β-락토글로불린(β-lactoglobulin)과 α-락트알부민(α-lactalbumin), 혈청 알부민(serum albumin), 면역 글로불린(immunoglobulin), 효소, 펩톤(peptone) 등이 있다. β-락토글로불린과 α-락트알부민은 60°C 이상의 온도에서 쉽게 변성되고 응고되는 특징이 있어 우유를 냄비에 넣고 가열하게 되면 바닥에 침전물이 가라앉아 쉽게 눌어붙게 된다.

지방

지방은 3~4%를 함유하고 있으며 유제품의 풍미, 입안의 촉감, 우유의 안정성 등에 기여한다. 우유의 지방은 대부분 중성지질이며(98%) 소량의 인지질, 당지질, 스테롤 등을 함유하고 있다. 지방을 구성하고 있는 지방산은 대부분 탄소수가 4~10개인 저급지방산으로 구성되어 있으며, 이러한 저급지방산들은 소화, 흡수가 잘 되지만 우유 변질 시 독특한 냄새의 원인이 되기도 한다.

지방은 지방구 형태로 존재하며 각 지방구는 지방구 막으로 둘러싸여 있다. 착유 후 그대로 장시간 방치하면 지방구가 서서히 떠올라 크림층을 형성하는 크리밍(creaming) 현상이 발생한다. 지방구의 크기를 미세하게 조절하는 균질화 과정을 통해 이러한 현상을 방지할 수 있다.

탄수화물

우유의 탄수화물은 대부분 락토오스(lactose)이며, 그 외 글루코스, 갈락토스 등이 미량 존재한다. 락토오스는 용해도가 낮아 결정화가 쉽게 진행되며, 결정화가 되면 모래가 씹히는 것 같은 질감을 가진다. 따라서 락토오스의 결정화는 아이스크림, 가당연유 등을 만들 때 문제가 될 수도 있다. 분유 제조 시 락토오스의 결정이 형성되면 흡습성이 강해서 분유 덩어리가 형성된다.

무기질

우유는 철과 구리를 제외한 대부분의 무기질을 고루 함유하고 있다. 특히 칼슘 함량이 높을 뿐만 아니라 흡수율이 높아 대표적인 칼슘 공급원 중 하나이다. 우유의 칼슘과 인의 비율은 약 1.2:1로 구성되어 있어 비교적 이상적이라고 할 수 있으며, 칼슘 및 칼륨, 마그네슘 및 나트륨의 비율도 이상적으로 구성되어 있다. 또한 무기질은 염화물, 인산 등과 염의 형태로 수용액에 녹아 있어서 소화·흡수가 용이하며, 카제인의 교질용액을 안정화시키는 역할도 한다.

비타민

비타민 A, D, B_2, 니아신 등 많은 종류의 지용성 및 수용성 비타민을 함유하고 있으며, 특히 리보플라빈(riboflavin)의 함량이 높다. 하지만 비타민 C와 비타민 E는 거의 함유되어 있지 않다.

색소

우유의 유백색은 칼슘인카제인산염(calcium phosphocaseinate)의 교질용액이 빛에 반사돼서 만들어진 것이며, 그 외에 지용성인 카로티노이드 색소로 인해 황색을 띠고, 수용성인 리보플라빈으로 인해 담황색을 띤다.

향미성분

신선한 우유에서 느끼는 독특한 향미는 아세톤(acetone), 아세트알데히드(acetaldehyde), 디메틸설파이드(dimethyl sulfide), 디메틸케톤(dimethyl ketone), 저급지방산, 락톤(lactone) 등 끓는점이 낮은 저급 분자량 화합물에 의한 것이며, 락토오스와 염소이온에 의해 약한 단맛과 짠맛을 갖는다. 한편 우유를 오래 보관하면 유지방의 가수분해적 산패와 산화적 산패가 진행되어 강한 산패취를 낸다.

조리 특성

가열에 의한 변화

유청 단백질의 응고

우유를 40°C 이상 가열하면 윗면에 피막이 생성되는데, 이러한 현상은 지방구와 열에 의해서 쉽게 응고되는 유청 단백질과 소량의 락토오스 등이 서로 엉겨 붙으면서 떠오른 것이다. 피막이 형성되면 피막 아래쪽의 증기압이 높아져 우유가 쉽게 끓어 넘친다. 피막을 제거하여도 남아 있는 단백질 등으로 인해서 계속 피막이 생성되는데, 우유를 휘저으면서 가열하거나 물을 넣어 묽게 하면 피막 형성이 방지된다.

또한 우유를 60°C 이상 가열하면 그릇 바닥에 우유가 눌러붙는데, 이는 유청 단백질인 α-락트알부민, β-락토글로불린이 변성되고 인산칼슘(calcium phosphate) 등이 같이 가라앉은 것이다.

갈변반응

우유를 75°C 이상으로 가열하면 락토글로불린이 열 변성되어 3차 구조가 풀어지면서 황화수소(H_2S)가 형성되어 익은 맛(가열취)이 나게 된다. 또한 120°C 정도에서 5분 이상 가열을 하면 우유에 있는 단백질의 아미노산과 락토오스 사이에서 메일라드 반응(maillard reaction)이 일어나 갈변이 생기게 된다. 또한 우유 유당의 캐러멜화(caramelization)로 인해 갈색으로 변하게 된다. 이러한 현상은 가당연유에서 더 쉽게 발생하며, 빵이나 쿠키 등을 만들 때 독특한 색과 향을 증진시킨다.

산에 의한 변화

우유 단백질인 카제인은 등전점 pH 4.6 정도에서 용해도가 낮아져 침전되는 특징이 있다. 우유에 산을 넣거나 젖산발효로 인해 산이 생성되어 등전점 부근으로 pH가 맞춰지면 카제인 단백질이 응고되어 침전한다. 카제인이 산에 의해 응고되는 성질은 치즈 제조에 이용되며 코티지 치즈가 대표적인 산 응고 치즈이다. 산에 의해 카제인이 응고될 때, 대부분의 칼슘은 유청에 남으므로 산 응고 치즈의 경우에는 칼슘을 거의 함유하지 않는다.

효소-레닌에 의한 변화

레닌은 포유동물의 위에 존재하고 있는 응유효소로서, 우유에 레닌을 첨가하면 카제인의 응고가 일어나게 되는데, 이런 성질을 이용해서 치즈를 만든다. 레닌에 의해 생성된 응고물은 산 응고물에 비해 단단하고 칼슘 함량이 높다. 레닌은 효소이기 때문에 일정 온도(10~65°C)에서 반응하는데 적정 온도는 40°C 정도이며, 15°C 이하일 경우에는 응고가 발생하지 않고, 60°C 이상이 되면 열에 의해서 레닌이 불활성화된다. 낮은 온도에서는 서서히 응고되어 부드러운 응고물이 형성되지만, 온도가 높으면 단단한 응고물이 만들어진다.

염에 의한 변화

우유에 염이 작용하면 단백질의 안정성에 변화가 나타난다. 소금의 경우에는 카제인 등을 응고시키고, 이런 응고는 고온일 경우에 더 촉진이 된다. 예를 들어, 우유에 염분 함량이 높은 햄과 같은 육가공품을 넣고 조리하면 응고물이 형성되며, 온도가 높으면 응고물이 더 잘 형성된다.

페놀 화합물에 의한 변화

우유에 채소나 과일을 넣으면 응고 현상이 일어나는 것은 이들 식품에 존재하는 페놀 화합물인 타닌류(tannin)가 카제인을 응고시키기 때문이다.

콩류 이야기

구성성분

단백질

대부분의 콩류에는 약 20~40%의 단백질이 함유되어 있으며, 콩류 단백질에는 메티오닌, 시스틴과 같은 함황아미노산이 부족하지만 라이신, 이소류신(isoleucine), 류신(leucine), 트레오닌(threonine), 페닐알라닌(phenylalanine), 발린(valine) 등 필수아미노산이 풍부하다. 특히 콩류 단백질은 곡류에 부족한 라이신 함량이 높고 곡류에는 메티오닌이 풍부하므로 곡류와 콩류를 혼합하여 먹으면 균형 잡힌 단백질을 섭취할 수 있다.

대두 단백질은 글로불린(globulin)에 해당되는 글리시닌(glycinin)이 대부분이며 알부민에 속하는 레규멜린(legumelin)이 소량 함유되어 있다. 땅콩과 팥의 주단백질은 각각 글로불린에 속하는 아라킨(arachin)과 파세올린(phaseolin)이다.

지방

대부분의 콩류에는 2% 내외의 지질이 함유되어 있으나 대두는 17%, 땅콩은 40~50%의 많은 지질을 함유하고 있다. 콩류에는 포화지방산보다 불포화지방산이 많이 함유되어 있으며, 필수지방산인 리놀레산(linoleic acid)과 리놀렌산(linolenic acid)의 함량이 높다. 이 외에 레시틴, 세팔린 등 소량의 인지질이 함유되어 있다.

탄수화물

대두에는 약 30% 정도의 탄수화물이 들어 있는데 전분은 함유되어 있지 않고 주로 소화되지 않는 다당류인 올리고당이 함유되어 있다. 녹두, 강낭콩, 동부, 팥, 완두 등에는 탄수화물이 40% 이상 함유되어 있으며 대부분이 전분이다. 특히 녹두, 동부, 팥의 전분은 세포 내 단백질에 의해 단단히 싸여 있어 가열해도 매우 느리게 호화된다.

비타민

콩류는 비타민 B군(B_1, B_2, 니아신), 판토텐산을 함유하고 있다. 특히 팥에는 비타민 B_1이 풍부하여 각기병 예방에 도움이 되고, 쌀밥을 지을 때 팥을 넣어주면 당질 대사를 도울 수 있다. 한편, 비타민 C는 풋완두, 풋콩 등에 풍부하지만 대부분의 콩류에는 거의 존재하지 않고, 비타민 A도 풋완두, 풋콩, 녹두, 완두 외에는 거의 함유되어 있지 않다.

무기질

콩류에는 3~5% 정도의 무기질이 함유되어 있고, 특히 칼륨의 함량이 가장 높고 인, 칼슘, 마그네슘 등도 함유되어 있다. 인은 대부분 약 75% 정도가 인산염인 피틴(phytin)의 형태로 존재하고 있다.

조리 특성

흡습성

콩류는 단단한 외피로 둘러싸여 있어 쉽게 물을 흡수하지 못하므로, 조리 시 가열시간 단축을 위해서 물에 담가 불려서 사용하도록 한다. 흡수 속도는 보존상태, 수온, 콩의 저장기간 등에 따라서 다른데, 보통은 수온 20°C 정도에서 5~6시간 빠르게 흡수된 다음 흡수속도가 저하되어 약 20시간 후에 포화상태에 도달해 정체기에 들어가며, 이때 원래 콩 무게의 90% 이상의 물을 흡수한다. 그러나 팥과 녹두는 표피가 단단해서 표피 전체로 물을 흡수하는 대두와는 다르게 표피의 작은 구멍에서 소량의 흡수만 일어나므로 물에 불리는 과정 없이 그대로 삶는 경우가 많다.

콩류를 담가 놓는 물의 온도가 높을수록 수분 흡수속도가 빨라진다. 또한 소금과 베이킹소다가 조리시간을 단축한다. 그러나 식소다를 너무 많이 사용하면 입안에서 미끌거리는 불쾌한 느낌과 알칼리에 약한 비타민 B_1이 파괴되므로 과다하게 사용하지 않도록 주의해야 한다. 한편 대두의 경우 소금물로도 쉽게 연화돼서 흡습성이 증가하므로 1% 전후의 소금물에서 불리면 되는데, 그 이유는 나트륨이 세포벽 펙틴의 마그네슘을 대체함으로써 훨씬 더 쉽게 용해되도록 하기 때문이다.

기포성

대두와 팥에는 사포닌(saponin)이 약 0.3~0.5% 정도 함유되어 있는데, 사포닌은 기포성이 있어서 삶을 때 거품이 일면서 끓어 넘친다. 또한 장을 자극해서 설사를 일으키는 원인이 된다. 따라서 삶을 때에는 먼저 깨끗하게 씻어서 한 번 끓여낸 다음, 그 물을 버려 과잉의 사포닌을 제거하고 여기에 물을 다시 부어 무를 때까지 끓인다. 콩류를 끓일 때 거품이 나면 소량의 기름이나 된장 1큰술 정도를 소포제로 넣으면 끓어 넘치는 것을 방지할 수 있다.

용해성과 응고성

대두를 마쇄하여 물에 담가 두면 글로불린 단백질인 글리시닌과 알부민 단백질인 레규멜린의 약 90%가 용출된다. 이들 단백질은 등전점인 pH 4~5 정도에서 불용성이 되어 침전하며, 열에는 안정하지만 산이나 금속염에는 불안정하여 쉽게 응고, 침전된다. 또한 칼슘염($CaSO_4$, $CaCl_2$)이나 마그네슘염($MgCl_2$)과 같은 염류를 응고제로 넣으면 염석효과로 인해 응고가 일어나는데, 이와 같은 응고성을 이용한 식품이 두부이다. 두유는 가열만으로는 응고하지 않고 칼슘이나 마그네슘이 존재할 경우 쉽게 응고되고, 그 반대로 두유를 가열하지 않고 칼슘을 첨가하면 단백질은 침전하나, 가열한 경우와 같이 부드러운 응고물은 생성되지 않는다.

응고제의 사용량은 대두의 약 1~2% 정도가 적절하다. 응고제의 양이 많을수록, 가열온도가 높을수록 단단히 응고된다.

콩나물은 왜 뚜껑을 닫고 데칠까?

콩나물을 데칠 때 뚜껑을 열면 비린내가 나는데 이는 콩나물에 있는 리폭시게나아제(lypoxygenase)가 불포화지방산의 산화에 관여하여 비린내 성분을 형성하기 때문이다. 따라서 뚜껑을 닫으면 산소의 접촉을 방지하고 조리수의 온도를 빨리 증가시켜 효소를 불활성화시킴으로써 비린내 형성을 방지할 수 있으며 콩나물을 익힌 후 뚜껑을 열어 생긴 휘발성 성분을 날리면 더욱 효과적이다.

유지류 이야기

구성성분

식물성 유지

대부분의 식물성 유지는 주로 불포화지방산인 올레산과 리놀레산 함량이 많고, 포화지방산은 20% 이하로 함유되어 있다. 그러나 팜유는 포화지방산인 라우르산(lauric acid)을 40~50% 함유하며 불포화지방산 함량은 낮다.

동물성 유지

소, 돼지 등 가축의 내장지방으로부터 얻는 동물성 유지는 팔미트산, 스테아르산 등 포화지방산을 다량 함유하고 있으며, 불포화지방산으로는 특히 올레산과 리놀레산 함량이 많다. 어유는 모노엔산(monoenoic acid), 아라키돈산(arachidonic acid), 에이코사펜타에노산(eicosapentaenoic acid, EPA), 도코헥사엔산(docosahexaenoic acid, DHA) 등 고도 불포화지방산을 다량 함유하고 있다. 그러나 매우 불안정하고 어유의 냄새 때문에 수소를 첨가하여 경화유 형태로 사용한다.

가공 유지

마가린(margarine)의 경우 제조 배합에 따라 성분이 달라지나 일반적으로 유지 함량이 80% 이상, 수분 함량이 17% 이하이며, 마요네즈는 수분 12~16%, 조단백질 2~3%, 조지방 70~80%, 회분 1~2%가 함유되어 있다.

버터(butter) 우유에서 분리한 크림을 교반하여 덩어리로 모으고 식염을 첨가한 것으로, 유지방을 80% 이상 함유하며 소량의 수분과 유고형분을 함유하고 있다.

마가린(margarine) 버터의 대용품으로 개발된 마가린은 동물성 지방, 경화유, 식물성 기름 등을 적당한 비율로 혼합한 후 식염, 물, 유화제, 향료, 색소 혹은 발효유 등을 첨가 및 유화시켜 만든 제품으로, 주로 제과와 제빵에 이용된다.

라드(lard) 정제된 라드는 품질 규격상 100% 돼지기름을 사용하지만, 조정된 라드는 돼지기름을 주체로 하여 쇠기름과 팜유 등 다른 유지를 첨가한 것으로, 천연 항산화물질을 함유하지 않으므로 안정성이 나빠 산패하기 쉽다. 한편 라드는 녹는점(융점)이 낮아 입 속에서 잘 녹으며, 조리용이나 튀김기름용 혹은 마가린, 쇼트닝의 원료로 사용된다.

쇼트닝(shortening) 라드의 대용품으로 만들어졌으며 정제시킨 동물성 지방, 식물성 기름, 경화유를 주원료로 하며, 유화시키지 않는 대신 10~20% 정도의 질소가스나 탄산가스를 혼입시키면서 굳힌 것이다. 무색, 무미, 무취이고 실온에서 부드러운 고형이며 보존성이 높고, 쇼트닝성과 크리밍성이 커서 바삭한 질감의 과자류와 부드러운 질감의 빵을 만들 때 이용된다.

경화유, 어떻게 만들까?

어유, 식물유 등에 니켈을 촉매로 하여 수소를 첨가하면 불포화지방산의 이중결합 부분이 수소로 포화되어 액체가 고체로 변한다. 이를 기름의 경화라고 하며, 고체화된 유지를 경화유라고 한다. 이 공정은 탈색과 탈취가 쉬워지므로 품질이 나쁜 기름을 좋게 만들 수 있다. 경화유를 이용한 제품에는 마가린과 쇼트닝이 있다.

조리 특성

쇼트닝성

유지는 밀가루의 글루텐(gluten)의 형성을 조절하기도 하고, 글루텐의 형성과 발달을 방해해서 글루텐을 끊는 역할로 제품을 부드럽게 한다. 이 같은 지방의 성질을 글루텐을 짧게 한다는 뜻으로 쇼트닝성(shortening power)이라고 하며, 페이스트리나 파이의 바삭함을 형성시킨다.

크리밍성

버터, 쇼트닝, 마가린 등과 같은 고체 지방을 교반하면 공기가 혼입되어 색깔이 열어지고 부드러운 크림 상태가 된다. 공기를 많이 품을수록 크리밍 작용이 큰데 이러한 작용은 쇼트닝 > 마가린 > 버터 순서로 나타난다.

가소성

가소성은 외력으로 인해 변형된 물체가 외력을 제거해도 원래 상태로 돌아오지 않고 영구적으로 변형을 남기는 성질을 말하며 대표적 유지 식품에는 버터, 마가린, 쇼트닝 등이 있다. 유지가 가소성을 나타내는 것은 일정 온도 범위에서 액체와 고체가 섞여 있는 상태로 존재하기 때문이다.

유화성

유지는 물에 녹지는 않으나 혼합하면서 젓거나, 친수성기 및 소수성기를 가진 유화제와 함께 있으면 유화액을 이룬다. 천연유화제로는 대두 및 달걀 노른자에서 추출한 레시틴과 대두 등에서 추출한 사포닌이 있으며, 합성유화제로는 소르비탄지방산에스테르(sorbitan fatty acid ester), 글리세린지방산에스테르(glycerin fatty acid ester), 프로필렌글리콜에스테르(propylene glycol fatty acid ester), 자당지방산에스테르(sucrose fatty acid ester) 등이 있다. 가장 기본이 되는 유화작용의 예는 프렌치드레싱과 마요네즈이다.

프렌치드레싱

프렌치드레싱은 일시적으로 유화시킨 상태라 기름과 식초가 분리되기 쉬우므로 사용하기 전에 힘차게 흔들어서 유화 상태를 형성한 후 사용해야 한다.

마요네즈

난황은 고형분의 약 2/3가 지방이며, 이 지방은 유화액의 형태로 존재한다. 또한 난황에 함유된 인지질은 대표적인 천연유화제이므로 여기에 식초와 기름을 넣고 유화액을 형성시킨 후 소금과 다른 조미료를 넣어 독특한 질감과 맛을 가진 드레싱으로 만들어 놓은 것이 마요네즈이다.

조리 및 이용

맛

식용유지는 각 종류마다 자체의 독특한 맛과 향을 갖고 있다. 우리나라에서는 나물을 무칠 때 참기름을 넣는데, 참기름의 향미성분은 휘발성이므로 조리 마지막 단계에서 첨가해야 향미성분의 손실이 적다. 서양에서는 채소를 볶을 때 버터를 사용하여 음식의 향미를 돋운다. 이처럼 조리 시 유지류를 넣으면 음식이 부드러워지고 고소한 맛이 난다.

열 전달매체

조리 시 열 전달매체로 사용되는 것은 크게 물과 기름이 있다. 물은 비등점(boiling point)인 100°C에서 끓기 시작하여 수증기로 증발하지만, 기름은 물보다 비열이 낮아 발연점(smoke point)에 도달할 때까지 온도가 계속 증가한다. 정제된 식용유의 발연점은 대개 200°C 이상이므로 200°C 이하의 온도에서 식품을 조리할 경우, 물을 열 전달매체로 사용할 때보다 단시간 내에 조리가 가능하므로 유지류는 좋은 열 전달매체라고 할 수 있다.

튀김온도

식품 종류에 따라 튀기는 온도가 다르다. 표면만 익혀야 하는 식품은 고온에서 단시간 튀겨야 되고, 내부까지 충분히 익혀야 하는 식품은 낮은 온도에서 장시간 가열해야 한다. 일반적으로 튀김옷을 떨어뜨렸을 때 튀김옷이 팬 밑바닥에 닿았다가 떠오르면 약 150°C 정도이고, 튀김옷이 팬의 1/3 정도 깊이에 가라앉았다가 올라오면 약 170~180°C이다. 또한 튀김옷을 넣자마자 튀김유의 표면에 분산되면 190~200°C 정도이다. 한편, 튀김유의 온도가 낮고, 튀기는 시간이 길어질수록 흡유량이 많아져 바삭함이 떨어지므로 튀기는 동

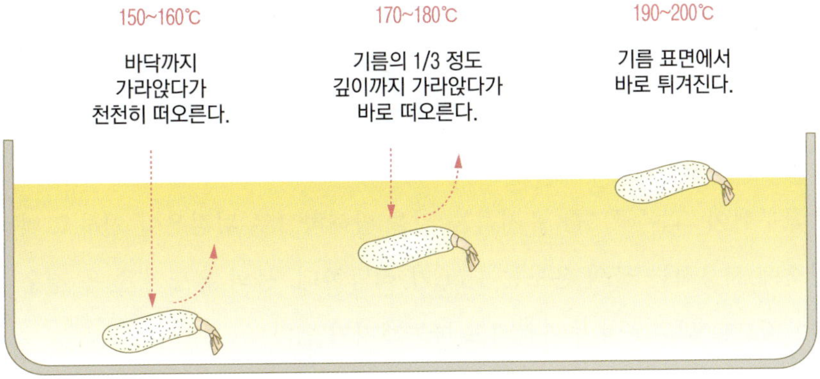

튀김옷을 이용한 기름의 온도 측정법

안 같은 온도를 유지해야 한다.

튀김용기

튀김용기가 넓으면 튀김유와 산소의 접촉이 커져 산화에 의한 지방의 열 분해 정도가 증가하고 발연점이 낮아진다. 또한 얇은 용기에 적은 양의 튀김유를 넣으면 온도 변화가 커서 일정한 온도로 회복되는 데 오랜 시간이 걸린다. 철, 구리 또는 합금은 튀김유의 산패를 촉진하고 테플론(teflon)으로 만든 냄비는 300°C 이상으로 가열하면 변성될 우려가 있다. 따라서 튀김 시 알루미늄이나 스테인리스 스틸 등의 금속용기로 직경이 작은 팬을 사용하는 것이 좋으며, 많은 양의 튀김유를 넣어 온도 변화를 적게 하는 것이 좋다.

발연점이란?

유지를 가열할 때 유지의 표면에서 옅은 푸른색 연기가 발생하는 온도이다. 유지는 사용횟수가 증가할수록, 유리지방산 함량이 높을수록 발연점이 낮아지며 유지 이외의 이물질이 존재해도 발연점이 낮아진다. 따라서 발연점이 낮아지지 않도록 하기 위해서 식품을 튀길 때는 유지를 반복하여 사용하지 않는 것이 좋고, 밀가루나 빵가루 등이 떨어지지 않도록 해야 하며, 이물질이 생기면 바로 제거하도록 한다.

튀김옷

밀가루 반죽 시 글루텐 함량이 적은 박력분을 사용하고 사용하는 물의 1/4~1/3 정도를 달걀로 대체하면 달걀 단백질이 열에 의해 응고하면서 수분을 방출시켜 튀김옷이 바삭해진다.

탄산수소나트륨을 약 0.2% 첨가하면 가열 중 탄산가스가 발생하면서 수분이 증발되어 바삭해지지만 비타민 B_1, C 등이 파괴된다. 약간의 설탕을 첨가하면 튀김옷의 색이 적절히 갈변되며 글루텐이 그물 구조를 유지하는 것을 방해하므로 튀김옷이 연하고 바삭해진다. 밀가루 반죽에 사용하는 물의 온도는 15°C가 적당한데, 물의 온도가 높을 경우 튀김옷의 점도가 높아지므로 튀김옷이 두꺼워지고 눅눅해지기 쉽다.

산패

산패의 종류

유지의 산패를 일으키는 원인은 여러 가지 있지만 상온에서 서서히 일어나는 산소에 의한 자동산화(autoxidation), 가수분해에 의한 산화, 180°C 전후의 고온으로 가열했을 때 생기는 가열산화, 리폭시제나아제에 의한 효소적 산화 등으로 크게 나눌 수 있다.

자동산화에 의한 산패

유지는 상온에서 공기 중의 산소에 의하여 서서히 산화가 진행되는데 이를 자동산화라 한다. 자동산화의 속도는 지방산의 종류에 따라 다르며, 이중결합의 수가 많을수록 산화속도가 빠르다.

가수분해에 의한 산패

유지는 산, 알칼리, 가수분해효소 등에 의해 트리글리세리드(triglycerides, TG)가 글리세롤과 유리지방산으로 가수분해되어 불쾌한 냄새나 맛을 형성하여 산패된다. 예를 들면, 식품 속에 함유된 여러 가지 산(구연산, 사과산, 주석산 등)과 튀김옷에 사용하는 중조($NaHCO_3$)는 조리에 사용하는 기름과 식품에서 나오는 물과 반응하여 지방산과 글리세롤로 분해시킨다. 이때 유지의 가열온도가 높거나 장시간 가열하면 가수분해에 의해 아크롤레인(acrolein)이 생긴다.

가열산화에 의한 산패

유지를 높은 온도에서 장시간 가열하였을 때 일어나는 산화이다. 튀김 식품이나 고온 가열에 의한 산화는 자동산화와 같은 메커니즘으로 진행되지만, 속도가 빠르고 생성된 과산화물은 고온으로 인하여 축적되지 않고 바로 중합되어 다량체를 형성하거나 저분자화합물로 분해되는 반응이 일어난다. 가열시간이 길어질수록, 산소 흡수량이 증가하고, 이중결합의 감소, 평균분자량의 증가, 거품과 점도의 증가, 산, 알코올, 알데히드 등의 휘발성 물질이 생성된다.

산화효소에 의한 산패

지방산을 산화시키는 효소는 리폭시게나아제와 리포하이드로퍼옥시다아제(lipohydroperoxidase)가 있다. 이들 효소는 곡류, 콩류, 동물조직 등에 분포한다.

> **유지의 변향이란?**
>
> 대두유와 같은 불포화도가 높은 기름은 정제과정에서 풋내나 콩 비린내를 제거하였음에도 잠시 저장하는 동안 냄새가 다시 나는 경우가 있다. 이와 같이 냄새가 새로 생기거나 정제하기 전의 유지가 가졌던 냄새로 복귀하는 현상을 변향이라 한다.

산패에 영향을 미치는 인자

유지는 상온에서 저장하는 동안 천천히 산화하지만, 다음과 같은 인자에 의하여 산화는 더욱 촉진된다.

- 유지의 불포화도 : 유지의 분자 속에 이중결합을 가지는 불포화지방산은 포화지방산보다 훨씬 산화되기 쉽다.
- 효소의 작용 : 지질 가수분해효소인 리파아제(lipase), 에스테라아제(esterase), 포스포리파아제(phospholipase) 등의 작용으로 유리지방산을 형성하여 유지의 자동산화를 촉진한다. 리폭시다아제(lipoxidase)는 리놀레산, 리놀렌산, 아라키돈산에 작용하여 과산화물을 생성한다.
- 광선 : 유지에 광선(특히, 자외선)을 조사시키면 라디칼의 생성을 촉진시켜 유도기를 단축하고 과산화물의 분해를 촉진한다.
- 온도 : 온도가 올라감에 따라 산화속도가 빨라진다. 100°C 이상에서는 과산화물이 분해된다.
- 금속이온 : 코발트, 구리, 철, 망간, 니켈 같은 중금속은 자동산화 중 생성된 과산화물의 분해를 촉진시키고 유리라디칼을 발생하여 산화의 연쇄반응을 촉진한다.
- 헤마틴 화합물 : 헤모글로빈, 미오글로빈, 시토크롬 등의 헤마틴 화합물들은 유지의

산화를 촉진한다.

- 산소 : 공기에 노출되면 산화하기 쉽다.
- 색소 : 색소가 존재하면 라디칼 생성이 촉진되어 자동산화가 개시된다.
- 건조 : 식품의 결합수를 잃어버릴 만큼 건조시키면 산화하기 쉽다.

산화 방지

유지의 산화 방지방법은 크게 두 가지로 나뉜다. 첫째는 물리적 산화 방지법으로 저온 저장, 산소와의 접촉을 막기 위한 진공 포장, 자외선을 차단하기 위하여 포장재를 이용하거나 암소(暗所)에 보관하는 방법도 있다.

제 3 부

음식으로 행복해지다

CHAPTER

7

식탁 위의 글로벌 문화 이야기

세계 식문화의 형성 | 동양의 식문화 | 서양의 식문화

세계 식문화의 형성

여러 국가들은 각기 다른 자연환경과 사회·종교적 영향으로 다양한 음식문화를 이루었다. 인류가 불을 사용하게 되면서 조리가 시작되었고, 그들만의 다양한 식사 형태와 규범들이 생겨나고 정착되면서 하나의 식문화를 이루었다. 지형, 기후, 토양 등 자연환경의 영향으로 주 식재료와 조리법 및 가공법, 식사방법 등이 형성되었고, 종교 및 경제적 상황과 같은 사회문화적 요인도 식문화 형성에 영향을 주었다. 세대가 거듭되면서 필요에 의해 새롭게 만들어진 것을 사회 구성원들이 수용하면서 식문화는 진화하며 기존의 것과 융합되면서 계속 변하고 있다.

동양의 식문화

동양의 식문화를 대표할 수 있는 우리나라, 중국, 일본, 태국, 베트남의 자연환경 및 사회문화적 특징과 식문화의 특징에 대하여 살펴보면 다음과 같다.

우리나라

자연환경 및 사회문화적 특징

우리나라는 사계절이 뚜렷한 온대성 기후로 여름에는 고온 다습하고 일조량이 많아 벼농사에 적합하며 남과 북의 기온차로 요리의 특징이 다르게 나타난다. 북부 지방은 짧은 여름과 건조한 긴 겨울로 음식의 간이 싱겁고 맵지 않으며, 남부지방으로 갈수록 습도가 높은 긴 여름으로 간이 세지고 매워져 조미료와 젓갈이 발달하게 된다. 음식을 준비하고 상을 차릴 때에도 예를 중요시하며 질병의 치료와 음식을 먹는 것은 그 근원이 같다는 의식동원(醫食同原) 사상이 깔려 있다. 유교적 이념을 바탕으로 관혼상제(冠婚喪祭) 등의 통과의례(通過儀禮) 행사에는 상황에 맞는 예와 절차로 특별한 음식을 준비하며, 시식(時食)과 절식(節食)이 있고 지역마다 향토음식이 발달하였다.

식문화 특징

주요 식재료 및 음식

곡류 쌀로 밥을 지어 먹으며 다양한 곡류로 밥, 죽, 만두, 국수, 떡국, 엿, 술, 식혜 등을 만들어 먹는다.

콩 콩을 넣어 밥을 짓거나 간장, 된장, 고추장, 두부, 두유 등의 다양한 콩 가공식품이 발달하였다.

양념 간장, 파, 마늘, 깨소금, 고춧가루, 후춧가루, 생강, 참기름 등을 조리 용도에 맞게 넣어 요리의 복합적인 맛을 제공하고 식욕을 돋아 준다.

불고기(Bulgogi) 소고기를 한 입 크기로 얇게 저며 간장, 파, 마늘 등을 넣은 양념장에 재워 구운 음식이다.

김치(Kimchi) 배추, 무, 오이 등을 소금에 절여 고춧가루, 마늘, 파, 젓갈 등을 넣고 버무려 저장해 놓고 먹는다.

전유어(Jeonyueo) 육류, 어패류, 채소류 등의 재료를 밀가루와 달걀을 입혀 얇게 지진 음식이다.

그 외 채소를 데치거나 삶아 양념해 먹는 나물 요리와 병과류(떡, 한과 등), 음청류(식혜, 수정과 등)가 발달하였다.

상차림

우리나라 상차림은 모든 음식이 한 번에 차려지는 공간전개형이다. 일상 상차림은 주식인 쌀과 잡곡을 재료로 지은 밥과 반찬으로 이뤄지는데 밥은 왼쪽, 국그릇은 오른쪽에 놓고 수저를 그 오른쪽에 가지런히 놓는다.

반상은 첩수로 구분되는데 상에 놓인 음식의 종류와 가짓수에 따라서 3첩, 5첩, 7첩, 9첩, 12첩 반상이 있다. 밥, 국, 김치, 찌개, 찜, 장류, 전골 등의 기본음식을 제외한 쟁첩(뚜껑이 있는 찬을 담는 작은 그릇)에 담긴 반찬의 수가 첩 수에 포함된다. 3첩은 서민의 상차림이며 12첩 반상은 수라상이었다. 교자상은 잔치나 명절 때 많은 사람들이 둘러앉아 먹는

회식용 상차림으로 주로 7첩 혹은 9첩으로 구성된다. 주식은 밥 이외에도 계절에 맞게 떡국, 온면, 냉면, 만둣국을 제공하기도 하였다.

식사를 할 때는 먼저 어른이 숟가락을 들면 아랫사람이 드는 것이 예의이다. 숟가락과 젓가락을 사용하며 식사하는데 동시에 두 가지를 겹쳐 사용하지 않고 밥그릇이나 국그릇을 손으로 들어서는 안 된다. 식사 중에는 소리를 내지 않고 수저나 그릇이 부딪히는 소리가 나지 않도록 조용히 먹으며 요리를 뒤적거리거나 양념을 털어내지 않도록 한다.

왕의 밥상, 수라상

왕과 왕비의 식사를 수라라고 하고 밥상을 수라상이라고 한다. 궁중에서 음식을 만드는 곳을 소주방이라고 불렀는데 안소주방과 바깥소주방으로 나뉜다. 안소주방에서 수라상을 바깥소주방에서는 연회 음식을 준비하며, 수라상을 준비하는 주방 상궁은 최소 20년 이상 현장에서 음식 만드는 법을 배운 소주방의 총 책임자이다. 수라상은 12첩으로 밥, 국, 찌개, 찜, 전골, 김치, 장류 등을 제외한 12가지 찬이 올라간다. 12가지 반찬은 생채, 숙채, 찬구이(채소를 이용한 구이)와 더운구이(육류, 어류 구이), 조림, 전, 장과, 마른찬, 젓갈, 회, 편육, 별찬(수란 등)으로 구성된다. 따뜻한 계절에는 도자기 식기를, 추운 계절에는 유기로 만든 식기를 사용하며, 식사 시중은 기미상궁과 두 명의 수라상궁이 담당한다.

출처: https://www.ynamnews.co.kr/news/articleView.html?idxno=9535

명절과 절기 음식

행사 음식

백일상 아기가 태어나 백일이 된 것을 축하하는 상이다. 신성한 의미의 백설기, 액운을 막아준다는 수수경단, 만물의 조화를 의미하는 오색송편을 상에 올린다.

돌상 아기가 태어나 만으로 한 살이 되는 날 차리는 생일상이다. 흰쌀밥, 미역국, 백설기, 수수경단, 인절미, 오색송편, 흰 무명실, 대추, 국수, 생과일 등을 상에 올린다. 돌잡이라는 특별한 행사가 있는데 무명실, 쌀, 대추, 활, 종이, 붓, 책, 돈 등을 올려 아기가 어느 것을 잡느냐에 따라 미래를 점치고자 하였다.

폐백음식 신부가 혼례를 치른 후 시부모와 친지들에게 처음으로 인사를 갈 때 신부 쪽에서 준비해 가는 음식이다. 지방마다 차이가 있는데 서울의 경우 밤, 대추, 편포, 육포, 엿, 술, 닭, 대추, 밤을 준비하고, 전라도 지방은 대추와 꿩을, 충청도와 경상도는 대추와 닭을 준비한다.

명절과 절기 음식

우리나라는 농경국가로 태음력 기준 24절기에 따라 농사를 짓고 세시풍속을 즐겼으며 명절과 각 절기에 따라 다양한 식재료와 요리가 발달하였다.

설날 한 해의 첫날로 떡국 또는 떡만둣국, 갈비찜, 생선찜, 녹두빈대떡, 전, 삼색나물 등과 약과, 다식 등의 한과 등을 준비하고, 식혜나 수정과 같은 음청류를 후식으로 준비한다.

정월대보름 정월 15일을 대보름이라고 하며 가을에 말려두었던 묵은 나물과 약밥, 오곡밥을 먹는다. 또한 새벽에 일어나 생밤, 호두, 은행 등 견과류를 깨물면서 종기나 부스럼이 나지 않기를 기원하였다.

삼월삼짇날 음력 3월 3일로 진달래 화전, 화채, 화면, 두견주, 탕평채 등을 만들어 먹었었고, 산과 들에서 봄놀이를 즐겼다.

단오절 음력 5월 5일로 여자들은 창포물로 머리를 감고 그네를 뛰며 남자들은 씨름놀이를 하였다. 음식으로는 수리취떡, 제호탕, 도행병, 앵두화채, 준치국 등이 있다.

삼복 초복, 중복, 말복 세 절기(음력 6~7월)를 말하며 더위를 이기기 위한 보양식을 먹었다. 보양음식으로 개장국, 삼계탕, 닭죽, 육개장 등이 있다.

추석 음력 8월 15일 보름날로 한가위라고도 하며 추수한 햅쌀과 햇곡식으로 만든 떡, 햇과일을 조상의 차례상에 올린다. 음식으로는 송편과 토란탕, 화양적 등이 있다.

동지 동지는 연중 밤이 가장 긴 날로 액운을 막는다 하여 찹쌀가루로 만든 새알심을 넣은 팥죽을 끓여 먹는다.

중국

자연환경 및 사회문화적 특징

광활한 국토를 갖고 있는 중국은 각 지방의 기후도 매우 다양하여 지역마다 독특한 식문화가 형성되었다. 중국인들의 음식에 대한 인식은 불로장생의 사상과 연결되며 다양한 재료와 조리법을 이용한 음식을 개발하였다. 기름을 사용한 조리법이 많으며, 전분 가루를 물과 섞어 내는 요리는 기름의 분리를 막고 요리가 빨리 식지 않도록 한다. 조리법은 다양한 반면 조리기구는 단순하여 중국 냄비, 팬, 찜통, 중식도, 국자 등만 있어도 다양한 맛과 모양의 요리를 만들어낼 수 있다. 모든 재료는 익혀 먹는 숙식이 기본이며 마시는 물도 주로 찻잎을 넣어 끓여 마신다. 또한 시각적인 아름다움을 중시하여 요리가 매우 화려하고 다양한 향신료들의 향을 잘 활용하여 조리한다.

식문화 특징

주요 식재료 및 음식

주요 조미료

- 노두유 : 색은 진하고 짠맛이 덜한 간장이다.
- 생추 : 색이 옅고 짠맛이 강한 간장이다.
- 첨면장 : 밀가루에 콩과 소금을 넣고 발효시킨 것으로 베이징요리에 주로 사용한다.
- 두반장 : 대두와 누에콩을 발효시켜 마른 고추를 넣어 다시 발효시킨 것으로 쓰촨요리에 많이 사용한다.
- 굴소스 : 굴을 발효시켜 만든 소스로 광둥요리에 필수적인 조미료이다.
- 기타 : 고추기름, 파기름, 고추장, 해선장 등이 있다.

상어지느러미(shark's fin) 중국 명나라 때부터 요리에 사용하였고 색깔과 부위, 형태에 따라 명칭이 다른데, 흰 것은 백시, 검은 것은 흑시라고 한다. 상어지느러미는 무색, 무취,

상어지느러미

제비집

무미인데 햇볕에 말려 닭고기, 돼지고기, 새우, 오리 등의 재료를 넣어 보양식으로 먹었다. 최고급 식재료이며 광둥지방에서는 이것이 없으면 연회라고 할 수 없을 정도로 귀하게 여겼다.

제비집 제비집은 바다제비가 가파른 바닷가 절벽에 해초와 생선 뼈 등을 모아 입의 타액을 섞어 만든 둥지이다. 물에 불려 사용하는데 주로 수프의 형태로 황제의 음식 또는 고급 요리의 재료로 사용되는 고가의 귀한 식재료이다.

차 중국은 차의 발생지로 음다(飮茶) 풍습이 중국에서 전해온 만큼 차는 중국인들의 일상과 매우 밀접한 관계를 이루고 있다. 차는 발효 정도에 따라 불발효차와 발효차로 나뉜다.

- 불발효차 : 녹차와 같이 발효가 전혀 되지 않은 차이다.
- 반발효차 : 발효 정도가 10~65% 정도 된 것으로 백차, 포종차, 우롱차 등이 있다.
- 발효차 : 발효 정도가 80% 이상된 것으로 홍차가 있다.
- 후발효차 : 미생물을 이용하여 발효 숙성하는 것으로 저장기간이 길어질수록 가치가 높아진다. 덩어리로 만든 고형차 형태로 보이차가 있다.

명절음식

- 춘절 : 음력 정월 초하룻날(음력 1월 1일)은 중국의 설 명절로 만두와 생선찜을 준비해서 먹는다. 밀을 주로 생산하는 북쪽에는 교자라는 만두를 만들어 먹는데 신년에는 만두 속에 여러 가지 좋은 뜻의 재료를 넣어 한 해의 번영과 행운을 기원하였다. 남쪽 광둥지방에서는 무, 새우, 표고버섯 등을 찹쌀가루에 넣고 찐 떡을 만들어 한 해의 운을

기리며 먹는다.

- 중추절 : 추석인 음력 8월 15일에는 중국 고대 제왕들에게 제사를 지내는 의식이 있으며 민간에서도 달을 향해 절을 하고 달에게 제를 지내는 풍속이 있다. 정성스럽게 월병을 만들어 달에게 제물로 올리고 온 가족이 나누어 먹는다.
- 원소절(정월 보름날) : 정월 대보름에 둥근 찹쌀 경단과 유사한 모양의 원소병을 먹는다. 찹쌀가루 반죽에 장미, 팥소, 참깨 등 소를 넣어 굴려서 만드는데, 남방에서는 탕원이라고 하여 짠맛 나는 고기와 채소 등을 넣어 만든 것을 먹기도 한다.
- 단오절 : 음력 5월 5일로 종자를 먹는다. 찹쌀을 둥글게 빚은 후 대추, 팥, 절인 과일, 달걀, 고기 등 다양한 소를 넣어 갈대 또는 대나무 잎으로 삼각형이나 사각형 모양으로 싸서 찐 음식이다.

상차림

식단을 짤 때 연석코스는 정해져 있으며 음식의 가짓수는 인원수에 따라 결정되는데 짝수로 맞추는 것이 원칙이다. 맛이 진한 요리에서 담백한 요리로, 요리의 색도 진한 색에서 연한 색으로, 요리의 재료는 바다 산물에서 육지 산물로 이어지는 것이 특징이다. 조리 방법과 재료에서 중복을 피하고 단맛, 짠맛, 신맛, 쓴맛, 매운맛의 음식을 골고루 준비한다. 중국 음식의 순서는 전채(前菜), 주채(主菜), 덴신(点心)으로 제공된다. 전채요리는 냉채(冷菜)와 열채(熱菜)의 순서로 제공된 후 메인요리인 주채가 제공된다. 주채는 튀김, 볶음, 찜, 조림 등을 내고 탕채로 마무리 한다. 또한 주채 중 가장 먼저 내는 것을 두채(頭菜)라고 하는데 이것을 통해 연석의 수준을 가늠하게 된다. 마지막으로 덴신은 디저트로 찹쌀과자, 튀김과자, 찐 만두, 국수, 과일 등이 제공된다.

음식은 큰 그릇에 담아 식탁에 올려 여럿이 나누어 먹으며 주빈이 되는 손님은 가장 안쪽 상좌에 앉고 주인은 문 쪽에 앉아 손님을 접대한다. 탕을 먹을 때만 숟가락(샤오쯔, 勺子)을 쓰고 밥, 국수를 포함해 다른 음식을 먹을 때는 젓가락(콰이쯔, 筷子)을 사용한다.

지역별 요리

베이징요리 중국 북부지역의 베이징과 남쪽의 산둥성, 서쪽 타이위안 지역을 포함한다.

베이징은 중국의 오랜 수도로 궁중요리가 발달하였고 고급스럽고 사치스러운 음식문화를 형성하였다. 대표적인 예는 청나라 황제의 회갑잔치를 위해 만족과 한족 최고의 요리만 엄선하여 만든 '만한전석(滿漢全席)'으로 요리에 쓰이는 재료도 다양하고 제공되는 요리의 가짓수도 100가지가 넘는다. 북경요리에는 중국 황제가 즐겼다던 베이징오리, 피단 등이 있다.

광둥요리 중국 남부지방의 요리를 대표하며 광저우를 중심으로 푸젠, 차오저우, 둥장 지역의 요리를 일컫는다. 외국과의 활발한 교류는 중국 고유의 요리와 접목되어 독특한 요리로 발달하였다. 담백하며 간이 싱겁고 기름기가 적은 것이 특징으로 대표적인 요리는 탕수육과 팔보채 등이다.

상하이요리 중국 중부지방의 난징, 상하이, 양저우, 쑤저우 등지의 요리를 총칭한다. 이 지역은 농산물과 해산물이 풍부하고 특산물인 장유(간장)를 요리에 사용하는 것이 특징이다. 간장, 설탕을 이용한 조림요리가 발달하였고 대표 요리로 생선찜, 바다가재 요리, 화권, 동파육 등이 있다.

쓰촨요리 중국 서부 내륙지역의 요리를 대표하는 쓰촨요리는 쓰촨, 윈난, 구이저우 지방을 포괄하며 중국인이 가장 좋아하는 음식으로 선정되기도 하였다. 채소나 육류를 이용한 볶음이나 찜 요리가 주를 이루고 고추 등의 향신료를 사용한다. 대표 요리로 간샤오밍샤, 마파두부 등이 있다.

일본

자연환경 및 사회문화적 특징

일본은 섬나라로 어획량이 풍부하여 신선한 생선을 활용한 음식이 발달하였다. 일본의 음식은 시각적인 면을 중시하고 주식과 부식이 구분되어 있으며 주식은 주로 쌀밥을 먹는다. 콩을 이용한 두부, 낫토, 미소, 유부, 간장 등을 요리에 많이 활용한다. 계절적인 요리를 중시하여 계절 식품을 식재료로 사용하며 조미료를 진하게 쓰지 않고 자연 그대로의 형태와 맛을 살려 조리한다. 요리는 기본적으로 1인분씩 담고 음식을 먹을 땐 젓가락만 사용하고 상차림은 조리법이 겹치지 않게 서로 다른 음식으로 구성하며, 맑은 국과 날 것, 조림 및 구이로 구성된 일즙삼채(一汁三菜)가 기본 상차림이다.

식문화 특징

주요 식재료 및 음식

스시(すし, sushi) 식초를 넣고 버무린 밥 위에 생선, 달걀 등을 올리거나 채워서 만든 것으로 스시의 종류에는 마구로즈시(まぐろ寿司, 참치초밥), 니기리즈시(握り寿司, 주먹초밥), 마끼즈시(巻き寿司, 김초밥), 아나리즈시(稲荷寿司, 유부초밥), 치라시즈시(ちらし寿司, 뿌림초밥), 데마키즈시(手巻き寿司 김말이 초밥), 하꼬즈시(箱ずし, 상자초밥) 등이 있다.

돈부리(丼物, donburi) 쌀밥에 여러 가지 재료를 얹어 먹는 일본식 덮밥이다. 재료에 따라 규동(牛丼), 오야꼬동(親子丼), 텐동(天丼), 카츠동(カツ丼) 등이 있다.

우동(うどん, udon) 다랑어인 가츠오부시나 멸치 육수에 면을 넣어 먹는 음식이다. 우동에 올린 재료에 따라 덴뿌라 우동, 타누키 우동, 키츠네 우동 등이 있다.

소바(そば, soba) 메밀국수를 쯔유(つゆ, 간장 다시국물)에 넣고 고추냉이, 갈은 무, 쪽파를 곁들여 차게 먹는다. 정월 초하루에는 장수를 기원하며 따뜻하게 먹는 풍습이 있다.

야키모노(やきもの, yakimono) 구이요리로 굽는 방식에 따라 아무것도 바르지 않고 굽는 스가타야키(すがたやき), 소금구이인 시오야키(しおやき), 간장양념을 발라서 윤기 나게 구운 데리야키((照り焼き) 등이 있다.

나베모노(なべもの, nabemono) 냄비 요리로 오뎅, 스키야키(すき焼), 샤부샤부(しゃぶしゃぶ), 창코나베(ちゃんこ鍋) 등이 있다.

오세치 요리(おせち, osechi) 새해에 신에게 바치는 음식으로 설날 전에 조용히 정성껏 만들어 3개의 찬합에 담아낸다. 한 해의 안녕을 기원하는 마음으로 각기 좋은 의미를 가진 재료로 만들어 먹는다.

상차림

혼젠요리(本膳料理) 관혼상제 때 차려지는 정식 요리로 차리기가 매우 복잡하여 현재는 격식을 차리는 중요한 연회나 혼례에 사용된다. 상은 다섯 개 차리는 것이 기본이며 회석

혼젠요리

카이세키요리(會席料理)

요리인 카이세키와 차카이세키 요리의 기본이 되었다.

카이세키요리(會席料理) 연회용 요리로 복잡한 혼젠요리를 간소화시킨 요리이다. 계절감을 살리고 시각적인 면을 중시하며 결혼 피로연, 공식 연회 혹은 음식점이나 호텔 등에서 제공하는 코스 요리가 이에 속한다. 요리를 내놓는 순서는 전채요리, 맑은 장국, 회, 구운 요리, 삶거나 조린 음식, 튀긴 음식, 찐요리(여름에는 생략하기도 함), 식초로 조미한 요리를 제공한 후 밥과 미소국 그리고 디저트를 제공한다.

카이세키요리(懷石料理) 차카이세키요리(茶懷石料理)라고도 하며 진한 차를 마시기 전에 가벼운 식사를 내었던 것이 시작이다. 음식은 적은 양이 제공되지만 만드는 방법은 매우 까다롭고 정교하다.

쇼진요리(精進料理) 승려의 일상식을 일반인들이 지칭할 때 쇼진요리라고 한다. 주로 채소를 사용하며 육류나 어패류, 마늘, 파를 넣지 않고 식물성 식품인 두부, 채소, 해초 등으로 요리한다. 기름과 전분을 많이 사용하는 것이 쇼진요리의 특징이다.

카이세키요리(懷石料理)

쇼진요리

지역별 요리

남북으로 긴 지형적 특징으로 지역마다 특성이 뚜렷하며 관동지방과 관서지방 음식으로 구별된다.

- 관동지방 : 지금의 수도 도쿄가 중심이 되는 지역이며, 간장과 설탕으로 조린 요리가 많고 대표 음식으로는 덴뿌라, 민물장어, 메밀국수, 생선초밥 등이 있다.
- 관서지방 : 교토, 오사카가 중심이 되는 지역이며, 요리는 맛이 연하고 국물이 많으며 재료의 형태를 살려 조리하는 것이 특징이다.

한 · 중 · 일 합격기원 음식 이야기

우리나라는 조선시대에 엿을 먹으며 합격을 기원하였다. 엿의 쫄깃하고 달라붙는 특성과 엿이 귀하던 시절에 시험 전 달콤한 합격의 기쁨을 먼저 맛보라는 의미이기도 하다.

중국은 돼지 족발이 최초의 합격 기원 음식이었다. 당나라 시대 시험에 합격한 장원급제자의 이름과 답안지는 붉은색 글씨로 쓰여진 대자보에 걸렸다. 붉은색 글씨 대자보의 중국식 발음 '주티'는 돼지족발의 중국식 발음과 같아 합격을 염원하는 선비들은 돼지족발을 먹었다. 현재에는 장원떡으로 단오에 먹는 찹쌀떡 '쭝즈'가 입시에는 '장원쭝'으로 불리기도 한다.

일본의 경우 팥소가 들어간 흰 찹쌀떡인 다이후쿠 모치를 먹는데 "다이후쿠"는 큰 복(大福)을 의미한다. 그 외 합격 음식으로 돈가스(일본어 발음: 돈카츠)나 스테이크(일본어 발음: 스테키)를 먹는다. 돈카츠의 '카츠'가 '이긴다'의 발음과 같고 스테키의 '데키'는 적을 의미하는 발음과 같아 이 음식을 먹으면서 시험의 합격과 승리를 기원한다.

출처: https://www.metroseoul.co.kr/article/2014111200062; https://www.kfoodtimes.com/news/articleView.html?idxno=13691

태국

자연환경 및 사회문화적 특징

태국은 열대 몬순기후로 토지가 비옥하며 물이 풍부한 세계적인 곡창지대이다. 쌀과 농산물이 풍부한 나라로 쌀을 주식으로 하며 북부지역은 고원, 중남부는 평야로 이루어져 있고 지방마다 인접한 국가의 영향을 받아 식문화에 차이를 보인다. 다른 동남아시아 국가들이 서방 강대국의 식민지가 되었을 때 태국은 유일하게 식민지화되지 않고 독립된 국가로 성장하면서 자체적으로 화려한 식문화가 발전하였다.

식문화 특징

주요 식재료 및 음식

불교 국가이지만 육식에 대한 제약은 없으며 음식은 단맛, 짠맛, 쓴맛, 신맛, 매운맛 등이 다양하게 조화된 것이 특징이다.

남플라(nam pla, 생선간장)와 카피(kapi, 새우 페이스트) 태국 음식의 독특한 맛을 내는 중요한 소스로 짠맛을 내기 위해 사용한다.

코코넛 밀크(coconut milk), 라임(lime) 요리의 단맛을 위해 코코넛 밀크를 사용하고 라임은 새콤한 맛을 위해 사용한다.

프릭키누(phrik khi nu), 기타 향신료 작은 고추로 요리에 아주 매콤한 맛이 나며, 그 외에 박하, 마늘, 생각, 심황, 바질, 고수 등의 향신료는 음식 특유의 향을 내기 위해 사용된다.

카오팟(khao phat) 태국식 볶음밥으로 주재료로 돼지고기, 쇠고기, 닭고기, 해산물, 달걀, 채소 등이 이용된다. 들어가는 재료에 따라 카오팟 꿍(kung, 새우), 카오팟 카이(kai, 닭고기), 카오팟 무(moo, 돼지고기) 등이 있다.

팟타이(phat tai) 태국식 볶음국수로 해산물을 주로 섞어 요리하며 땅콩가루를 얹어서 먹는다.

수키(suki) 맑은 육수 안에 고기, 어패류, 어묵, 각종 채소 등을 넣고 끓여 소스에 찍어 먹는다.

톰얌(tom yam) 신맛과 매운맛이 어우러진 수프로 '톰'은 끓이다, '얌'은 새콤, 매콤한 소스라는 의미이다. 여기에 새우를 넣은 톰얌을 톰얌 꿍이라고 한다.

상차림

음식은 여럿이 둘러앉아 마룻바닥에 모두 차려놓고 먹는다. 밥이 기본이고, 반찬, 남플라나 칠리소스인 남플릭을 함께 곁들여 오른손으로 먹는다. 상 위에 차려진 음식은 각자의 접시에 덜어 먹고 국물 국수는 젓가락과 숟가락을 사용하며 볶음국수는 포크와 스푼으로 먹는다.

베트남

자연환경 및 사회문화적 특징

베트남은 북쪽으로는 중국, 서쪽으로는 라오스, 캄보디아와 접한 남북으로 길게 뻗은 나라로 중국과 프랑스의 오랜 지배 아래에서 독특하고 다양한 식문화를 갖게 되었다. 베트남의 남쪽은 열대성 기후를 북부와 서부의 고원지대는 서늘한 기후를 보인다. 평야지대에서 1년에 3~4회 쌀을 수확할 정도로 세계적인 쌀 생산국이며 해안선이 발달한 동쪽은 해산물이 풍부하다.

식문화 특징

베트남은 쌀국수, 라이스페이퍼(rice paper) 등 쌀 요리가 발달하였고, 주식과 부식의 구분이 뚜렷하며 다양한 채소와 향채(rau thom, 박하), 공심채(rau muong, 모닝글로리) 등으로 요리의 맛을 내고 볶아서 반찬으로 먹는다. 중국의 볶음요리보다 기름은 적고 채소를 많이 넣어 조리하며 태국 음식과 유사한 면이 있으나 신맛, 단맛, 매운맛 등의 조미료를 적게 넣어서 덜 자극적이다.

주요 식재료 및 음식

느억맘(nuoc mam) 베트남 생선 소스로 중요한 양념으로 쓰인다.

느억참(nuoc cham) 느억맘에 레몬, 고추, 설탕을 조금 넣은 것으로 달콤 짭짤한 맛이 나며 주로 찍어 먹는 용도로 사용된다.

퍼(pho) 쌀국수로 육류를 삶아 숙주, 고수 등을 넣어 먹으며 국수의 재료에 따라서 쇠고기 쌀국수인 퍼보(pho bo), 닭고기 쌀국수인 퍼가(pho ga) 등이 있다(CHAPTER 2 참고).

고이꾸온(goi cuon) 라이스페이퍼에 숙주, 고기, 부추, 삶은 새우, 향채를 넣고 싸서 땅콩 소스나 느억참(nuoc cham)에 찍어 먹는다.

짜조(cha gio) 해산물이나 고기, 버섯을 반짱에 싸서 기름에 튀겨낸 스프링 롤(spring roll)의 일종이다.

반미(banh mi) 빵을 반으로 자른 후 돼지고기, 해산물, 달걀 프라이를 넣어 먹는 베트남식 바게트 샌드위치이다.

커피(caphe sua da, 카페쓰어다) 진한 에스프레소에 연유를 넣고 시원하게 마시는데 달콤하면서도 쌉쌀한 맛이 난다.

향신료의 나라 인도의 요리는?

인도는 향신료가 매우 발달하였는데 어떤 종류의 향신료를 배합하느냐에 따라 요리의 맛이 다양해진다. 예를 들어, 인도의 커리는 육류나 채소 등에 다양하게 배합한 향신료를 넣어 걸쭉하게 끓여내며, 탄두리 치킨은 요구르트에 절인 닭을 다양한 향신료에 재웠다가 꼬챙이에 끼워 탄두르 화덕에 넣고 굽는다.

서양의 식문화

서양의 식문화를 대표할 수 있는 프랑스, 영국, 이탈리아, 스페인, 터키, 멕시코의 자연환경 및 사회문화적 특징과 식문화의 특징은 다음과 같다.

프랑스

자연환경 및 사회문화적 특징

국토의 2/3는 평야이며 3면이 바다와 산지로 둘러싸인 프랑스는 다양한 토양과 기후의 영향으로 다채로운 식재료가 생산되는 나라이다. 프랑스 북부는 독일, 룩셈부르크, 벨기에와 접하고 있으며 대서양을 사이에 두고 영국이 위치해 있고, 남부는 지중해를 끼고 이탈리아, 스위스, 스페인과 접해 있다. 프랑스 중앙부는 주로 평야로 이루어져 밭농사와 목축, 낙농업이 발달하였다.

식문화 특징

프랑스 음식문화는 1533년 유럽의 유행을 선도하던 이탈리아 메디치 가문의 왕녀 카트린 드 메디치(Catherine de Medicis)와 프랑스의 앙리 2세의 결혼으로 발전하였다. 17세기 루이 14세는 공개회식을 개최하여 자신의 권력을 과시하였는데 이로 인하여 프랑스 음식의 평판이 높아지며 주목을 받기 시작하였다. 18세기 말 프랑스 혁명으로 궁중 중심의 음식문화가 대중들에게 퍼지게 되고 19, 20세기는 마리 앙투안 카렘(Marie-Antoine Careme)과 오귀스트 에스코피에(Georges Auguste Escoffier) 두 요리사에 의해 음식문화의 황금기를 맞이하게 된다. 이들은 그들의 레시피와 조리법을 집대성하였고 프랑스의 요리를 고급스럽게 만든 오트퀴진(Haute cuisine)을 선보였다. 오트퀴진은 소수 상류층들의 정찬으로, 복잡한 조리법과 기름지고 고급스러운 식자재를 사용하여 화려하게 차려 시각적 즐거움을 부각한 요리이다. 그에 대한 반항으로 폴 보퀴즈(Paul Baucuse)를 선두로 신진요리사들이 누벨퀴진(Nouvelle cuisine)이라는 새로운 장르를 개척하였는데 이는 재료 본래의 맛을 최대한 살리며 저칼로리 조리법을 제시한 것이 특징이다.

주요 식재료 및 음식

빵(pain, 빵) 프랑스에는 바게트, 크루아상, 빵 깡파뉴, 브리오슈 등의 다양한 빵이 있으며 같은 레시피 반죽 안에서도 모양에 따라 부르는 이름이 다양하다.

프로마주(fromage, 치즈) 낙농업이 발달한 나라인 만큼 프랑스인들의 식탁에 빠질 수 없는 것 중의 하나가 치즈로 약 800여 종이 있다고 한다. 흰곰팡이 치즈로 알려진 까망베르(camembert)와 세계 3대 블루치즈 중의 하나인 로크포르(roquefort) 등이 있다.

세계 3대 블루 치즈

프랑스의 로크포르(roquefort), 영국의 스틸턴(stilton), 이탈리아의 고르곤졸라(gorgonzola) 치즈로 양젖에서 만들어진 로크포르를 제외한 두 치즈는 소젖으로 만들어진다. 특정 지역에서 엄격한 생산관리의 통제로 만들어지며 원산지 보호를 받는 치즈들이다.

뱅(vin, 와인) 프랑스 와인은 다양한 토질과 기후, 지형과 주변 환경의 영향을 받아 와인마다 각기 다른 특징이 있다(CHAPTER 8 참고).

푸아그라(fois gras, 거위간) 거위나 오리의 살찐 간으로 보통 오르되브르(hors-d'œuvre)나 크리스마스, 새해 전야 만찬에 주로 사용된다. 보통 푸아그라는 파테(pâté)나 테린(terrine)의 형태로 만들어 먹는다.

인공 푸아그라, 세포 배양으로 만들어요

미식가들의 사랑을 받고 있는 푸아그라는 거위나 오리의 간을 비윤리적인 방법으로 비대하게 만들어 동물 학대 논란이 끊이지 않고 있는 식재료이다. 프랑스의 식품회사 'Gourmey'는 수정된 오리알에서 세포를 추출하여 인공 푸아그라를 만들었다. 이러한 연구로 고가의 식재료로 사용되던 푸아그라는 윤리적인 논란에서 벗어날 수 있을 뿐만 아니라 가격 부담 없이 대중들에게 다가갈 수 있을 것이다.

출처: https://sputnik.kr/news/view/4380;
https://www.maddyness.com/2021/07/21/gourmey-foie-gras-foodtech/;
https://gourmey.com/

에스카르고(escargot, 달팽이) 식용으로 키운 커다란 달팽이 껍질 안에 버터와 파슬리, 마늘을 넣고 오븐에 구운 요리이다. 에스카르고는 전용 식기에 살만 꺼내어 제공되는데 껍질째 제공될 경우에는 살을 발라 먹을 수 있도록 에스카르고 전용 집게와 포크가 함께 제공된다.

트러플(truffle, 송로버섯) 떡갈나무 숲의 땅속에서 자라나는 송로버섯은 땅속 1 m의 깊

푸아그라

테린

에스카르고

갈레트 데 호와

크로캉부슈

이에 있어서 냄새에 훈련된 돼지나 개를 이용하여 채취한다. 주로 거위 간이나 수프 요리 등에 사용되며 송로버섯의 향을 즐기기 위해 요리의 맛은 단순하게 조리하는 것이 좋다.

갈레트 데 호와(galette des rois) 1월 6일 주현절에 먹지만 요즘은 1월 첫 번째 일요일에 다 같이 모여 먹는다. 갈레트 안에는 작은 도자기 페브(fève)가 들어가 있어 자신의 조각에서 페브가 발견된 주인공은 그해에 행운이 온다고 한다.

크레페(crepe) 6월 6일 성모마리아의 날에는 크레페라는 얇은 전병을 구워 먹는다.

크로캉부슈(croquembouche) 프랑스 전통 결혼 케이크로 동그란 슈를 캐러멜 시럽에 적셔 쌓아 올려 만든다.

코끄 오 뱅(coq au vin) 수탉 스튜로 부르고뉴 지방에서 생산된 와인에 채소와 함께 넣어 조린 요리이다.

뱅 쇼(vin choud) 레드와인에 시나몬 등의 향신료와 과일을 넣고 끓인 겨울철 음료이다.

상차림

프랑스인의 아침은 진하게 내린 에스프레소에 우유를 곁들인 카페오레에 크로와상, 바게트 등의 빵과 잼을 먹는 정도로 간단하다. 전통적인 프랑스의 식사 코스는 12가지의 코스로 식사시간은 무려 3시간 정도 걸리는데 현대에 와서는 4~5코스로 간단하게 먹기도 한다. 오르되브르(hors-d'œuvre)와 한 입에 들어가는 크기의 쁘띠프르(petit four), 전채 요리인 앙트레(entrée)가 나오며 수프, 생선요리, 셔벳, 주요리, 샐러드, 치즈, 달콤한 디저트, 과일, 커피 또는 차가 제공된다. 식사에는 입맛을 돋우는 식전주(apéritif)부터 샴페인, 화이트와인, 레드와인, 도수가 강한 식후주(digestif)가 식사의 흐름에 맞춰 함께 제공된다.

영국

자연환경 및 사회문화적 특징

영국은 유럽의 북서쪽 북대서양을 끼고 있는 두 개의 섬나라이다. 중심부 가장 큰 섬은 잉글랜드, 웨일즈, 스코틀랜드로 이루어져 있고 다른 섬은 북아일랜드이다. 전반적으로 서늘한 기후로 채소나 과일보다는 감자, 보리, 밀 등이 잘 재배되며 해안을 끼고 있어 청어, 연어, 대구 등이 풍부하다. 영국의 식문화는 음식에 대한 감각이 상대적으로 부족하다고 평가되는데 이는 영국의 척박한 환경으로 인한 농작물 부족과 금욕을 중시하였던 청교도의 영향인 것으로 보인다.

식문화 특징

주요 식재료 및 음식

감자(potato) 감자가 많이 생산되는 영국에서는 감자를 이용한 다양한 요리가 발달하였다. 그 예로 스튜, 셰퍼드 파이(shepherd's pie)와 코티지 파이(cottage pie), 튀긴 감자, 으깬 감자(mashed potato) 등이 있다. 생선을 이용한 피시 앤 칩스(fish & chips)는 조리법이 간단하고 쉽게 먹을 수 있는 영국의 대표 요리이다.

하기스(haggis) 스코틀랜드 국민 시인인 로버트 번스(Robert Burns)의 탄생일(1월 25일)과 한 해의 마지막 날의 축제에서 백파이프의 반주 의식에 곁들이는 민속 음식이다. 하기

셰퍼드 파이

코티지 파이

피시 앤 칩스

하기스

크리스마스 푸딩

핫크로스번

심넬

스는 크고 둥근 소시지로 양이나 송아지의 부속물인 간, 심장, 폐 등을 잘게 다져 송아지나 양의 지방과 오트밀을 섞고 양파와 고추로 양념해 양의 위 속에 채워서 끓인 것이다. 보통 순무와 감자를 곁들여 내며 스코틀랜드의 전통주인 스카치 위스키와 함께 먹는다.

크리스마스 푸딩(Christmas pudding) 영국에서 탄생한 푸딩(pudding)으로 매년 크리스마스 시즌에 서양 자두를 넣은 푸딩을 만들어 크리스마스 만찬에 먹는다.

핫크로스번(hot cross buns)과 심넬(simnel) 케이크 부활절에는 밀가루 반죽으로 십자가를 만들어 빵을 장식한 핫크로스번(hot cross buns)과 마지판(marzipan, 아몬드 페이스트)으로 만든 11개의 둥근 공을 올린 심넬(simnel) 케이크를 먹는다.

영국의 차 문화

영국인들은 커피보다 홍차를 즐겨 마신다. 19세기 전반 식민지인 인도의 아삼(Assam) 지역에서 차를 발견한 후 귀족 사이에서 차 문화가 발달하기 시작하였다. 영국인들은 하루 일과 중 특정 시간대에 마시는 차마다 부르는 이름이 다르다. 이른 시간에 마시는 early tea부터 breakfast tea, eleventh tea 등이 있다. 또한 오후에 간식과 함께 마시는 middy tea break, 귀족들의 사교 목적으로 오후 3~4시경 즐겼던 afternoon tea가 있다. 늦은 오후 5시경 저녁 식사와 함께 마셨던 high tea와 after dinner tea, night tea 등도 있다. 이와 같이 영국인들은 차와 함께 하루 일과를 시작하고 차와 함께 하루를 마감한다.

영국인들이 마시는 홍차에는 우유를 넣은 밀크티(milk tea), 블랜디드 티(blended tea)인 잉글리쉬 브랙퍼스트 티(English breakfast tea), 가향차인 얼그레이 티(earl grey tea), 스리

랑카의 실론티(ceylon tea) 등이 있다. 티 타임에는 차와 함께 주로 스콘(scone)과 잼, 버터가 제공된다.

이탈리아

자연환경 및 사회문화적 특징

이탈리아는 지중해에 둘러싸인 남북으로 길게 뻗은 나라로 위도에 따라서 지방색이 다르게 나타난다. 삼면이 바다로 둘러싸여 어획량이 풍부하고 비옥한 토양에서 풍부한 식재료가 생산되어 이탈리아의 요리가 더욱 발전하게 되었다.

식문화 특징

이탈리아 요리는 로마 공화정의 화려한 식사 만찬의 영향을 받아 발전하였다. 탐험가에 의해 향신료가 유입되고 아시아의 쌀과 설탕, 터키의 커피, 감자, 토마토, 콩 등이 유입되었다. 지리상의 발견으로 새로운 식품이 유입되면서 이탈리아의 요리는 더욱 발전하였다. 르네상스 시대는 이탈리아 식문화에서 매우 풍요로운 시기로, 다양한 재료의 사용과 조리법의 발전, 거대한 궁정연회로 인하여 그 당시 다른 유럽 국가들 중 요리와 예술 분야에서 최고의 위치를 차지하였다.

주요 식재료 및 음식

파스타(pasta) 밀가루를 이용해 만든 국수 형태로 각기 다른 모양에 따라 다른 이름을 갖고 있는데 이것을 총칭해 파스타라고 부른다. 이탈리아는 파스타를 가장 많이 생산하고 가장 많이 소비하는 나라이다.

토마토(tomato) 파스타를 대표하는 이미지가 된 토마토는 과거 스페인을 거쳐 유입되었으며 장식을 위한 관상용으로 취급되어 오다가 1839년부터 파스타에 사용되기 시작하였다. 그 전의 파스타는 아무런 소스도 첨가하지 않거나 치즈만 곁들이는 간단한 형태였는데 소스에 토마토를 사용하게 되면서 토마토 소스는 파스타를 대표하는 이미지가 되었다.

올리브(olive) 이탈리아 음식에 빠질 수 없는 것으로 지중해 연안에서 생산되며 절이거나 기름으로 짜서 드레싱으로 사용된다.

발사믹(balsamico) 와인을 발효시켜 만든 천연 식초로 소스나 샐러드 드레싱으로 주로 사용된다. 모데나 지방의 전통발사믹 식초에는 아세토 발사미코 트라디치오날레 디 모데나(aceto Balsamico Tradizionale di Modena)라는 명칭이 붙는다. 발사믹 식초는 숙성이 길어지면 풍미와 향기가 좋아지는데 12~25년 숙성된 것을 트라디치오날레(Tradizionale)라고 한다.

바질(basilico) 바질은 산뜻하고 달콤한 향이 나며 신선한 잎을 그대로 쓰거나 말려서 사용하는 이탈리아의 상징적인 허브이다.

와인(vino) 이탈리아는 남북으로 길게 뻗은 지형으로 다양한 포도 품종을 재배하기에 이상적이 나라이다. 이탈리아 북부의 피에몬테(Piemonte) 지역과 중부의 토스카나(Toscana) 지방에서 최상급 와인이 생산된다. 피에몬테의 바롤로(Barolo)와 바르바레스코(Barbaresco), 모스카토 다스티(Moscato d'Asti), 토스카나의 키안티(Chianti) 등이 있다.

치즈(formaggio) 치즈는 로마제국시대부터 군사 식량으로 사용되었으며 현재는 요리에 사용되는 중요한 식재료로 이탈리아에는 다양한 치즈가 있다. 대표 치즈로는 페코리노 로마노(pecorino romano), 고르곤졸라(gorgonzola), 모짜렐라(mozzarella), 리코타(ricotta), 마스카포네(mascarpone) 치즈 등이 있다.

피자(pizza) 이탈리아 남부의 나폴리 피자는 전통 피자의 원조로, 반죽이 얇아 바삭하며 토핑도 단순하여 담백한 맛이 난다. 토핑 재료로 토마토 소스, 바질, 살라미, 앤초비, 올리브, 치즈 등이 쓰인다.

리소토(risotto) 북부 이탈리아에서 발달한 쌀요리로 올리브유에 쌀과 채소를 넣고 볶다가 와인으로 향을 내고 육수를 넣어 끓인 것이다.

송아지고기(vitello) 요리 메인 요리로 먹는 육류요리 중에 밀라노식 송아지 커틀릿이 있으며 송아지 고기는 연하고 담백한 맛이 특징이다.

에스프레소(espresso) 이탈리아인들이 가장 많이 마시는 커피로 에스프레소는 '빠르다'의 의미를 갖는 'express'로 커피를 빠른 시간 내에 추출한다는 뜻이다. 에스프레소는

6~7 g의 커피 원두를 순간적으로 데워진 90°C의 물에 9기압의 압력으로 18~25초에 추출된다. 이때 추출된 25 mL의 신선한 커피는 두꺼운 크레마와 진하고 강한 향과 풍미를 갖는다.

젤라토(gelato) 아이스크림의 뜻으로 레몬, 초콜릿, 과일 등 다양한 천연 재료를 넣고 만들며 지방 함량이 낮아 일반 아이스크림보다 식감이 가볍다.

상차림

정찬 상차림의 첫 코스로 제공되는 전채요리 안티파스토(antipasto)는 차가운 요리가 대부분 제공되며 식욕을 돋우는 역할을 한다. 다음 코스인 쥬파(zuppa)에는 수프가 나오며, 프리모 피아토(primo piatto)에는 각종 파스타나 리소토가 제공되는데 주요리를 먹기 위한 준비 단계라고 할 수 있다. 메인 요리인 세콘도 피아토(secondo piatto)에는 주로 생선 또는 육류가 제공되며 이와 함께 곁들여 먹는 샐러드나 감자요리 등을 콘토르노(contorno)라고 한다. 프로마지오(fromaggio)로 다양한 치즈가 제공되며 디저트 코스인 돌체(dolce)로 케이크, 아이스크림 등이 제공된다. 식사의 마지막에 카페(cafe) 에스프레소가 제공된다.

파스타와 쌀요리는 어떻게 익힐까?

이탈리아 사람들은 푹 익힌 상태보다 씹히는 질감이 느껴지는 파스타를 선호하므로 씹는 맛이 살아 있도록 삶는 방법은 파스타 요리의 기본이라고 할 수 있다. 따라서 파스타는 알덴테(al dente)로, 리소토는 알온다(al onda)를 권장하고 있다. 알덴테는 파스타를 삶은 후 씹었을 때 입안에서 약간 단단하게 느껴지는 상태이며, 알온다는 쌀알이 씹히는 느낌이 있을 정도로 익히는 것을 말한다.

스페인

자연환경 및 사회문화적 특징

스페인은 지중해와 대서양에 접하고 있으며 북부의 피레네 산맥과 중앙의 메세타고원 지대, 동남부의 지중해 해안지역으로 이루어져 있다. 이러한 지리적인 특징으로 어업과 낙농업이 발달하였고 지중해성 작물의 재배가 용이하다. 스페인은 동양으로부터 유입된 각종 향신료와 쌀, 이탈리아에서 유입된 밀, 양파, 와인 등으로 동서양의 조화를 이룬 식문화를 이루게 된다. 일반적으로 2시경부터 먹는 점심식사에는 하루 중 가장 푸짐한 요리를 먹고, 이후에는 시에스타(siesta)라는 오후의 더위를 식히며 낮잠 자는 시간이 있으며, 오후 늦은 9~11시에 간단한 저녁식사로 하루를 마무리한다.

식문화 특징

주요 식재료 및 음식

향신료 더운 기후의 영향으로 실란트로(cilantro), 육두구, 정향, 후추, 고추, 생강 등 다양한 향신료가 요리에 많이 사용되는데 특히 마늘은 각종 요리에 들어간다(sopa de ajo, 마늘 수프).

와인(vino) 북쪽의 리오하(Rioja) 지방이 대표적인 와인 산지이며 레드와인을 틴토(tinto), 화이트와인은 블랑코(blanco), 로제 와인은 로사도(rosado)라고 한다.

올리브(olive) 지중해성 기후로 올리브를 세계에서 가장 많이 생산하는 나라이고 절임 또는 기름으로 다양한 요리에 사용된다.

유제품 우유 및 양, 염소젖으로 만든 요구르트나 다양한 치즈(queso manchego, 퀘소 만체고) 등을 먹는다.

콩 색깔과 모양이 다른 다양한 콩을 넣어 수프나 스튜 형태로 먹는다. 요리에 이용되는 콩에는 렌테하(lenteja, 렌틸콩), 아바스(habas, 누에콩) 등이 있다.

타파스(tapas) 식사의 전채요리 혹은 간식으로 먹는 스페인의 대표 요리로 조리법이 매우 다양하다.

꼬치니요 아사도(cochinillo asado) 어린 양이나 어린 돼지를 통째로 구워먹는 음식으로 3~4주된 어린 돼지를 로스트한 요리이다.

꼬치니요 아사도

빠에야(paella) 스페인의 대표적인 해물 볶음밥이다. 빠에야는 원래 바닥면이 넓고 깊이가 얕은 팬을 가리킨다. 닭고기와 양파, 마늘을 함께 볶고 쌀과 생선 육수, 새우, 조개 등의 해산물을 얹어 만드는데 고운 노란빛이 도는 이유는 향신료 사프란(saffron)이 들어가기 때문이다.

하몬

하몬(jamon) 돼지의 생 뒷다리를 소금에 절여서 건조 숙성시킨 스페인의 저장 육류 식품이다. 특히 하몬 이베리코(jamon iberico)는 도토리만 먹여 키운 흑돼지의 뒷다리로 만드는데 하몬 중 최상급으로 취급되며 맛과 풍미가 좋다.

추러스(churros) 밀가루와 크림을 반죽하여 막대 모양으로 튀겨 낸 것으로 아침식사로 많이 먹는다.

그라니사도 데 레몬(granisado de lemon) 무더운 여름에 마시는 음료로 레몬 슬러시와 비슷한 맛이 난다.

올차타(horchata) 추파(chufa)라는 나무의 열매를 갈아 얼음을 넣어 마시는 여름 음료로 두유와 맛이 비슷하다.

상그리아(sangria) 스페인 가정마다 고유의 레시피가 있는 전통 음료로 와인에 오렌지, 레몬, 사과 등의 얇게 저민 과일과 설탕을 넣어 만든다.

재미있는 초콜릿 이야기

오래전부터 남녀 간 사랑의 상징으로 여겨진 초콜릿은 오늘날까지도 사람들의 사랑을 받고 있다. 초기의 초콜릿은 음료 형태로 바로크 시대에 유럽에서 유행하여 귀족들의 아침식사로 애용되었다. 초콜릿은 귀족의 전유물이었으며 하녀들은 초콜릿을 몰래 훔쳐 먹기도 하였다.

아즈텍에는 초콜릿을 마시면 지혜를 얻을 수 있다는 전설이 있었으며, 아즈텍의 몬테수마(Montezuma) 황제는 초콜릿 음료에 최음 효과가 있다고 믿어 정력을 위해 하루에 50잔의 초콜릿을 마셨다고 한다.

실제로 초콜릿을 먹으면 기분을 좋게 하는 세로토닌의 분비가 촉진되고 초콜릿의 페닐에틸아민 성분으로 인하여 마치 사랑에 빠졌을 때의 느낌을 받을 수 있다. 페닐에틸아민은 사랑의 감정을 느낄 때 뇌에서 분비되는 화학물질이다.

또한 초콜릿 소비량과 노벨상 수상자 수가 비례한다는 연구 결과가 있는데 인구 100만 명당 수상자 수가 가장 많은 나라는 초콜릿 소비량이 높은 스위스이다. 건조 카카오에 있는 항산화물질인 플라바놀이 주의력, 기억력 향상에 도움을 주는 것으로 알려져 있다.

터키

자연환경 및 사회문화적 특징

유럽과 아시아 두 대륙 사이에 위치한 터키는 고온 건조한 기후로 교역과 목축업이 발달하였다. 터키는 중앙아시아 유목민의 음식문화와 이슬람 문화, 비잔틴 제국의 음식문화의 영향을 받아 터키 고유의 독특한 식문화를 이룬다. 이슬람 문화권에서 종교는 단순한 신앙이 아닌 일상생활의 규범과 식생활 문화 전 영역에 영향을 미친다. 이슬람교의 경전인 코란에는 성스러운 음식이라는 뜻을 가진 허용된 음식인 할랄(halal)과 금지된 부정한 음식인 하람(haram)을 규정하고 있다. 할랄에는 이슬람의 도살 의식을 거쳐 도살된 초식동물의 고기가 포함되며, 하람에는 도살의식을 거치지 않고 잡은 육류와 피, 육식동물의 고기, 양서류, 파충류, 인간의 이성을 흐리게 만드는 술과 마약, 담배 등이 포함된다. 또한 라마단 기간이 있어 해가 떠 있는 동안에는 금식을 하며 물, 음식, 담배, 도박, 남녀의 잠자리도 금지된다.

식문화 특징

주요 식재료 및 음식

에크맥(ekmek, 빵) 터키인들은 빵을 신이 주신 가장 소중한 선물로 여겨 먹을 때도 칼을 사용하지 않고 손으로 뜯어 먹는다. 식사마다 제공되는 빵에는 에크맥(ekmek), 피데(pede)가 있고, 간식으로 먹는 빵에는 시미트(simit)와 포아차(pogaca)가 있다.

콩(fasulye) 유목인들은 이동과 보관이 용이한 단백질 식품인 콩을 요리에 자주 사용하였다. 렌틸콩과 병아리콩은 수프나 '후머스'의 재료가 된다.

후머스(hummus) 병아리 콩에 레몬즙, 참깨, 올리브를 넣고 갈아 만든 소스로 빵을 찍어 먹는다.

케밥(kebap) 터키의 음식은 양고기를 이용한 음식이 주를 이루는데, 특히 케밥은 유목인들이 간단하게 해먹을 수 있는 대표적인 육류요리이다. 고기를 겹겹이 쌓아 올려 불에 굽는 도네르(doener)케밥, 꼬챙이에 끼워 구운 시시(shish)케밥, 이슈켄데르(ishkender)케밥 등이 있다.

아이란

차이

카흐베

쾨프테(kofte) 다진 고기에 각종 양념이나 다진 채소를 넣어 완자로 만들어서 굽거나 튀긴 요리이다.

파스티르마(pastirma) 소고기나 양고기에 향신료를 뿌리고 소금에 절여서 햇빛에 말린 것으로 사막에서 이동 생활을 하는 유목인들이 식량으로 이용되었다.

요구르트(yoghurt) 음료 더운 여름 갈증 해소와 숙면을 도와주는 아이란(ayran)은 요구르트에 소금과 물을 넣어 희석해 만드는 일상 음료이고, 자즉(cacik)은 아이란에 오이채나 마늘을 갈아 넣고 차게 마시는 음료이다.

차이(chai) 차이는 차의 터키어로 진하게 우린 차에 뜨거운 물을 붓고 설탕을 넣어 차이 벨덕이라는 호리병 잔에 마시는 것이 특징이다.

카흐베(kahve, 커피) 제스웨라는 독특한 주전자에 커피 분말을 넣고 끓여 만든 진한 커피로 데미타스 잔에 마신다.

천번의 키스보다 더 달콤한 커피 칸타타

커피는 십자군 원정 후 유럽에 유입되었고 커피의 맛에 매료되었음에도 불구하고 이슬람교의 이교도 음료라는 이유로 배척되었다. 그러나 매혹적인 커피 맛에 로마 교황과 황실마저도 커피를 인정하게 되면서 커피는 유럽 전역으로 퍼져 나가게 된다. 커피 애호가인 바흐(J.S. Bach)는 커피 칸타타(원제: Schweigt stille, plaudert nicht. BWV 211)를 작곡하였는데 당시 독일의 커피문화에 대한 인식을 잘 보여주는 곡이다. 그 당시 유럽 여성들의 카페 출입은 어려웠고 건강을 해친다며 커피를 마시지 못하게 하였다. 커피 칸타타는 커피를 못 마시게 하는 아버지와 커피를 마시겠다는 딸과의 기 싸움을 흥미롭게 묘사한 곡이다.

> "수천 번의 입맞춤보다고 더 달콤하고, 맛 좋은 와인보다도 더 부드러워요. 커피 커피를 난 마셔야 해. 내게 즐거움을 주려거든 제발 내게 커피 한 잔을 따라줘요!" (딸 리센의 아리아 중에서)

출처: http://www.todaygunsan.co.kr/news/articleView.html?idxno=77

토르티야(tortilla)는 어느 나라 음식인가?

토르티야는 옥수수가 많이 재배되는 멕시코의 원주민 요리로 옥수수를 물에 불린 후 으깨 구운 옥수수 전병이다. 타코, 나초 퀘사디아, 부리토, 파히타 등의 요로 다양하게 만들어 먹는다.

- 타코(taco) : 토르티야에 고기, 치즈, 채소 등을 싸서 먹는다. 타코에는 살사 멕시카나(salsa Mexicana) 소스를 뿌려 먹는다.
- 나초(nacho) : 토르티야를 튀긴 조각에 녹인 치즈를 부어 먹거나 아보카도를 으깨서 만든 과카몰리(guacamole) 소스와 함께 먹기도 한다.
- 퀘사디아(quesadillas) : 치즈, 고기, 채소 등을 토르티야에 넣고 반으로 접어 구운 음식이다.
- 부리토(burrito) : 토르티야에 고기, 채소, 치즈, 소스 등을 넣고 말아 놓은 음식이다.
- 파히타(fajita) : 고기, 양파, 파프리카 등을 볶아 토르티야에 싸 먹는다. 살사 멕시카나 소스나 사워크림 등을 함께 올려 먹는다.

타코

나초

퀘사디아

부리토

파히타

CHAPTER

8

음식과 공간미학 이야기

식공간 연출이란 | 식공간과 필요 아이템 | 식공간을 디자인하다 | 와인과 요리를 페어링하다

식공간 연출이란

식공간 연출(table coordination)은 식(食) 행위가 이루어지는 공간에서 오감을 만족시키기 위해 장식적인 요소를 더해 아름답고 쾌적한 공간을 연출하는 것을 의미한다. 편안하고 아름다운 식사 공간의 분위기를 만들어 내는 것으로, 공간을 기획할 때는 맛있는 식사를 할 수 있도록 주변 환경과 조화를 이루어 내는 것이 중요하다.

인간은 음식을 먹으면서 '맛있다'라는 정신적인 만족을 추구한다. 오감에 따뜻함, 차가움 등 국소적인 감각이 융합되면 뇌의 전두엽에 있는 과거의 기억을 끌어내는데, 이때 플러스의 기억을 끌어내면 '맛있다, 행복하다, 즐겁다'라는 감정이 생기고 마이너스의 기억을 끌어내면 '맛없다, 싫다'라는 감정이 생긴다. 즉, '맛있다'는 생리적인 문제가 아니라 정신적인 문제로 먹는 사람의 마음에 달려 있다고 할 수 있다. 플러스 기억을 끌어내는 감각은 시각이 80% 이상, 미각은 1~5%, 후각, 촉각, 청각의 순으로 작용한다. 즉, 시각을 시작으로 기타 감각이 작용하여 맛있음을 느끼는 것이다. 시각에 영향을 주는 요인은 식공간의 배경이 65%, 식기와 소도구가 25%, 요리가 5% 정도이다. 즉 오감 만족을 위해서는 테이블 위에 세팅하는 음식과 식기의 색, 소재, 디자인뿐만 아니라 공간의 인테리어, 창밖의 풍경, 음악, 창의 위치, 조명, 바람의 세기, 공간의 온도 등 신체에서 느끼는 모든 것을 고려해야 한다는 것이다.

식공간은 좁은 의미로는 가정의 식사 테이블을 의미하며, 넓은 의미로는 불특정 다수를 위한 외식 상차림 행위가 존재하는 곳을 의미한다. 그러나 식공간 연출에서 식공간이란 테이블이나 레스토랑처럼 한정된 공간에 국한되는 것이 아니라 식 행위가 이루어지는 모든 공간 전체를 뜻하므로 어떠한 환경이나 장소에서도 공간 연출은 가능하다고 할 수 있다. 해변에서 식사를 한다면 해변이, 잔디 위에서 식사를 한다면 잔디가 식공간이 되는 것이다.

사람들에게 만족과 감동을 주기 위해서는 차별화된 식공간 구상 및 연출이 필요하다. 성공적인 식공간 연출을 위해서는 디자인의 경제성을 추구하고, 상황과 계절에 맞는 공간을 구상하며 환경 문제를 고려하여 기획해야 한다. 획일적인 공간 디자인에서 벗어나면서 다양한 수요에 대응할 수 있는 공간 연출이 필요하다. 타인에게 보여주기 위한 식공간 연출은 의미가 없으며 실제로 사람들이 식사를 할 때 편안함과 행복감을 느낄 수 있는 식공간을 기획하여야 한다. 식공간 연출을 위해서는 식품·영양학적, 조리학적 지식 및 식문화에 대한 전반적인 이해 능력, 상대방을 배려하는 마음이 필요하다.

식공간을 기획하기 위해서는 5가지 W(who, with, when, why, where)와 1가지 H(how)를 조합하여야 한다. 식공간은 누가 먹느냐(who), 언제 식사를 하느냐(when), 어디에서 식사를 하느냐(where)에 따라 메뉴, 식공간의 분위기, 사용하는 식기 등이 달라지고, 누구와 함께 먹느냐(with)에 따라 다르게 기획된다. 또한 식사를 하는 목적(why)에 따라 식공간의 분위기와 스타일이 결정되며, 어떻게 식사를 할 것인지(how)에 따라 서비스 방법, 사용하는 식기와 식사 도구 등이 달라진다.

테이블 아이템

테이블 위에 세팅되는 아이템은 주역이 되는 것과 주역을 돕기 위한 것으로 나눌 수 있다. 주역이 되는 아이템은 식사할 때 반드시 있어야 하는 것으로 테이블웨어(tableware), 커틀러리(cutlery), 글라스웨어(glassware)이고, 주역을 돕는 아이템은 없어도 식사가 가능한 센터피스(centerpiece), 테이블리넨(table linen)이다. 주역을 돕는 아이템은 없어도 무방하지만 적절하게 사용하면 훨씬 더 아름답고 매력적인 식공간을 연출할 수 있다. 또한 테이블 아이템은 개인 아이템(personal item)과 서비스 아이템(service item)으로 분류된다. 개인용 식기, 개인용 커틀러리, 와인 잔, 냅킨 등은 개인 아이템에 해당되며, 서빙 포크, 서빙 스푼, 디캔터(decanter), 공용 식기, 물병 등 모두가 함께 사용하는 아이템은 서비스 아이템에 해당된다.

테이블 구성

테이블은 개인 식공간(personal space)과 공유 식공간(public space)으로 구분된다. 개인 식공간은 가로 45 cm, 세로 35 cm이며 공유 식공간은 30 cm 폭이 이상적이다. 테이블 세팅을 할 때 주의할 점은 개인 아이템은 개인 식공간에, 서비스 아이템은 공유 식공간에 반드시 세팅해야 한다는 것이다.

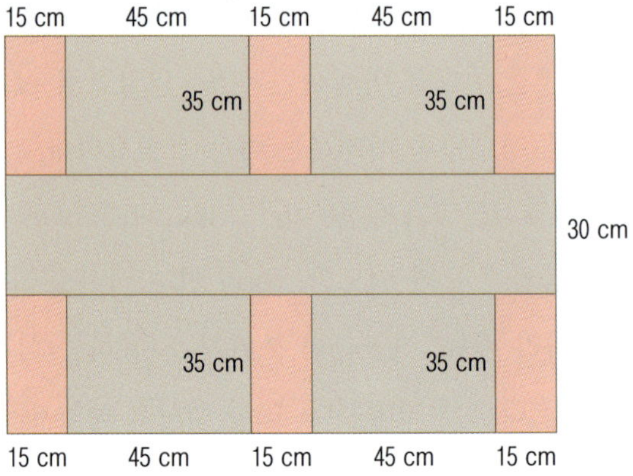

개인 식공간과 공유 식공간

테이블 크기 및 테이블 형태

개인 식공간과 공유 식공간의 크기를 알면 식사하는 인원수에 맞는 이상적인 테이블 크기를 결정할 수 있다. 테이블 크기를 구하는 공식은 다음과 같다.

가로: (45 cm + 15 cm) × 한쪽 면에 앉는 인원수 + 15 cm

세로: 35 cm + 30 cm + 35cm

테이블의 세로 크기는 식사하는 인원에 관계없이 100 cm 정도가 이상적이지만, 최소 80 cm 정도는 되어야 비교적 편안한 식사가 가능하다. 식사하기 편안한 테이블 높이는 70~83 cm 정도가 적당하며, 의자 높이는 45 cm 정도면 편안한 식사가 가능하다. 좌식 테이블의 경우 높이는 33 cm가 적당하다.

테이블 형태는 정사각형(sqaure), 직사각형(rectangular), 원형(round), 타원형(oval) 등이 있다. 시각적으로 가장 아름다운 형태는 정사각형 테이블이며 사용의 편의성으로 인해 일반적으로 가장 많이 사용하는 형태는 직사각형 테이블이다. 원형 테이블과 타원형 테이블은 많은 인원이 식사할 때 대화하기 쉽다는 장점을 가지고 있으며, 특히 원형 테이블은 우아한 디자인으로 차를 위한 식공간 연출에 자주 사용된다. 많은 인원을 수용하기 위해서는 테이블 탑(table top)과 테이블 리프(table leaf)가 사용된다. 테이블 탑은 기존 테이블에 넓은 판을 올리는 것이며 테이블 리프는 두 개의 다리를 가지고 있는 테이블로, 정상적인 테이블 사이에 삽입하여 사용한다.

식공간과 필요 아이템

식공간 연출을 위해서는 테이블웨어, 테이블리넨, 글라스웨어, 커틀러리, 센터피스 등이 필요하며 각각의 요소들이 조화를 이룰 때 매력적인 식공간이 완성된다.

테이블웨어

식공간에서 사용하는 모든 식기를 총칭하여 테이블웨어라고 한다. 메뉴를 정한 후 가장 먼저 선택하는 테이블 아이템으로, 식기 선택은 성공적인 공간 연출의 기초가 된다고 할 수 있다. 식기는 재질에 따라 토기, 자기, 도기, 본차이나(bone china) 등으로 분류된다. 테이블웨어의 기원은 흙으로 빚고 태양열로 건조시킨 신석기 시대의 토기이다. 자기는 중국에서 최초로 생산되어 실크로드를 통해 유럽으로 전파되었고, 이러한 이유로 자기를 차이나(china)라고도 한다. 오랫동안 중국인들만이 자기의 제조법을 알고 있었기 때문에 유럽에서 중국 자기의 사용은 높은 신분과 부를 상징하였고 장식품으로 전시하기도 하였다. 중국 자기에 대한 선망과 자기를 통한 경제 성장을 이루기 위해 유럽인들은 자기 제품 개발에 주력하였고, 그 결과 독일에서 유럽 최초의 백색 자기가 탄생하였다. 자기의 제조법은 독일을 거쳐 유럽에 전파되었고, 영국에서는 동물 뼈의 재를 혼합한 가볍고 견고한 본차이나가 개발되었다.

토기(clayware)

낮은 온도(600~800°C)에서 구운 것이다. 토기가 되려면 600°C 이상의 열이 필요하며, 600°C 이하로 구워졌을 경우 물에 닿으면 다시 흙으로 변한다. 유약을 바르지 않으며 현재는 식기로 사용되지 않는다.

도기(earthware)

도토(陶土)인 붉은 흙으로 만들며 600~900°C에서 구운 것이다. 도기는 착색이 쉬워 다양한 색과 무늬를 즐길 수 있으며, 열전도가 느리고 투광성이 없으며 두드리면 둔탁한 소리가 난다. 유약을 칠한 것과 칠하지 않는 것이 있으며 유약 처리를 하지 않은 도기는 흡수성이 있고 공기를 통과시킨다. 도기는 흡수성으로 인해 물에 담가 놓으면 약해지므로 바로 세척하는 것이 좋다.

자기(porcelain)

백색의 흙인 자토(磁土)로 만들어지며 1,300~1,400°C에서 딱딱하게 구운 것이다. 자토인 카올린(kaolin)으로 빚은 자기는 높은 온도에서 굽는 동안 조직이 유리화되고 밀도가 치밀해져 음식의 수분이나 기름에 의해 변색되지 않고 나이프 자국이 남지 않는다. 도기와 다르게 흡수성이 없으며 투광성을 가지고 있고 두드리면 맑은 소리가 난다.

본차이나

카올린에 소나 가축의 뼈를 태운 재가 첨가되어 1,260°C에서 구운 것이다. 동물 뼈를 갈아 원료로 사용하므로 골회자기라고도 한다. 중국 자기를 영국에서 모방하기 시작하였고 그 결과 탄생한 것이 본차이나이다. 가볍고 견고하며 맑은 빛이 도는 반투명의 본차이나의 탄생으로 도자기의 종주국이 중국에서 영국으로 전환되었다고 평가하기도 한다. 본차이나는 골회를 많이 첨가할수록 질이 좋아지며 소 골회 50% 이상으로 만들어진 것을 파인 본차이나(fine bone china)라고 한다.

칠기

일본의 전통 식기로 옻나무의 칠을 써서 가공·도장한 것이다. 열에 강하고 방부성, 방습성이 뛰어나다.

은식기

우아하고 고급스러운 분위기 연출에 적합한 식기지만 변색이 쉽다는 단점을 가지고 있다. 순은 제품(sterling silver)은 변색이 가장 쉽고 은도금 제품(silver plated)도 변색이 쉬워

관리에 주의가 필요하다. 따라서 손질과 관리가 편하고 저렴한 스테인리스 스틸(stainless steel) 제품이 은식기 대용으로 많이 사용된다.

테이블리넨

식공간에서 사용되는 모든 직물을 총칭하여 테이블리넨이라고 한다. 테이블을 채색(color coordination)하는 데 없어서는 안 될 아이템으로 소재, 색, 디자인이 매우 다양하다. 천연 소재로는 마, 면 등이 주로 사용되며 합성 소재로는 폴리에스테르, 레이온 등이 사용된다. 최근에는 혼방 제품이나 방수 가공한 제품들도 사용하고 있다. 고급 호텔과 고급 레스토랑에서 주로 사용하는 마는 천연 섬유 중 가장 강하며 아름다운 광택을 보유하고, 면은 열에 강하고 염색성이 뛰어나 다양한 색채 제품의 생산이 가능하나 세탁할 때 줄어드는 경우가 있다. 마와 면 같은 천연 섬유는 가격이 비싸고 구김이 잘 생기는 단점을 가지고 있으며, 폴리에스테르는 열에 강하며 주름이 잘 생기지 않고 형태가 잘 유지되는 장점을 가지고 있어 일반 레스토랑에서 많이 사용되는 합성 섬유이다.

테이블클로스(table cloth)

테이블 위에 깔아 식공간의 전체적인 분위기와 테이블의 색을 표현해 주는 중요한 역할을 담당하며 색, 무늬, 디자인에 따라 다양한 연출이 가능하다. 크기는 테이블보다 40~50 cm 정도 긴 것을 선택하여 테이블 아래로 30 cm 정도 늘어지는 것이 적합하다. 캐주얼한 식공간에서는 25 cm 정도 떨어지게 연출하고, 포멀한 식공간에서는 45 cm 정도 떨어지게 하거나 테이블 다리가 보이지 않게 연출한다. 25 cm 정도 내려진 테이블클로스는 의자에 앉았을 때 무릎 위에 테이블클로스가 위치하며, 45 cm 정도는 의자에 앉았을 때 무릎으로 테이블클로스를 미는 정도의 길이이다.

언더클로스(under cloth)

테이블클로스 아래에 까는 것으로, 테이블에 푹신함이 생겨 식기의 미끄럼이 방지되며 식기의 소리, 수분, 말하는 소리 등을 흡수한다. 쾌적하고 조용한 식공간을 만들어주는 역할을 하기 때문에 사일런트 클로스(silent cloth)라고도 한다. 두꺼운 직물이 고급이며 테이블클로스보다 한 단계 작은 사이즈를 선택하는 것이 좋다. 언더클로스는 기능적인 역할을 수행하므로 밖에서 보이지 않도록 연출해야 한다.

언더클로스 까는 방법

탑클로스(top cloth)

테이블클로스 위에 까는 것으로 색과 무늬를 코디네이션하기 위해 사용한다. 일반적인 사이즈는 100×100 cm로 테이블클로스에 대각선으로 깔거나 같은 방향으로 깔아서 연출할 수 있다.

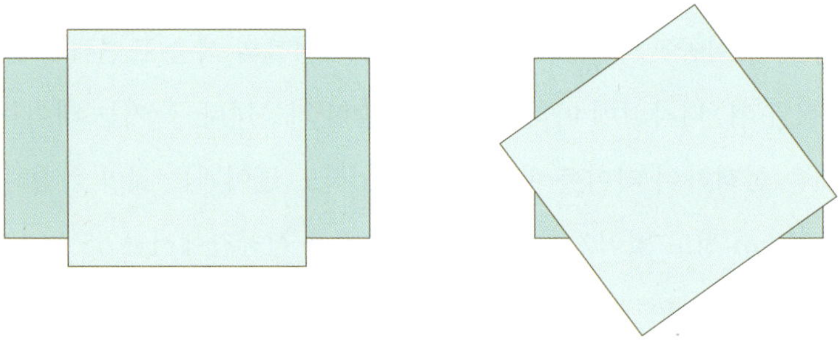

탑클로스 연출 방법

테이블러너(table runner)

테이블 중앙에 가로로 까는 띠 형태의 천이다. 테이블클로스 위에 깔기도 하고 단독으로 테이블 위에 깔기도 한다. 폭은 30~40 cm, 길이는 120~250 cm가 일반적이며 좌식 테이블에도 사용이 가능하다. 테이블러너를 깔면 그 공간은 공유 식공간이 되므로 테이블러너

위에 개인 아이템을 세팅해서는 안 된다. 테이블러너의 폭은 테이블 폭의 1/3 이하가 이상적이다.

테이블매트(table mat)

가로, 세로 45×32 cm 사이즈가 일반적이며 캐주얼한 식공간을 연출할 때 주로 사용된다. 테이블매트를 깔면 그 공간은 개인 식공간이 되므로 서비스 아이템을 세팅해서는 안 된다. 테이블매트의 기원은 영국으로 영국 스타일은 테이블 위에 단독으로 사용하며, 프랑스 스타일은 테이블클로스 위에 테이블매트를 깔아 연출한다.

냅킨(napkin)

무릎에 깔아 옷의 오염을 방지하고 손과 입 주변을 닦기 위해 사용된다. 와인병 입구로 흘러내리는 와인 방울을 닦기 위한 용도로도 사용되며 다양한 형태로 접어 테이블 위를 장식하기도 한다. 접는 방법에 따라 단순한 형태와 복잡한 형태가 있는데 포멀한 식공간을 연출할 때는 간단하게 접은 단순한 형태의 냅킨을 사용하여야 한다. 냅킨의 크기는 가로, 세로 40~60 cm로 다양하지만 포멀한 식공간에서는 사이즈가 큰 냅킨을 선택하는 것이 좋다. 테이블에 냅킨을 세팅할 때는 서비스 플레이트(service plate)나 디너 플레이트(dinner plate), 브레드 플레이트(bread plate), 테이블 바로 위에 세팅하는 것이 가능하지만 포멀한 식공간에서는 반드시 플레이트 위에 냅킨을 세팅하여야 한다.

글라스웨어

유리로 만든 잔을 총칭하여 글라스웨어라고 한다. BC 3500년 로마에 유리가 유입되었으며, BC 50년에 유리를 부는 파이프가 발명되어 액화된 유리를 부풀려서 잔을 제작하였다. 이 방식은 오늘날까지 고급 잔을 만들 때 이용되는 방식이다. 글라스웨어에는 레드와인 글라스(red wine glass), 화이트와인 글라스(white wine glass), 샴페인 글라스(champagne glass), 텀블러(tumbler), 브랜디 글라스(brandy glass), 고블릿(goblet) 등이 있다. 글라스웨어 중 손잡이(stem)를 가지고 있는 잔을 스템웨어(stemware)라고 하며 와인 글라스, 브랜디 글라스, 고블릿 등이 해당된다. 브랜디 글라스의 스템은 와인 글라스에 비해 짧은 것이 특징이다. 원통형의 잔을 모두 총칭하여 텀블러라고 하며, 고블릿은 물이나 주스, 맥주 등을 마실 때 사용된다. 와인의 침전물 제거와 공기 접촉을 위해 사용되는 디캔터(decanter)도 글라스웨어에 해당된다.

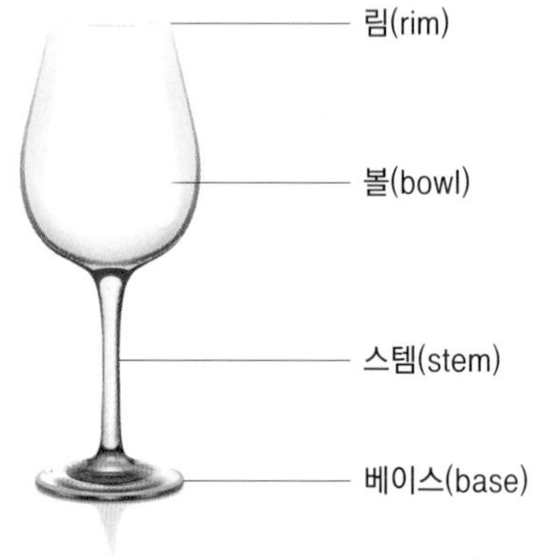

스템웨어의 명칭

글라스의 종류

커틀러리

음식을 먹기 위해 사용하는 나이프, 포크, 스푼 등을 총칭하여 커틀러리라고 하며, 모양이 납작하여 플랫웨어(flatware)라고도 한다. 은과 은도금이 최고급품이지만 관리의 어려움으로 스테인리스 스틸 소재가 주로 사용된다. 스푼은 인류 역사상 최초의 식사도구로 공동으로 스푼을 사용하다가 개인 스푼으로 발전하였다. 초기 나이프는 무기의 역할도 수행하였으며 중세 시대에는 나이프가 현재 포크의 역할을 했기 때문에 끝이 뾰족한 형태였다. 포크 사용이 일반화되면서 지금과 같이 끝이 둥근 형태로 바뀌게 되었다. 최초의 포크는 두 갈래로 만들어졌으며 이후 세 갈래, 네 갈래 포크가 차례로 등장하였다.

테이블 나이프(table knife), **테이블 포크**(table fork), **테이블 스푼**(table spoon)

테이블 나이프와 테이블 포크는 메인 요리를 먹을 때 사용하며 나이프와 포크 중 가장 길이가 길다. 테이블 스푼은 수프를 먹을 때 사용하며 스푼 중 길이가 가장 긴 스푼이다.

피시 나이프(fish knife), **피시 포크**(fish fork)

생선 요리를 먹을 때 사용하며 피시 나이프의 날 끝은 무디고 면적은 넓어 생선 가시를 골라 옮길 때 용이하다. 메인 요리용 나이프와 포크보다 길이가 짧으며 디저트용보다는 길다.

오르되브르 나이프(hors-d'aeuve knife), **오르되브르 포크**(hors-d'aeuve fork)

전채요리를 먹을 때 사용하며 생선용 나이프와 포크에 비해 길이가 짧으며 디저트용과 비슷하다.

디저트 나이프(dessert knife), **디저트 포크**(dessert fork), **디저트 스푼**(dessert spoon)

디저트 나이프와 포크는 디저트를 먹을 때 사용하며 길이는 전체요리용 나이프, 포크와 비슷하다. 디저트 스푼은 테이블 스푼 다음으로 길이가 긴 스푼이다.

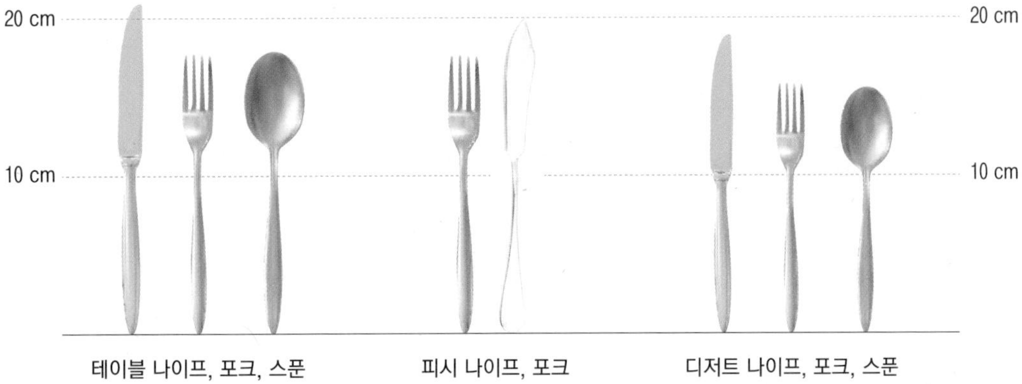

1. 커피 스푼
2. 티 스푼
3. 디저트 스푼
4. 테이블 스푼

센터피스

테이블 중앙을 장식하는 물건을 총칭하여 센터피스라고 하며 계절감과 환대(hospitality), 식공간의 테마(theme)와 스토리를 표현하는 역할을 한다. 주로 사용하는 센터피스는 꽃(생화, 조화), 은제품, 도자기 제품, 크리스탈 제품, 캔들, 캔들 스탠드, 과일, 채소 등이다. 센터피스의 기원은 러시아에서 찾아볼 수 있는데 식사할 때 필요하지 않지만 자신의 재력을 과시하기 위해 귀한 향신료와 조미료로 식탁 중앙을 장식하였다고 한다.

센터피스로 자주 사용되는 캔들(candle)은 평안함으로 환대를 표현할 수 있고 식공간의 좋지 않은 냄새를 줄여줄 수 있다. 테이블 크기에 따른 캔들의 개수는 정해져 있지 않지만 반드시 TPO(time, place, occasion)에 맞게 연출해야 한다. 아침이나 낮 시간대의 식공간에 캔들 연출은 부자연스럽고, 바람이 부는 장소나 어린이를 위한 식공간 연출에 캔들은 적합하지 않다. 또한 식사 중 캔들이 녹아 없어지지 않도록 2시간 이상 사용 가능한 캔들을 사용해야 하며, 캔들은 간접 조명과 함께 연출하는 것이 효과적이다.

센터피스로 사용되는 꽃을 식탁화(table flower)라고 하며 향기가 진하거나 가루가 날리거나 슬픈 의미를 가지고 있는 꽃은 식탁화로 적합하지 않다. 꽃은 형태에 따라 라인 플라워(line flower), 매스 플라워(mass flower), 필러 플라워(filler flower), 폼 플라워(form flower)로 구분할 수 있다. 라인 플라워는 한 개의 가지에 길고 가늘게 꽃이 붙어 있는 형태로 개나리, 금어초, 글라디올러스 등이 해당된다. 매스 플라워는 장미, 아네모네와 같이 둥글고 볼륨이 있는 꽃이나 수국과 같이 다수의 꽃이 모여 한 덩어리의 둥근 꽃 모양을 이루는 타입으로, 식탁화 연출(flower arrangement)의 중심이 되며 전체적인 골격을 형성한다. 필러 플라워는 안개꽃이나 미모사처럼 하나의 줄기에 작은 꽃이 붙어 있는 형태로 라인 플라워, 매스 플라워와 함께 연출하여 꽃과 꽃을 연결해 주는 역할을 한다. 폼 플라워는 아이리스, 카라, 백합, 호접란 등으로 한 송이만으로도 매력적인 식공간 연출이 가능하다.

식공간을 디자인하다

식공간 스타일

식공간은 캐주얼, 하드캐주얼, 로맨틱, 내추럴, 엘레강스, 클래식, 심플, 모던 스타일로 연출할 수 있다. 식공간에 세팅되는 테이블 아이템과 사용되는 색의 배합을 통하여 8가지 스타일을 명확하게 표현할 수 있는데 스타일을 확실하게 나누어 세팅하는 것이 기본이지만 여러 스타일을 혼합하여 기본 이미지와 다른 느낌의 이미지 연출도 가능하다. 스타일을 혼합할 때는 2가지 정도의 이미지 혼합이 가장 바람직하다.

캐주얼 스타일(casual style)

격식에 얽매이지 않는 자유로움과 편안한 느낌이 캐주얼 스타일의 포인트이다. 연두색, 노랑색, 주황색 같은 유사 색상을 조합하면 부담 없는 따뜻한 느낌을 연출할 수 있으며, 남색, 노랑색, 빨강색 같은 반대 색상을 조합하면 활동적인 느낌의 식공간을 연출할 수 있다. 정형화된 틀이 없으므로 연출가의 감각과 상상력에 맞춰 다양한 시도가 가능한 스타일이다. 캐주얼 스타일은 밝고 활기찬 색을 주로 사용한다. 순색을 사용하면 활기찬 느낌이 잘 표현되는데 너무 많은 색을 혼합하면 산만해지므로 주의가 필요하다.

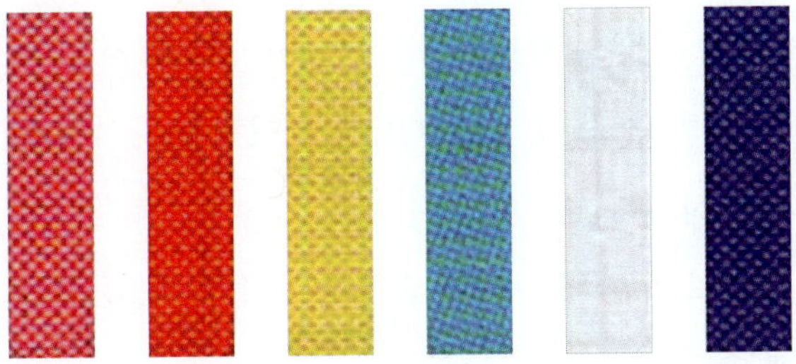

사용 아이템

테이블리넨 다양한 패턴과 소재 선택이 가능하다.

테이블웨어 플라스틱, 아크릴, 일회용 식기와 화려한 원색의 도기 등이 스타일을 잘 표현해 준다.

커틀러리 플라스틱이나 스테인리스 스틸, 나무 소재의 커틀러리가 스타일을 잘 표현해 준다.

센터피스 선명한 색의 꽃을 사용한다.

하드 캐주얼 스타일(hard casual style)

거칠고 야성적이고 힘찬 느낌이 하드 캐주얼 스타일의 포인트이다. 하드 캐주얼 스타일은 한마디로 정리하면 에스닉(ethnic) 감각으로 표현된다. 화려한 색상이나 이국적인 프린트가 있는 직물과 화려한 비즈 장식 등을 사용하면 에스닉 느낌을 잘 표현할 수 있다. 하드 캐주얼은 깊이가 있는 색을 사용하며 갈색이 깃든 배색을 주로 사용한다.

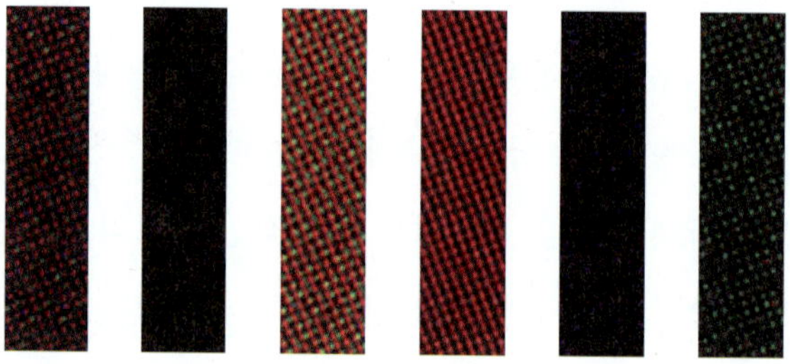

사용 아이템

테이블리넨 동물이나 식물 등 자연을 모티브로 한 문양과 화려한 무늬의 사용이 스타일을 잘 표현해 준다. 서로 다른 톤의 컬러매치로 화려한 연출을 하는 것도 좋다.

테이블웨어 도기, 목재, 금속 등이 스타일을 잘 표현해 준다. 매끈한 느낌보다는 투박하면서 거친 질감의 식기를 사용하는 것이 좋다.

커틀러리 나무를 모티브로 한 젓가락과 숟가락, 동물의 뼈 등을 모티브로 한 커틀러리가 스타일을 잘 표현해 준다.

글라스웨어 강렬한 색채의 잔이나 자연적인 느낌이 나는 제품을 사용하는 것이 좋다.

센터피스 나무줄기, 동물의 뿔, 열대 과일, 잎 등을 사용한다.

로맨틱 스타일(romantic style)

상냥하고 감미로운 동화와 같은 느낌, 섬세한 느낌이 로맨틱 스타일의 포인트이다. 로맨틱 스타일을 연출할 때는 선명하거나 진한 색조보다는 밝고 부드러운 색조를 사용하며 대비(contrast)가 약하게 느껴지도록 유사한 색조끼리 배색하는 것이 좋다. 연한 파스텔 계열의 색과 핑크색, 흰색 등을 주로 사용한다.

사용 아이템

테이블리넨 레이스나 프릴(frill)이 달린 것, 투명감이 있는 섬세한 직물이 스타일을 잘 표현해 준다.

테이블웨어 곡선미가 있는 매끈한 느낌의 자기를 사용하는 것이 좋다.

커틀러리 스테인리스 스틸 소재가 스타일을 잘 표현해 준다.

글라스웨어 크리스탈 잔을 사용하는 것이 좋다.

내추럴 스타일(natural style)

자연의 따뜻함과 싫증나지 않는 친근함이 내추럴 스타일의 포인트이다. 자연의 느낌을 표현하기 위하여 편안한 느낌의 연한 갈색이나 빛이 바랜 듯 보이는 색에 다양한 톤의 녹색을 배색하는 것이 좋다. 베이지나 그린 등 중간톤 색채를 주조색으로 사용하고 색의 대비를 약하게 하면 온화하고 부드러운 분위기를 연출할 수 있다.

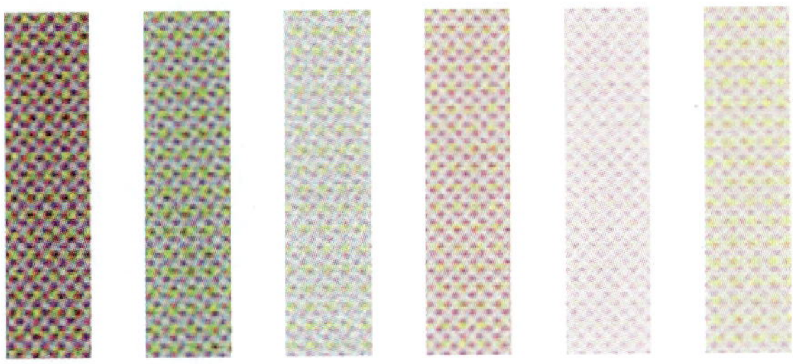

사용 아이템

테이블리넨 마, 면 등의 천연 소재를 선택한다.

테이블웨어 소박한 디자인의 도기, 나무의 질감이 살아 있는 식기를 선택하는 것이 좋다.

커틀러리 나무 소재가 스타일을 잘 표현해 준다.

센터피스 돌이나 나무 등을 이용한다.

엘레강스 스타일(elegance style)

우아하고 기품 있는 이미지가 엘레강스 스타일의 포인트이다. 보라색을 적절하게 사용하면 감각적인 식공간 연출이 가능하다.

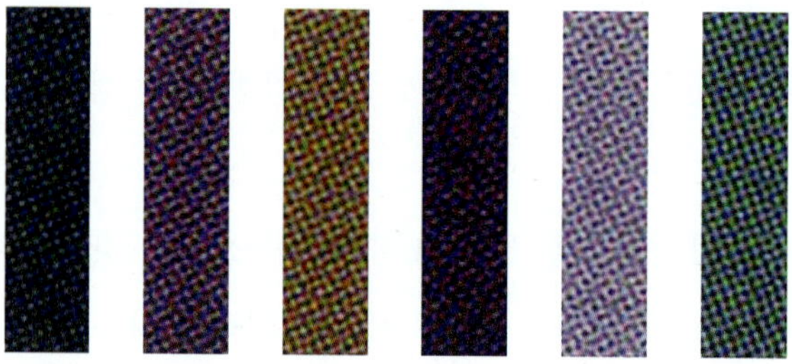

사용 아이템

테이블리넨 차분하고 광택이 있는 실크나 스웨이드 직물이 스타일을 잘 표현해 준다.

테이블웨어 백색 자기, 금색이나 은색 라인의 백색 자기, 곡선미가 있는 자기를 사용하는 것이 좋다.

커틀러리 조각이 들어가 있는 명품 커틀러리를 선택하는 것이 좋다.

글라스웨어 크리스탈 잔을 사용한다.

센터피스 자기 인형이나 크리스탈 제품을 사용하는 것이 좋다.

클래식 스타일(classic style)

클래식은 라틴어 '최고'에서 유래되었으며 '인류의, 최고 수준의, 표준적인'의 의미를 가지고 있다. 긴 전통을 뒷받침하는 격조를 전달하는 중후함과 호화로움이 클래식 스타일의 포인트이다. 중후하고 어두운 색을 주로 배색하지만 흰색을 주조색으로 사용하면 멋스러운 느낌의 식공간을 연출할 수 있다.

사용 아이템

테이블리넨 벨벳이나 실크 직물이 스타일을 잘 표현해 준다. 전통적으로 테이블클로스와 냅킨은 세트 제품을 사용한다.

테이블웨어 백색 자기, 은색이나 금색 라인의 백색 자기를 선택한다. 접시 중앙에는 무늬가 없는 식기를 선택하는 것이 좋다.

커틀러리 무게감이 있는 은이나 은도금 제품을 선택하는 것이 좋다.

글라스웨어 크리스탈 잔을 사용한다.

센터피스 장식성이 뛰어난 조명, 캔들 스탠드 등을 사용한다.

심플 스타일(simple style)

필요 없는 장식을 과감하게 생략한 산뜻한 이미지가 심플 스타일의 포인트이다. 흰색과 아이보리, 시원하고 청량감을 주는 색을 주조색으로 사용하면서 색의 수는 줄이는 것이 좋다.

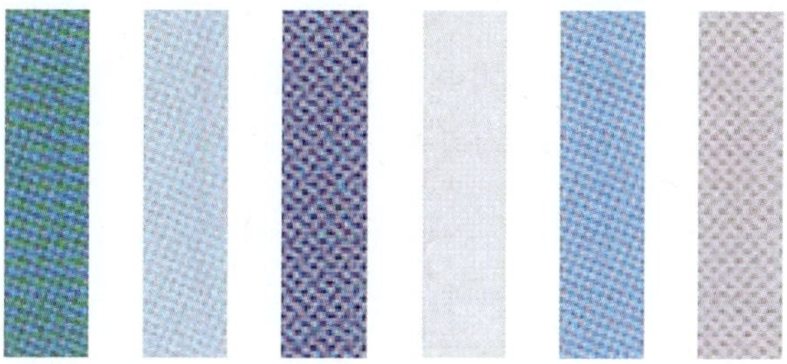

사용 아이템

테이블리넨 면이나 마 소재의 민무늬, 체크무늬 직물이 스타일을 잘 표현해 준다.

테이블웨어 가벼움을 느끼게 하는 금속, 유리, 백색 식기를 사용한다. 무늬가 없고 단순한 디자인의 식기를 선택하는 것이 좋다.

커틀러리 스테인리스 스틸 소재가 스타일을 잘 표현해 준다.

글라스웨어 직선을 기초로 한 단순한 디자인을 선택한다.

모던 스타일(modern style)

기계적인 감각의 참신한 디자인, 전통에 구애받지 않는 디자인, 현대적이며 인공적인 대담함이 모던 스타일의 포인트이다. 무채색 계통의 색을 사용하고 백색과 흑색을 배색하면 세련미를 연출할 수 있다. 기계적인 이미지를 연출하기 위해 광택이 있는 색을 사용하기도 한다.

사용 아이템

테이블리넨 민무늬가 기본이지만 심플한 직선 무늬나 추상적인 무늬도 가능하다.

테이블웨어 차가운 느낌의 금속 식기나 기발한 형태의 식기, 사각 식기가 스타일을 잘 표현해 준다.

커틀러리 매끈한 느낌의 스테인리스 스틸 소재를 선택한다.

센터피스 부피감이 있는 센터피스는 금물이며 단순한 선을 강조하는 디자인이 좋다. 플라스틱이나 아크릴 소품, 차가운 느낌의 소품은 스타일을 잘 표현해 준다.

상황별 식공간 연출

기본 테이블 세팅

기본 테이블 세팅(international basic table setting)

공통적으로 사용되는 기본 세팅으로, 기본 커틀러리만을 세팅하고 나머지 커틀러리는 음식을 제공하면서 추가로 세팅한다. 서비스 플레이트는 테이블 가장자리에서 3 cm 떨어진 곳에, 커틀러리는 테이블 가장자리에서 4 cm 떨어진 곳에 세팅한다. 나이프는 서비스 플레이트 오른쪽에 세팅하고 나이프의 날은 반드시 안쪽을 향하도록 세팅하여야 한다. 나이프의 날이 안쪽을 향하도록 세팅하는 것은 상대방을 해칠 마음이 없다는 결백의 신호이다.

1. service plate
2. table knife
3. table fork
4. table spoon
5. wine glass
6. goblet
7. napkin
8. bread plate
9. butter knife

프랑스식 기본 테이블 세팅(French basic table setting)

프랑스식 기본 테이블 세팅으로 기본 커틀러리만 세팅하고 나머지는 추가로 세팅하는 방법이다. 고블릿 없이 세팅하는 방법으로 서비스 플레이트에 위쪽에 샴페인 글라스, 레드와인 글라스, 화이트와인 글라스를 세팅한다.

1. champagne glass
2. white wine glass
3. red wine glass

정찬 테이블 세팅

정찬 테이블 세팅(international formal table setting)

공통적으로 사용되는 정찬 테이블 세팅으로 제공되는 음식의 커틀러리를 모두 세팅하는 방법이다. 다양한 종류의 커틀러리가 세팅되어 있을 경우 가장 바깥쪽 커틀러리부터 사용한다. 사이즈가 가장 큰 테이블 스푼은 전체적인 조화를 위해 가장 오른쪽에 세팅하지만 피시 나이프와 오르되브르 나이프 사이에 세팅해도 무방하다. 기본 테이블 세팅과 마찬가지로 서비스 플레이트는 테이블 가장자리에서 3 cm 떨어진 곳에, 커틀러리는 4 cm 떨어진 곳에 세팅한다. 일반적으로 디저트용 커틀러리는 디저트를 제공하면서 세팅되지만 인원이 많은 경우에는 처음부터 세팅되기도 한다.

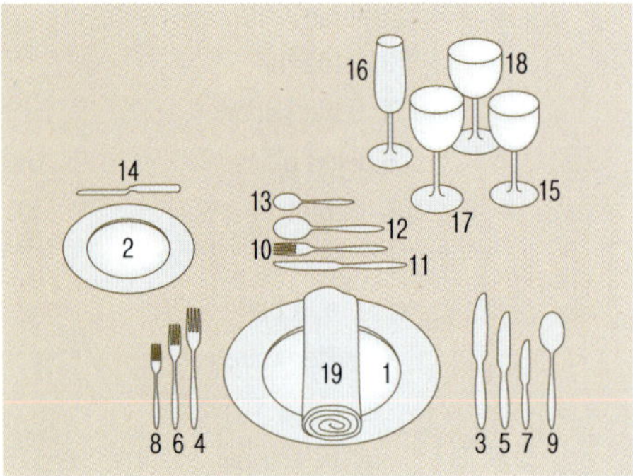

1. service plate
2. bread plate
3. table knife
4. table fork
5. fish knife
6. fish fork
7. hors-d'aeuve knife
8. hors-d'aeuve fork
9. table spoon
10. dessert fork
11. dessert knife
12. dessert spoon
13. coffee spoon
14. butter knife
15. white wine glass
16. red wine glass
17. goblet
18. champagne glass
19. napkin

프랑스식 정찬 테이블 세팅(French formal table setting)

프랑스식 정찬 테이블 세팅으로 피시 나이프 위쪽에 화이트와인 글라스를 세팅하고 화이트와인 글라스와 레드와인 글라스 사이에 샴페인 글라스를 세팅한다. 테이블 나이프와 테이블 포크는 테이블 가장 자리에서 4 cm 떨어진 곳에, 서비스 플레이트는 3 cm 떨어진 곳에 세팅한다. 나머지 커틀러리는 상하로 우아하게 곡선을 이루게 세팅하는데 이는 프랑스만의 커틀러리 세팅법으로 시각적으로 아름다운 것이 특징이다. 또한 프랑스에서는 스푼과 포크를 뒤집어서 세팅하기도 하는데, 이는 과거 커틀러리 뒷면에 새겨놓은 아름다운 조각이나 가문의 문양을 자랑하기 위함이었다. 영국 커틀러리 세팅법과 같이 테이블 선에 맞춰서 평행하게 세팅하는 것도 가능하다.

1. champagne glass
2. red wine glass
3. goblet
4. white wine glass

영국식 정찬 테이블 세팅 I(British formal table setting I)

영국식 정찬 테이블 세팅으로 테이블 스푼은 오르되브르 나이프와 피시 나이프 사이에 세팅한다. 테이블 스푼 위쪽에 샴페인 글라스를 세팅하고, 서비스 플레이트는 테이블 가장자리에서 3 cm 떨어진 곳에, 커틀러리는 4 cm 떨어진 곳에 세팅한다.

1. champagne glass
2. white wine glass
3. red wine glass
4. goblet

영국식 정찬 테이블 세팅 II(British formal table setting II)

고블릿 없이 세팅하는 방법이다. 서양 사람들은 요리의 맛을 돋우는 것은 와인이라고 생각한다. 식사 중 물 마시는 것은 삼가야 하는 것이 식사 에티켓이므로 처음부터 고블릿 없이 세팅하는 방법도 사용하고 있다. 냅킨은 빵 접시 위에 세팅하고 피시 나이프 위에 화이트와인 글라스를 세팅한다.

1. white wine glass
2. champagne glass
3. red wine glass

와인과 요리를 페어링하다

와인은 포도를 발효시켜 만든 음료로, 색(color)과 타입(type), 당도(sweetness), 바디감(body) 등에 따라 분류할 수 있다. 색에 따라 분류하면 레드, 화이트, 로제 와인으로 구분할 수 있고, 스타일에 따라 분류하면 스틸 와인(still wine), 스파클링 와인(sparkling wine), 주정강화 와인(fortified wine)으로 구분할 수 있다. 당도에 따라 분류하면 와인 1 L에 30 g 이하의 당을 함유한 드라이(dry) 와인, 30~50 g의 당을 함유한 미디엄(medium) 와인, 51~150 g의 당을 함유한 스위트(sweet) 와인으로 분류할 수 있다. 바디감에 따라 분류하면 라이트(light) 바디, 미디엄(medium) 바디, 풀(full) 바디 와인으로 구분되며, 바디감이란 와인을 마셨을 때 입안에서 느껴지는 무게감, 즉 묵직함의 정도를 말한다.

색에 따른 분류

레드와인 적포도 품종으로만 제조가 가능하며 대표적인 적포도 품종으로는 까베르네 소비뇽(cabernet sauvignon), 메를로(merlot), 쉬라즈(shiraz), 피노 누아(pinot noir), 말벡(malbec), 그르나슈(grenache), 산지오베제(sangiovese), 네비올로(nebbiolo), 템프라니요(tempranillo) 등이 있다. 포도껍질과 함께 발효시키는 레드와인은 껍질에 들어 있는 안토시아닌 색소와 타닌 성분의 추출로 붉은색과 떫은맛을 갖게 된다. 레드와인을 마실 때 입안을 마르게 하는 느낌과 묵직한 느낌은 타닌 성분 때문이며, 타닌은 레드와인의 골격을 만들어 준다. 또한 와인의 장기 숙성을 도와주므로 레드와인은 장기간 보관이 가능하다.

화이트와인 주로 청포도 품종으로 만들어지며 대표적인 청포도 품종으로는 샤르도네(chardonnay), 소비뇽 블랑(sauvignon blanc), 리슬링(riesling), 세미용(semilon), 피노 그리지오(pinot grigio), 모스카토(moscato), 게뷔르츠트라미너(gewürztraminer) 등이 있다. 포도즙(must)을 발효시켜 만드는 화이트와인은 타닌이 느껴지지 않으며, 낮은 온도에서 발효가 진행되므로 아로마(aroma)가 산뜻한 것이 특징이다.

로제 와인 껍질과의 접촉시간을 짧게 해서 양조하므로 매혹적인 연한 핑크색이나 주황색을 띠게 된다. 장기 숙성보다는 빨리 마시는 것이 맛이 좋다.

스타일에 따른 분류

스틸 와인 발효 중에 생기는 이산화탄소를 공기 중으로 날려 보내 탄산가스가 없는 와인이며 대부분의 와인이 스틸 와인에 해당된다.

스파클링 와인 발효 중에 생기는 탄산가스가 와인에 용해되도록 만들며 축배의 와인으로 많이 사용되고 있다. 프랑스의 샴페인, 스페인의 카바(cava), 이탈리아의 아스티(asti) 등이 있다.

주정강화 와인 와인에 브랜디 등을 첨가하여 알코올 도수를 높인 와인이다. 대표적인 주정강화 와인으로는 스페인의 셰리(sherry), 포르투갈의 포트(port) 와인 등이 있다.

당도에 따른 분류

드라이 와인 포도의 당분을 모두 알코올로 발효시켜 잔당이 거의 없는 와인이다. 대부분의 와인은 드라이 타입이 주로 생산되며, 특히 레드와인은 주로 드라이 타입으로 만들어진다.

스위트 와인 발효되지 않은 당이 남아 있는 달콤한 와인으로, 주로 식후에 마시는 디저트 와인으로 사용된다. 스위트 와인은 늦게 수확하거나 포도알을 얼리는 방법 등으로 당분을 농축시킨 포도로 만든다.

미디엄 와인 드라이와 스위트의 중간 타입으로 주로 로제 와인이 미디엄 와인으로 만들어진다.

바디감에 따른 분류

- 풀 바디 와인 : 묵직하고 힘 있는 와인으로 고급 레드와인이나 오크 숙성을 통해 만들어지는 고급 샤르도네 품종의 화이트와인, 고급 스위트 와인 등이 풀 바디 와인에 해당된다.
- 미디엄 바디 와인 : 중저가 레드와인의 대부분은 미디엄 바디에 해당된다.
- 라이트 바디 와인 : 대부분의 레드와인은 미디엄 이상의 바디감을 가지고 있지만 가메(gamay) 품종으로 만든 보졸레 누보는 라이트 바디의 레드와인이다. 샤르도네 품종으로 만드는 일반 샤블리(chablis)와 이탈리아의 피노 그리지오(pinot grigio) 와인, 가르가네가(garganega) 품종으로 만드는 이탈리아의 소아베(soave) 등도 라이트 바디 와인이다.

와인을 위한 식공간 연출에 필요한 아이템

와인 글라스

와인 글라스는 와인의 맛과 향을 음미할 때 빼놓을 수 없는 요소로 와인의 종류 및 품종, 생산 지역에 따라 형태가 매우 다양하며 기본 형태는 다음과 같이 구분할 수 있다.

보르도 레드와인 글라스 부르고뉴 레드와인 글라스 화이트와인 글라스 스파클링 와인 글라스

와인 글라스는 대체로 아래쪽은 넓고 위쪽은 좁아지는 형태인데 이는 향을 모아주기 위해서이다. 부르고뉴 레드와인 글라스는 보르도 레드와인 글라스에 비해 볼 부분이 넓은데

이는 은은한 향을 퍼지게 했다가 모아주는 데 적합하다. 화이트와인 글라스는 레드와인 글라스에 비해 크기가 작은데 이는 차갑게 마시는 화이트와인이 미지근해지는 것을 막아준다. 플루트(flute) 형태의 샴페인 잔은 좁고 긴 형태로 되어 있어 기포와 차가움을 더 오래 유지시킬 수 있다. 와인 글라스는 와인의 색을 정확하게 감상할 수 있도록 크리스탈로 만든 얇은 잔이 좋으며, 와인의 맛을 정확하게 음미할 수 있도록 림 부분이 얇은 것이 좋다.

세계적으로 유명한 와인 글라스 브랜드에는 오스트리아의 리델(riede), 오스트리아의 로브마이어(lobmeyr), 오스트리아의 잘토(zalto), 독일의 슈피겔라우(spiegelau), 독일의 쇼트즈위젤(schott zwiesel), 이탈리아의 자페라노(zafferano) 등이 있다. 리델은 와인 글라스 형태(shape)의 중요성을 인지하여 와인의 완벽한 맛을 표현해 주는 다양한 글라스를 최초로 만들어 낸 브랜드로 소믈리에 시리즈가 유명하다. 또한 리델은 탁월한 품질을 인정받고 있는 슈피겔라우를 인수하여 세계 와인잔 시장을 장악하고 있다. 로브마이어는 리델에 필적하는 명품 잔이며 쇼트즈위젤은 상대적으로 가격이 저렴한 것이 특징이다. 자페라노는 디자인이 아름답고 실용적인 기능도 뛰어나 시음하기에 최적화된 글라스로 평가받고 있다.

와인을 제대로 마시기 위해서는 와인 글라스의 청결 또한 중요한데 와인잔을 씻을 때는 세제를 사용하지 않고 뜨거운 물로 세척한다. 세척 후 깨끗한 리넨을 사용하여 닦은 후 거꾸로 세워 자연 건조시키면 잔의 얼룩을 방지할 수 있다.

디캔터

디캔터는 와인병에 들어 있는 와인을 옮겨 담을 때 사용되며 디캔터에 와인을 옮겨 담는 행위를 디캔팅(decanting)이라고 한다.

디캔팅의 목적은 세 가지로 나눌 수 있다. 첫 번째는 침전물을 제거하기 위해서이다. 두 번째는 와인에 산소를 공급하여 더 많은 아로마와 부케를 발산시키고 타닌을 부드럽게 하기 위함이다. 세 번째는 디캔터에 들어 있는 와인이 시각적으로 아름답게 보이기 때문이다. 와인의 침

전물은 타닌과 색소의 결합으로 생기므로 주로 장기 숙성을 시킨 레드와인에서 관찰된다. 침전물은 몸에 해로운 것은 아니므로 반드시 걸러낼 필요는 없으나 와인의 색을 탁하게 만들고 입안에서 씹히는 느낌을 주기 때문에 제거하는 것이 좋다. 오래된 와인은 대체로 연약한 경우가 많아 세심한 디캔팅이 필요하며 잘못된 디캔팅은 오히려 와인의 구조를 망가뜨릴 수 있으므로 주의가 필요하다. 레드와인은 부케와 아로마를 풍부하게 하기 위해 디캔팅을 하는 경우가 많다. 풍부한 맛과 향을 위해 고급 화이트와인을 디캔팅하는 경우도 있지만, 이는 스월링(swirling: 공기와 접촉하도록 와인 글라스를 돌려주는 것)만으로도 원하는 목적을 이룰 수 있다. 대부분의 화이트와인은 신선한 아로마를 유지하기 위해 굳이 디캔팅하지 않는다.

와인 오프너

와인의 코르크 마개를 제거할 때 사용하며 용도에 맞는 다양한 형태가 있다.

소믈리에 나이프(sommelier knife) 대부분의 소믈리에들이 사용하는 도구로 waiter's friend라고 부르기도 한다. 소리가 나지 않게 우아하게 코르크 마개를 오픈할 수 있는 도구이다.

윙 스크류(wing screw) 스크류를 코르크 마개에 넣고 윗부분을 돌리면 양쪽 날개가 올라오기 때문에 버터플라이(butterfly)라고도 한다. 특별한 기술이 필요 없기 때문에 초보자가 사용하기 쉬운 오프너이다.

코르크 스크류(cork screw) T자형으로 가장 초보적인 형태의 와인 오프너이다. 단순한 형태지만 힘으로 코르크 마개를 빼야 하기 때문에 사용이 편하지는 않다.

아소(ah-so) 오래된 코르크 마개를 오픈할 때 사용한다. 와인병 입구와 코르크 사이로 두 개의 다리를 살살 넣고 좌우로 돌리면 마개가 쉽게 올라온다.

스크류 풀(screw pull) 나사(NASA)에서 개발한 것으로 한 방향으로 돌리면 코르크 마개가 오픈된다. 스크류 끝이 코르크를 관통했다가 올라오기 때문에 코르크 부스러기가 와인에 떨어질 수 있다.

소믈리에 나이프

윙 스크류

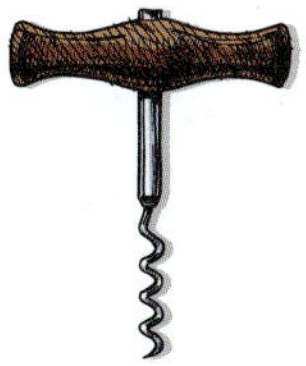
코르크 스크류

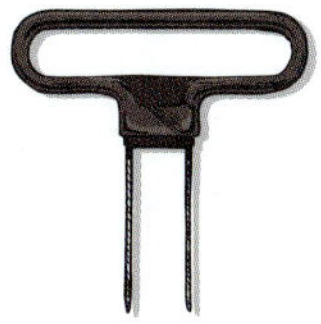
아소

스크류 풀

아이스 버킷(ice bucket)

다양한 종류의 와인은 와인의 특성에 맞는 적정 온도로 마시면 더 맛있게 즐길 수 있다. 차갑게 마시는 화이트와인과 스파클링 와인, 스위트 와인을 칠링하고, 차가운 온도를 유지해야 때 아이스버킷을 사용한다. 아이스버킷을 사용할 때 물과 얼음을 1 : 1로 채워 와인을 칠링하면 효과가 빠르게 나타난다. 와인의 온도가 적정한지 측정할 때 부착식 온도계를 사용할 수 있는데 스티커 형식으로 되어 있어 와인병에 붙이면 해당 와인의 온도가 표시된다.

부착식 와인 온도계

와인의 적정 음용 온도

와인 스타일	음용 온도
medium body white, full body white(oaked)	약간 차게, 12℃
light body white	차게, 10℃
sweet wine	충분히 차게, 6~8℃
sparkling wine	충분히 차게 6~8℃
light body red	약간 차게, 12℃
medium body red, full body red	실내 온도, 17~18℃

와인과 요리의 페어링 법칙

대부분의 와인은 요리와 함께 즐길 목적으로 만들어졌다. 특정 요리와 어울릴 수 있는 와인이 한 종류만 있는 것은 아니지만 특히 잘 어울리는 조합은 있다. 요리와 와인의 조합은 간단하지는 않지만 요리와 와인의 체계적인 매칭법을 알고 있으면 요리와 와인의 맛을 훨씬 더 만끽할 수 있다. 요리와 와인의 기본매칭법은 요리와 와인의 기본요소를 분석한 후 각 요소들이 조화를 이루도록 균형을 맞추는 것이다. 요리의 맛이 와인의 맛을 압도해서는 안 되고 와인이 요리의 맛을 제압해서도 안 된다. 그렇다면 와인에 요리를 맞춰야 할까, 아니면 요리에 와인을 맞춰야 할까? 주인공이 와인이면 와인에 맞는 요리를 선택하고 요리가 주인공이라면 요리와 궁합이 좋은 와인을 선택하는 것이 좋다. 우리가 잘 알고 있는 매칭법은 생선 요리에는 화이트와인을, 육류 요리에는 레드와인을 선택하는 것이다. 화이트와인의 산도가 생선의 향을 더 좋게 하고 살균작용을 하며, 레드와인의 타닌이 붉은 살 육류를 부드럽게 해주고 육류 단백질과 지방이 타닌의 떫은맛을 줄여주기 때문이다. 그러나 이러한 매칭법은 와인과 요리의 매칭이 보편화되지 않았을 경우 사용했던 방법이다. 요리의 여러 요소들이 와인의 맛에 영향을 주기 때문에 요리의 주재료에만 맞춰 와인을 선택해서는 안 되며 요리와 와인의 맛을 즐기기 위해서는 세밀한 접근이 필요하다. 다음은 요리와 와인의 기본 매칭법이다.

요리의 무게감과 와인의 바디감을 매치한다

요리와 와인을 매치할 때 가장 먼저 고려해야 할 요소가 요리와 와인의 무게감을 일치시키는 것이다. 로스트 비프나 소고기 캐서롤, 돼지고기 캐서롤, 소고기 스테이크, 양고기 스테이크 같은 무거운 요리는 풀바디 와인과 잘 어울린다. 이러한 육류 요리에 레드와인을 주로 선택하는 이유는 화이트와인은 대체로 가볍고 레드와인은 무거운 느낌의 와인이 많기 때문이다. 즉, 와인의 색이 아니라 바디감 때문에 레드와인을 선택하는 것이다. 따라서 바디감이 높은 육류 요리는 라이트 바디의 레드와인보다는 풀 바디 화이트와인과 매치하는 것이 훨씬 좋은 선택이지만 바디감이 높은 육류 요리의 전통적인 매칭법은 풀 바디 레드와인을 선택하는 것이다. 요리와 와인의 바디감이 일치하고 육류 단백질과 타닌의 상호

작용으로 긍정적인 효과를 주기 때문이다. 닭고기나 칠면조 같은 흰 살 육류는 가벼운 타입의 레드와인도 좋지만 화이트와인과의 조합이 무난하다. 와인과 매칭할 때에는 요리의 소스도 고려해야 한다. 풍부한 질감의 크림 소스가 곁들여진 요리는 바디가 충분한 와인을 골라야 한다. 일반적으로 크림 소스는 화이트와인과 토마토 소스는 레드와인과의 조합이 좋다.

요리 맛의 강도와 와인 풍미의 강도를 매치한다

바디감 다음으로 가장 중요한 요소는 요리와 와인 풍미의 강도를 일치시키는 것이다. 일반적으로 리슬링이나 소비뇽 블랑은 바디는 가볍게 느껴지지만 풍미는 강한 와인이 주로 생산된다. 샤르도네는 풍미의 강도는 약하지만 무게감이 있는 와인이 많이 생산된다. 풍미의 강도가 낮은 와인과 강한 풍미의 요리는 서로 어울리지 않으므로 요리의 풍미가 강하면 풍미의 강도가 높은 와인과 매치해야 한다. 조리방법도 풍미의 강도에 영향을 준다. 찜 요리는 풍미가 약한 와인을, 약한 불에 오래 끓이는 스튜 등은 강렬한 풍미의 와인을 선택하는 것이 좋다. 야생버섯과 양송이버섯을 비교해 보자. 풍미의 강도가 강한 야생버섯을 이용한 요리는 맛과 향이 풍부한 와인과의 조합이 좋다. 강하게 훈제한 요리는 비교적 강한 특성을 가진 와인과 매치해야 한다. 가볍게 훈제한 연어 요리는 오크 처리한 샤르도네 와인이나 샴페인과의 조합이 좋고 훈제향이 강한 바비큐 등은 오크향이 잘 느껴지는 쉬라즈 와인과 잘 어울린다. 훈제향이 강할수록 와인의 오크 향도 강해야 한다. 요리의 과일 향은 과일 향기나 꽃향기가 나는 와인과 잘 어울리므로 포도향과 꽃향이 강한 모스카토 와인은 과일 샐러드나 과일과 좋은 매칭을 이룬다. 강한 향신료가 사용된 요리는 요리와의 균형을 위해 풍미가 강한 와인이 적합하며, 강한 양념의 요리는 재료보다 양념에 맞춰 와인을 선택하는 것이 좋다.

신맛이 나는 요리는 산도가 높은 와인과 매치한다

요리의 신맛은 함께 마시는 와인을 덜 시게 느껴지도록 한다. 따라서 요리의 신맛은 곁들이는 와인의 산도와 비슷해야 한다. 토마토, 레몬, 라임, 식초, 파인애플 등을 사용한 산도가 높은 요리에는 산도가 높은 와인이 필요하다. 높은 산도는 이탈리아 레드와인의 특징으로, 토마토를 이용한 이탈리아 요리는 이탈리아 레드와인과 좋은 궁합을 이룬다. 키안티(chianti), 발폴리첼라(valpolicella) 등은 산도가 높은 대표적인 이탈리아 레드와인이다. 이와 같이 그 나라의 요리에 그 나라의 와인을 선택하는 것은 전통적인 매칭법 중 하나이기도 하다.

단 요리와 스위트 와인을 매치한다

드라이 와인과 단맛이 나는 요리를 매치하면 드라이 와인의 드라이한 성격을 더욱 강하게 하여 와인이 지나치게 시게 느껴진다. 따라서 단맛이 나는 요리는 비슷한 당도나 그 이상의 당도를 지닌 와인과 매치해야 한다. 요리가 달수록 와인의 맛이 달아야 한다. 스위트 와인인 프랑스의 소테른(sauternes) 와인은 달콤한 케이크와 잘 어울린다.

짠 요리는 스위트 와인이나 산도가 높은 와인과 매치한다

짠맛에 약간의 단맛을 더해줄 때 맛이 더욱 좋게 느껴진다. 따라서 스위트한 프랑스의 소테른 와인과 짠맛이 강한 프랑스의 로크포르 치즈는 완벽한 조합이라고 할 수 있다. 오이스터(oyster)는 샤르도네 품종으로 만든 산도가 높은 샤블리(chablis)와 좋은 매칭을 이룬다.

기름기가 많은 생선 요리와 타닌이 많은 레드와인의 조합을 피한다

타닌과 기름진 생선이 만나면 불쾌한 금속성의 맛이 나므로 레드와인과 생선의 매치는 피하는 것이 좋다. 따라서 생선 요리는 화이트와인과 매치하지만 연어나 참치 같은 미티(meaty)한 생선은 타닌이 낮은 레드와인과의 조합도 가능하다.

기름진 요리는 산도가 높은 와인과 매치한다

와인의 산도는 기름진 요리의 풍부한 맛을 줄여주므로 산도가 높은 화이트와인과 튀김요리는 좋은 궁합을 이룬다고 할 수 있다. 우리나라의 전 요리 또한 산도가 높은 화이트와인과 조합이 좋으며 독일의 리슬링, 뉴질랜드의 소비뇽 블랑 등은 산도가 높은 대표적인 화이트와인이다.

와인을 숙성시키면 맛이 좋아질까?

와인의 숙성이란 와인과 산소가 접촉하면서 와인이 변하는 것으로 산화라고 할 수 있다. 과도한 산화는 와인의 품질을 떨어트리지만 조금씩의 산화는 와인을 긍정적으로 발전시킬 수 있다. 그러나 이러한 숙성을 거치면서 발전할 수 있는 와인은 전체 와인의 10% 정도를 차지하는 고급 와인이며 중저가의 와인들은 병입 후 시간이 지나면서 품질과 맛이 급속도로 떨어지므로 중저가 와인을 구입할 때는 최근 빈티지(vintage: 포도를 수확한 연도)의 와인을 선택하는 것이 맛있는 와인을 마실 수 있는 방법이다.

제 4 부

음식, 오감으로 먹다

CHAPTER

9

감각과학과 식품 이야기

맛있는 음식이란 | 감각으로 느끼는 맛 | 관능검사란

맛있는 음식이란

맛의 의미

음식의 맛을 보는 데 있어서 혀가 하는 일은 극히 일부분에 불과하다. 즉, 무언가의 맛을 본다는 것은 냄새, 촉감, 시각, 청각으로부터 수많은 영향의 결과이다. 무엇을 기대하고 무엇을 알고 있느냐에 따라 맛도 다르게 느껴진다. 결국 음식을 통해 느끼는 다양한 맛과 경험은 혀가 아니라 뇌에서 일어나는 것이다.

우리는 눈으로, 귀로, 코로, 기억으로, 상상력으로 음식을 먹으며 최종적으로 모든 것은 감정과 감각에 관련되어 있다. 즉, 다섯 가지 맛을 감지하는 혀보다, 심지어 수많은 냄새를 감지하는 코보다 훨씬 더 음식에 대한 우리의 반응을 결정하는 핵심은 감정과 감각인 것이다.

우리가 음식에서 얻는 즐거움은 우리가 상상했던 것보다 훨씬 더 우리의 기억이나 연상, 감정 같은 주관에 의존한다. 예를 들면 분위기나 소리, 촉감, 빛, 씹는 소리, 같이 먹는 사람, 냄새, 배경 음악의 높낮이와 빠르기 등은 맛에 영향을 미칠 수 있다.

즉, 맛이란 혀에 있는 미각세포를 통해 느껴지는 맛(taste), 입 안으로 들어가기 전 냄새, 목구멍 혹은 코로 퍼지는 풍미(flavor), 음식을 입에 넣었을 때 입안에서 느껴지는 질감(texture), 눈으로 보면서 시각적으로 먹고 싶다고 느끼는 색이나 외관, 온도감각, 통각, 내장감각, 감정, 분위기, 취향, 심상, 문화까지 식품을 섭취할 때 느끼는 모든 감각의 총합이라고 할 수 있을 것이다.

미식

음식과 음료를 맛볼 때 여러 감각 경험에 영향을 미치는 요인들을 과학적으로 연구하는 학문인 미식(gastrophysics)은 gastronomy(요리학)와 psychophysics(정신물리학: 물리적 자극과 감각 및 인식 사이의 관계를 정량적으로 연구하는 학문)가 접목된 것으로 실험심리학, 뇌인지과학, 감각과학, 신경요리학, 마케팅, 디자인, 행동경제학 등 여러 학문 분야의 발달과 관련이 있다. 우리가 무엇을 먹고 마시며, 얼마나 단맛을 내고, 얼마나 풍미가 강하며, 얼마나 좋아하는지에 영향을 미치는 감각과 관련된 미식신경학과 음식을 먹을 때 뇌 신경망의 변화를 뇌 스캐너로 관찰할 수 있게 되면서 맛과 관련된 정보를 뇌가 어떻게 처리하는지 연구하는 신경요리학은 식음료 산업과 음식을 먹고 마실 때의 경험을 이해하고 개선하는 데 반드시 필요한 분야라고 할 수 있다.

검은 유리잔의 와인이 붉은 조명을 받으면 더 달콤하고 향기롭게 느껴지는 것처럼, 시각이나 미각, 청각 등의 감각들은 서로 더 많이 연결되어 있다. 보는 대상을 바꿈으로써 청각을 바꿀 수 있고, 듣는 대상을 바꿈으로써 느낌을 바꿀 수 있으며, 감정을 바꿈으로써 맛을 다르게 느낄 수도 있다. 하나의 감각영역에서 일어나는 일이 다른 영역의 경험에 영향을 미치는 통합감각에 대한 연구를 토대로 미식에 대한 통찰이 이루어졌다. '아삭' 하고 음식이 부서지는 소리를 변화시킬 경우 뇌에서 듣고 느낀 것이 통합되어 신선하고 바삭하다는 다중 감각적 인식으로 연결된다. 요리와 관련된 속설 중 미학적으로 홀수 개의 음식을 플레이팅하라고 하지만, 수천 명의 사람들에게 음식 접시를 보여준 결과, 사람들은 접시에 음식이 많을수록 좋아하는 것으로 나타났다.

플레이팅 법칙: 홀수 개의 음식을 좋아할까
출처: Woods AT, Michel C, & Spence C., 2016(https://doi.org/10.7717/peerj.1526)

사람들이 어떤 식품을 먹었을 때 느낄 수 있는 맛의 원인 물질은 그 식품 속에 일정한 농도로 존재하고 있으며 먹는 사람에 따라 그 농도가 변하는 것이 아니다. 그러나 맛을 보는 사람의 신체적, 심리적 상태나 식사 환경은 물론 식문화, 식습관 등에 따라 맛있다라고 느끼는 정도, 기호도는 분명 다르게 나타난다. '맛있음' 속에 맛이 있지만, 맛만으로 '맛있음'이 결정될 수는 없는 것이다.

감각으로 느끼는 맛

입은 5가지 맛(五味)을 느끼다

입에서 느껴지는 5가지 맛은 미뢰(taste bud)에 맛을 내는 물질이 닿아 신경세포를 따라 뇌에 전달되어 기억 속에 잠재된 정보와 비교한 후 단맛, 신맛, 짠맛, 쓴맛, 감칠맛 또는 매운맛, 떫은맛 등으로 인식된다. 즉, 혀에 위치한 미각세포의 화학 수용체와 통각 수용체를 통해 감지되는 자극을 의미한다. 쓴맛은 농도가 낮은 수준에서도 쉽게 그 맛을 느낄 수 있는 역치가 낮은 반면, 단맛은 맛을 감지하기 위해서 상대적으로 높은 수준의 단맛 물질 농도가 필요하다. 이와 같이 맛 특성 사이에는 차이가 존재한다.

혀의 미각 수용체는 균일하게 분포되어 있지 않으며, 다섯 가지 기본맛을 담당하는 각각의 미뢰는 혀의 앞, 양옆, 뒤에 주로 분포하며 혀의 가운데에는 미뢰가 없다. 그런데 많은 사람들은 혀의 앞부분으로 갈수록 단맛을 더 많이 느끼고 양옆에서 신맛을 더 느끼며 혀 뒤로 갈수록 쓴맛과 떫은맛을 더 많이 느낀다고 하는 것은 음식을 먹을 때 후각 자극을 구강 자극으로 오인하거나, 딸기나 바닐라 등의 향이 단맛을 더 강하게 느끼게 하는 후각적 달콤함 때문일 것이다.

대부분의 사람들이 맛이라고 부르는 것은 풍미일 경우도 많고, 사람들이 풍미라고 묘사하는 것이 맛으로 밝혀지는 경우도 있다. 탄 맛, 고기 맛, 과일 맛은 기본맛인 단맛, 신맛, 짠맛, 쓴맛에 포함되지 않으며 엄밀히 말하면 풍미에 해당된다. 맛과 풍미의 차이는 코를 막아도 뒤에 남는 것이 맛이지만, 감각 사이의 복잡한 상호작용으로 맛은 단순하고 분명하게 구분되지 않는다.

맛이나 풍미를 감지하는 감각과 관련된 유전적 차이는 지역이나 문화에 따라 다르다. 사람들 중 약 50% 정도는 독특한 냄새가 나는 스테로이드 물질인 안도스테론(andosterone)의 냄새를 맡지 못하는 후각 상실 증세를 보인다. 약 35%의 사람들은 이 냄새를 아주 불쾌한 썩은 냄새, 땀 냄새, 또는 오줌 냄새로 느끼기도 하며 특히 200ppt(1조 분의 1 g)의 농도에서도 냄새를 감지할 수 있다고 한다. 나머지 15% 사람들은 완전히 다른 냄새, 달콤하고 향긋한 사향 또는 나무 냄새로 느끼기도 한다.

그리스어로 '빈대'를 가리키는 코리스(Koris)에서 이름이 유래한 고수는 우리말로도 '빈대풀'이라고 부르는데 빈대와 고수의 냄새가 비슷하기 때문이며, 실제로 특유의 향기 성분을 공유한다. 대부분의 사람들은 신선하고 향기로운 냄새로 느끼고 고수를 좋아하지만 일부 사람들은 비누 맛이 나며, 먼지나 벌레 또는 곰팡이를 연상하기도 한다.

특정 향기를 느끼지 못하는 후각맹(嗅覺盲)은 개인별 차이가 심하여, 세계적으로 유명한 와인 전문가들도 같은 와인을 다르게 맛볼 수도 있다. 같은 특성의 풍미를 느꼈지만 한 사람은 좋아하고 다른 한 사람은 마음에 들지 않게 느낄 수 있으며, 아니면 두 사람이 다른 맛으로 느낄 수도 있다.

맛의 상호작용이란?

달콤한 과자를 먹은 후 귤을 먹으면 신맛이 더 강하게 느껴지며, 새콤한 레몬을 먹은 후에는 맹물이라도 달콤하게 느껴진다. 또 단팥죽이나 팥고물에 단맛을 내기 위해서 소금을 약간 넣어주면 더 달게 느껴지기도 하며, 신 김치에 설탕을 넣으면 신맛을 약하게 느끼게 된다.

음식이 맛있는 온도는?

다른 맛 성분이 주된 맛을 강하게 하거나 약하게 하는 현상은 온도와도 관련이 있는데, 미지근한 콜라는 단맛이 강하게 느껴지고, 처음에 간을 봤을 때 맞았던 국물 요리가 식은 후에는 더 짜게 느껴진다. 낮은 온도에서는 단맛을 잘 느끼지 못하므로 아이스커피에 설탕을 상대적으로 많이 넣을 수 있다.

맛에 따라 맛있게 느껴지는 온도가 다르다. 단맛은 20~50℃, 특히 체온과 비슷한 온도에서 가장 맛있게 느껴지며, 신맛은 5~25℃, 짠맛은 30~40℃에서 기호도가 증가한다. 쓴맛은 40~50℃이며 매운맛은 50~60℃에서 가장 맛있게 느껴진다.

어떤 색깔이 더 맛있을까?

우리 뇌의 절반은 시각적 정보를 처리하며 미각 부분은 고작 몇 퍼센트에 불과하여 음식 맛은 미각보다 시각으로 판단되기 때문에 눈이 혀보다 먼저 맛을 느끼게 된다. 무색 음료를 맛보았을 때 향이나 맛만으로 어떤 주스인지 판단하기 어렵다. 오렌지색의 컵에 사과맛

주스를 마시게 했더니 오렌지향이 나는 사과주스 맛이라고 느끼는 사람들이 많았다. 이렇게 시각적 요소에 의해 맛의 정체성이 혼돈되는 이유는 시각적 정보를 후각이나 미각 정보보다 더 빠르게 인지하기 때문이다. 또, 사람들은 파란색 음식을 꺼리고 붉은색 음식을 선호하는데 이와 같이 색으로 맛을 평가하는 것은 자연에서 체득한 경험에 기인하는 것으로, 자연에는 파란색 음식이 드물고 잘 익은 과일 대부분이 붉은색이기 때문이다.

독일 요하네스 구텐베르크 대학 심리학연구소 발표에 따르면 사람들은 같은 와인이라도 붉은색 조명에서 마실 때가 흰색이나 초록색 조명보다 50% 더 달게 느낀다고 한다. 설탕 함량이 10% 더 높은 녹색음료보다 분홍색 음료가 더 달다고 평가하였다. 즉, 어떤 경우에는 심리적으로 맛을 강화하는 것이 진짜로 맛을 강화한 것과 전혀 구분되지 않을 수도 있다.

자연적으로 희소한 파란색은 최근 마케팅 전략으로 도입되어 소비자의 시선을 사로잡는 데 사용되기도 하였는데, 스페인에서 2016년 밀레니엄 세대를 타깃으로 파란색 와인이 생산되기도 하였다.

색의 효과는 음식에 따라 달라지는데 음식의 실제 색을 감추기 위해 불빛을 어둡게 한 상태에서 파란색 스테이크와 녹색 튀김, 선홍색 콩을 제공한 후 식사 도중에 불을 켜면 자신들이 맛있게 먹고 있던 고기와 생선에 혐오 반응을 일으켜 상당수가 심한 메스꺼움을 느끼기도 하였다.

파란색 마케팅: 음식의 기호도에 미치는 색의 효과
출처: http://www.seehint.com/hintx.asp?no=12808

실제 맛을 내는 성분은 동일하지만 제품이나 포장의 색을 변경하면 맛이 다르다고 평가되기도 한다. 음식에 핑크빛 조명을 비추면 더 달게 느껴지기도 하고, 오렌지색 구강 청결

제가 파란색 제품만큼 떫지 않다고 느끼는 경우도 있다.

맛은 접시 모양이나 색, 크기, 접시 위에 놓인 채소의 방향에도 영향을 받을 수 있다. 양파를 포함한 채소가 접시 위에서 몇 도 기울어져 있을 때 가장 맛있어 보이는지 인터넷을 통해 설문조사를 한 결과, 사람들은 12시 방향(정확하게는 12시에서 시계 방향으로 약 3° 기울어진 방향)일 때 가장 맛있게 느끼는 것으로 보고되었으며, 또 사람들은 명화를 본떠서 만든 샐러드가 재료를 기하학적으로 배치한 샐러드나 일반적인 샐러드보다 더 맛있다고 평가하였다. 영국 옥스퍼드 대학 연구에 의하면 세 가지 샐러드는 재료나 소스는 모두 같았으며, 평가자들도 각각의 샐러드에서 단맛, 신맛, 짠맛, 쓴맛 네 가지는 모두 같다고 대답하였다. 하지만 전체적인 맛은 추상화 모양 샐러드가 가장 좋다고 평가하였는데 이는 명화를 본뜬 음식이 더 많은 수고가 들어갔다고 판단하여 맛에 대한 기대를 더 하기 때문이라고 설명하였다.

일반샐러드 | 재료를 기하학적으로 배치한 샐러드 | 칸딘스키 추상화 모방샐러드 | 칸딘스키 추상화

추상화 모양 샐러드: 음식의 기호도에 미치는 샐러드 모양의 효과

출처: http://www.seehint.com/hintx.asp?no=12808

접시 크기에 따라 음식의 양이 다르게 느껴지기도 하는데 큰 접시는 상대적으로 음식 양을 적어 보이게 하므로 접시 크기가 두 배가 되면 섭취량도 증가한다. 요즘 혼자 식사하는 사람들은 식사를 하면서 '먹방'을 자주 보는 경향이 있는데 이는 마치 테이블에서 누군가

와 같이 먹는 기분을 들게 하여 먹는 양이 늘어날 수 있다. 반대로 거울로 음식 그릇을 반만 보여 주면 뇌가 거울에 비친 부분까지 음식으로 착각해 실제보다 포만감을 느껴 식이 조절이 가능하다는 것이 증명되기도 하였다.

똑같은 딸기 무스라도 검은 접시보다 흰 접시에 담아냈을 때 더 달고, 더 풍미가 좋으며 훨씬 더 마음에 든다고 평가하는 경향이 있어 단맛으로 인식되고자 하는 음식은 하얀색 용기에 담을 때 더 달게 느껴질 수 있음을 확인하였다. 마찬가지로 커피잔의 색상에 따라 커피맛을 다르게 느끼는데 실험대상자들은 파란색 컵에 있는 커피가 더 달콤하다고 평가한 반면, 흰색과 투명한 컵에 담긴 커피의 향과 쓴맛을 더 강하게 느끼는 것으로 나타났다. 특히 흰색 컵에 담긴 커피에서 쓴맛을 가장 강하게 느끼는 것은 커피의 짙은 갈색이 시각적으로 전달되었을 때 뇌는 쓴맛으로 인식하므로 흰색의 경우 커피 색이 더 선명하게 인식되기 때문이다.

충동을 억제하기 힘든 간식은 빨간색 그릇에 담으면 빨간색에 대한 회피 동기를 이끌어내 적게 섭취하는 경향이 있어 손이 덜 가기도 한다.

코를 막으니 맛이 사라지다

실제로 입으로 느끼는 맛은 다섯 가지이고, 나머지 맛이라고 생각하는 것들은 코로 맡는 냄새, 즉 풍미인 경우가 많다. 요리의 다양한 맛은 음식을 먹은 후 입 뒤와 코가 연결된 작은 통로를 통해 향기물질이 휘발하면서 느껴지는 극소량의 향기성분으로, 사람들이 풍미라고 묘사하는 것이 맛으로 밝혀지기도 한다. 작은 통로로 휘발되는 백만분의 일보다 적은 농도의 향기물질이 음식의 맛을 좌우하는 것이다.

바닐라향, 캐러멜향, 딸기향은 달콤하게 느껴지는데 향에서 달콤한 '냄새가 난다'고 느끼기 때문에 식품 회사들은 단맛을 내기 위해 아이스크림에 바닐라 향을 첨가한다. 아이스크림처럼 낮은 온도에서는 미뢰가 제대로 작동하지 않아 단맛을 제대로 느낄 수 없지만 냄새는 맡을 수 있는 것이다.

신맛을 내는 유기산과 당분이 혼합된 딸기맛 성분은 미각세포에서 느끼더라도, 딸기 향

달콤한 냄새: 바나나 향, 딸기 향 아이스크림과 가공 우유

기성분이 포함되지 않으면 뇌가 딸기로 인식하지 못하게 된다. 반면 진짜 바나나가 아니더라도 적절한 당분과 바닐라 향기성분을 적절히 조합하면 바나나맛이라고 표현되기도 한다. 즉, 모든 식품의 맛에는 맛성분 물질과 함께 반드시 향기성분이 포함되어 있다. 사과의 단맛과 신맛에 향을 합해서 '사과맛'이라고 하지만 식품에서 맛과 향은 구분하기 힘들뿐 아니라 구분할 필요도 없는 감각이라고 할 수 있다.

과일이나 디저트는 기본적으로 단맛, 신맛 외에 달콤한 향과의 조화가 어우러져야 맛있다고 느끼는데 음료 제조 시 맛을 내기 위한 가장 기본적인 조건은 당과 산의 비율이며 이후 향으로 조정한다. 향은 맛에 의해 강도가 크게 달라지는데, 특히 단맛과 신맛이 있을 때 향이 강하게 느껴진다. 향기성분을 첨가한 껌을 씹기 시작한 지 2분이 지나면서 설탕 농도가 떨어지면 실제로 향은 그대로 유지되지만 향이 급격히 약해진 것으로 느낀다. 즉, 향의 강도는 향 자체 농도보다 단맛에 더 많은 영향을 받기 때문에 껌 향기가 오래가도록 하기 위해서는 향기의 지속성보다 단맛의 지속성을 유지시키는 것이 핵심기술이다.

딸기향, 감미료, 산미료가 혼합된 시료에서 딸기향만 차단한 경우는 향이 없는 상태인데도 알아차리지 못하고 산을 차단하면 향이 40% 정도 약해졌다고 느끼며, 당을 제거했더니 향이 완전히 없어졌다고 느끼는 실험 결과가 있다. 이와 같이 우리가 느끼는 향기는 맛의 기본바탕 위에서 제 기능을 한다.

코를 막아 코로 올라가는 공기를 차단하거나 비염이 생기면 다양한 맛을 느끼지 못하는 것처럼 느껴지며, 코를 막고 먹어보면 맛은 희미해지고 불완전해지거나 느끼지 못한다.

금방 갈은 원두로 내린 뜨거운 커피향을 온전히 느끼려면, 코를 대 냄새를 맡을 수도 있고, 입으로 맛을 음미할 수 있게 플라스틱 뚜껑에 향을 맡을 구멍을 하나 더 뚫어주면 맛과 향을 동시에 느낄 수 있다. 또, 뚜껑이 완전히 열리는 용기에 맥주를 담는다면 내용물을 잘 볼 수도 있고 맥주향도 더 잘 맡을 수 있을 것이다.

향기 구멍을 추가한 테이크아웃 커피 뚜껑

완전히 열리는 맥주 캔 뚜껑

향기 강화 용기

비행기 내에서는 기압이 낮아져 단맛, 신맛, 짠맛, 쓴맛을 느끼기 어려워서 기내식이 맛없다고 느끼는 것이며, 음식 표면에서 나오는 휘발성 향미 분자의 수가 줄어들어 풍미를 지각하는 능력이 떨어져 맛이 없다고 느끼게 된다.

전자 코는 어떻게 냄새를 맡을까?

전자 코에서는 후각 수용체의 역할을 후각 센서가 대신한다. 즉, 냄새 분자가 후각 센서와 결합하면 전기 저항이 바뀌면서 전기 신호가 발생하는데 이 신호가 소프트웨어로 전달되어 전자 코가 냄새를 인식하게 된다. 전자 코는 전기 신호가 약해도 소프트웨어가 인식할 수 있는 정도의 크기로 바꾸어 주는 신호 증폭기가 있어 사람보다 더 감응도가 높다.

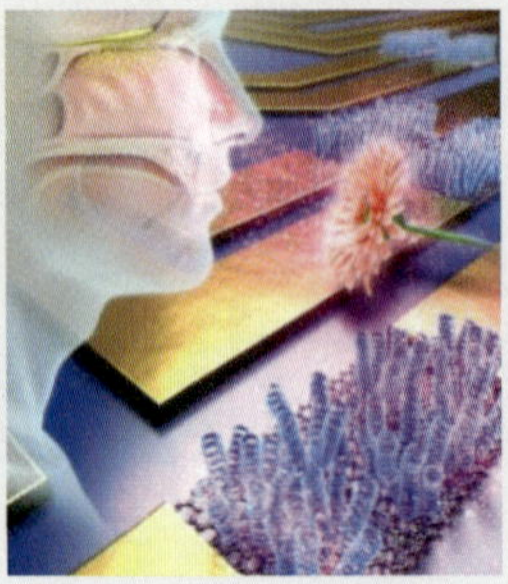

바삭거리는 소리로 먹다

감자칩이나 과자의 바삭거림은 이로 씹을 때 느낄 수 있다고 생각하지만, 이에는 통각 수용체가 없기 때문에 음식을 베어 물거나 씹을 때 느끼는 감각은 이를 제외한 입의 나머지 부분과 턱에 위치한 감각 수용체를 통해 전달된다.

눅눅해진 감자칩을 먹을 때 휴대 전화 애플리케이션 등으로 바삭거리는 소리를 증폭시켜 들려주었더니 뇌는 소리가 없을 때보다 감자칩을 더 바삭하고, 신선하고, 맛있게 느낀다는 실험 결과가 있다. 또한 사과를 먹을 때 나는 상쾌하게 부서지는 소리를 질척거리는 소리로 바꾸었더니 사과에 대한 아삭함과 단단함에 대한 평가점수가 달라졌다는 실험 결과 역시 통합적 감각이 일으키는 착각으로, 소리가 맛에 영향을 미칠 수 있음을 알 수 있다.

간을 적게 하거나 맛이 부족한 음식에 소리로 맛을 더하는 '음향 양념'(소리 양념) 개념을 적용하여 맛을 증진시킬 수 있다는 사실을 과학적으로 증명한 셰프들은 이를 반영한 신메뉴를 출시하기도 하였다. 실제 영국 셰프 헤스턴 블루멘털은 자신의 레스토랑 메뉴로 소라껍질 속에 mp3를 넣어 바닷가 소리를 들으며 먹는 해산물 요리 '바다의 소리'를 개발하였고, 이 메뉴는 그 레스토랑의 대표 메뉴가 되었다. '소리 양념'은 특정한 소리나 음악을 이용하여 음식의 맛을 체계적으로 조절하는 것이다.

2014년 영국 항공은 '소리 간식'을 서비스하기 시작했으며, 장거리 승객에게 소리 양념(sound bites) 선택권을 부여하였다. 기내식을 선택하면 좌석에서 음식의 맛을 보완하기 위해 선택된 음식과 관련된 지역의 특별한 음악을 들려주어 지역색을 더 강화시키는 것이다.

바삭거리는 감자칩

소리 양념을 적용한 영국 레스토랑 The Fat Duck의 요리 "Sound of Sea"

바닷가 소리가 나는 소라껍질

소리 양념 : 소리가 맛에 미치는 효과

높은 음이 많이 포함된 사운드에서는 달콤 씁쓸한 신더 토피(땅콩에 땅콩버터와 설탕을 넣어 바삭하게 만든 사탕)의 단맛이 더 강하게 느껴지고, 반면 낮은 음의 소음을 들으면 쓴맛이 더욱 강해져 기내에서의 맛 경험을 바꿔 놓을 수도 있는데, 그 효과는 5~10% 정도라고 한다.

이러한 원리를 이용하여 당 섭취를 조절해야 하는 당뇨병 환자를 위해 '달콤한 소리가 나는 플레이리스트'를 만들 수 있는지 연구가 시작되었으며, 뇌가 음식을 실제보다 더 달게 느끼면 설탕의 부작용을 피하면서 음식을 더 맛있게 즐길 수 있을 것으로 기대된다.

피부로 맛보다

햄버거를 손으로 먹을 때와 포크와 나이프를 사용하여 먹을 때 맛의 차이가 있을까? 음식을 입보다 손으로 먼저 어떻게 느끼느냐가 입 속에서의 느낌에 영향을 미친다는 연구 결과가 있다. 바삭한 프레첼과 눅눅한 프레첼을 이어붙여 하나로 만든 것을 먹을 때 손으로 잡히는 부분이 눅눅할 경우, 입으로 깨무는 부분이 실제로 바삭한 부분이어도 프레첼을 눅눅하게 느끼는 것으로 나타났다. 즉, 손에서 느껴지는 촉각이 입안에서 느낌을 설명하는 데 영향을 주는 것이다.

입에서 느껴지는 음식의 질감은 음식의 기호도를 결정하는 데 강력한 요인이 되기도 한다. 굴에 대해 거부감을 갖는 사람들은 맛이나 향이 아니라 미끈거리고 끈적거리는 느낌 때문이라고 하며, 익숙하지 않은 사람들에게 일본의 낫토 역시 질감과 농도가 강렬하게 기억된다. 또, 입안에서 사르르 녹는 느낌이 좋은 초콜릿과 흐물거리고 녹아내리기 직전의 초콜릿 질감의 차이는 사람들에게 초콜릿의 질뿐만 아니라 최종적으로 선호 여부를 결정하는 데 중요한 이유가 될 것이다.

뜨거운 음식은 납작한 접시보다 깊고 둥근 그릇에 담길 때 풍성한 냄새로 후각적 자극을 받아 만족감이 높아질 수 있을 뿐만 아니라 둥근 식기 아랫부분을 잡으면 음식의 온기와 함께 위안을 느끼게 된다. 또 손에 느껴지는 그릇의 무게가 무거울수록 포만감을 느낄 확률이 높으며, 식기의 질감이 음식의 맛까지 개선시킨다는 것이다. 즉, 음식이나 음료에 대한 느낌과 컵이나 접시에 대한 느낌을 분리하기 어렵기 때문에 촉각이 맛 경험에 큰 영향을 미치는 것이다. 레몬 느낌을 주기 위해 레몬 크기와 색, 감촉까지 비슷한 포장 용기를 사용한 레몬주스 제품과 실크처럼 매끈한 최고급 초콜릿 상자 등은 이를 활용한 예라고 할 수 있다.

한편, 입안에서 톡 쏘듯 터지는 탄산 기포의 '느낌'은 통각이 아니라 혀의 신맛 수용체에 의해 매개되는 '맛' 감각에 의해 느껴지는 것이다. 음식을 한 입 베어 물거나 씹을 때 느끼는 감각은 통각 수용체가 없는 이를 제외한 입의 나머지 부분과 턱의 감각 수용체를 통해 전달되므로, 이를 제외한 입의 나머지 부분이 작동하지 못하면 음식의 질감에 대한 정보를 전혀 얻을 수 없다.

음식 이름을 바꾸니 맛이 바뀌다

남태평양과 남극 등의 심해에 서식하는 '파타고니아 이빨고기' 요리를 '칠레산 농어'(우리나라서는 흔히 메로라고 불리는 생선) 요리로 이름을 바꾸었더니 이 생선의 판매량이 전 세계적으로 1000% 이상 상승했다고 한다. '황금 무지개 송어'가 '브라운 송어'보다 훨씬 인기가 높으며, '파스타 샐러드'를 '파스타를 곁들인 샐러드'로 바꾸었더니 건강한 요리라고 생각하였다. 묘사적 요소들을 포함한 '아삭하고 신선한 유기농 정원채소를 곁들인 나폴리식 파스타'라고 하면 긍정적으로 평가하였으며, 'ㅇㅇㅇ 농장의 ㅁㅁㅁ 농부가 생산한 치즈'라고 하면 식품의 가치가 높게 평가되었고 소비자는 비싸도 구매하는 경향을 보였다.

게 리소토에 가니쉬로 곁들인 '게 아이스크림'을 보고 사람들은 분홍빛 아이스크림이 주는 기대감으로 딸기맛의 달콤함을 떠올렸으나, 실제로 먹어보고 달지 않음을 알게 되었

심리적 맛 : 파타고니아 이빨고기와 칠레산 농어 요리

을 때, 즉 기대와 불일치하는 상황에 접했을 때는 매우 큰 충격을 받게 된다. 달콤할 것이라고 기대했지만, 실제로 짭짤한 맛이 나는 '게 아이스크림'을 맛있다고 느끼지 못했으며, 더 나아가 짜다, 역겹다는 반응을 나타내기도 했다. 분홍색 아이스크림을 '짭짤한 얼음'이라고 알려주거나 '요리 365'처럼 신비감을 주는 이름을 붙여주면 요리에 대한 설명이나 이름이 불러온 기대 덕분에 아무것도 말해 주지 않았을 때보다 훨씬 더 맛있게 아이스크림을 먹을 수 있다는 것이다.

음식의 이름이나 설명, 보여진 음식 안에는 항상 어떤 기대감을 불러일으키는 요소가 있다. 이런 기대는 우리의 판단과 지각에 영향을 미치는 데 단지 음식의 색과 같은 시각적 요소만 기대감을 형성하는 것은 아니다.

'심리적 맛'이란 맛을 제외한 맛에 대한 모든 것으로, 맛의 인식에 영향을 미치는 모든 요소를 의미하는데 음식의 맛과 풍미에 대해서만 기대감을 갖는 것은 아니다. 누가 만들었는지, 어떤 레스토랑에서 제공하는지, 예약을 해야 하는지, 레스토랑을 찾아가기까지의 경험도 맛에 영향을 줄 수 있다. 즉, 음식에 대한 우리의 반응, 무엇을 주문하고 먹을지, 먹기로 했다면 음식에 대해 어떻게 생각하는지가 미각 경험에 서로 다른 영향을 미칠 수 있다.

최근 신경요리학적 연구에 의하면 이름 외에 가격, 브랜드, 라벨 등 외적 표시는 뇌 활동에 극적인 변화를 나타낸다는 것이다. 특정 브랜드 콜라를 마시고 있다고 생각하면 뇌 활성화 패턴이 달라진다고 하였는데, 이는 브랜드 이름이 풍미 지각에 영향을 줄 수 있다는 사례이다. 와인을 마시는 실험자들에게 레드 와인 가격에 대해 서로 다른 정보를 주고 뇌를 관찰한 결과, 와인 맛의 강도와 와인 맛의 기호도 평가 결과, 모두 비싼 와인이 좋다고 답하였다. 뇌 스캔 분석 결과 가격 단서와 관련해 뇌의 보상중추에서 혈류가 증가하였다는 결과를 보여준 것이다. 와인이 더 비싸다고 말하는 것만으로 뇌 부위가 활성화되었으나, 맛을 처리하는 1차 미각피질 혈류량은 변화가 없었다. 반면, 아무런 가격 표시를 하지 않고 똑같은 와인을 제공했을 때는 의미 있는 차이가 보고되지 않았다. '땀에 젖은 양말' 냄새를 '치즈향이 난다'와 같이 말해 주면 냄새를 더 좋게 느낀다는 것이다.

음식이 어디에서 만들어졌다고 믿는지에 따라서도 맛의 지각이 달라질 수 있는데 공장식으로 사육된 고기라는 정보를 주거나 반대로 유기농으로 사육한 고기라고 말해 주면, 공장식 사육 고기는 덜 맛있고 더 짜고 더 기름지다고 평가하고, 더 적게 먹으며 고기값도 더 싸게 평가한다. 반면에 유기농 식품이라고 말하면, 블라인드 테스트에서는 차이를 느끼지 못하지만, 더 맛있다고 느낀다는 것이다.

식음료 회사에서 몸에 좋지 않은 재료를 줄인 '저지방', '저당'으로 표시한 제품은 맛이 다르다고 느끼지만 라벨에 표시하지 않으면 소비자들은 뭐가 바뀌었는지 맛의 차이를 느끼지 못할 수도 있다. 즉, 입 안과 마음 속에서 벌어지는 상호작용이 최종적인 맛 경험을 결정하는 것이다.

관능검사란

관능검사 정의

관능검사는 인간의 미각, 후각, 시각, 촉각, 청각의 5가지 감각체계를 이용하는 감성과학(sensory science)의 일종으로 식품의 품질 특성 가운데 관능적 특성, 즉 외관, 향미, 조직감 등을 과학적으로 평가하는 감각평가 방법이다.

인간이 측정도구가 되어 인식기관을 통해 얻어지는 물질의 특성에 대한 객관적 또는 주관적 반응을 측정하고 그 결과를 기계 및 화학적 검사로 얻은 결과와 상호 비교하여 상관관계를 분석, 해석하고자 하는 과학으로 제품을 개발하고 판매하는 데 효율적으로 이용될 수 있다.

식품은 다른 분야에 비해 후각과 미각을 자극하는 특성을 많이 가지고 있기 때문에 시각적, 후각적 관능 특성 등이 개인의 의식적, 무의식적 영역에 내재된 다양한 경험이나 기억을 자극할 때 나타나는 반응에 초점을 맞춘 감성공학 역시 관능검사의 응용분야라고 할 수 있다.

관능검사를 위해서는 목적에 맞는 관능검사 방법을 선택하고 신뢰할 수 있는 검사자(panel)로 하여금 발생 가능한 편견과 오류를 최소화할 수 있는 물리적 환경에서 검사를 시행해야 한다. 즉, 적합한 실험 설계와 체계적인 절차에 따라 관능검사를 진행하고 데이터에 대한 신뢰성 있는 통계분석 방법도 필요하다.

관능검사 영향 요인

사람이 평가한 관능적 특성의 강도가 절대적일 수는 없다. 평가하고자 하는 시료들의 구성을 달리하면 동일한 시료일지라도 다른 점수 강도로 평가될 수 있다. 단맛을 1점부터 9점 사이의 숫자로 평가하게 하고, 1, 5, 9점 강도에 해당하는 시료를 미리 학습하게 한다면 어느 정도 일정한 수준의 강도 점수를 부여할 수 있을 것이다. 이것 역시 상대적인 강도이기는 하나 객관적인 맛의 강도로 표현되므로 의미가 있을 수 있다.

별도의 훈련을 받지 않은 일반 소비자들은 사람에 따라 특정한 관능 특성, 예를 들면 쓴맛을 느끼는 민감도가 다르기 때문에 감지한 자극에 대한 강도 표현이 달라질 수 있다. 즉, 쓴맛에 둔감한 사람에게는 쓰지 않은 강도가 쓴맛에 예민한 사람에게는 상당히 쓰게 느껴질 수 있기 때문이다. 이러한 개인적이고 주관적인 맛의 강도 표현도 평가목적에 따라서는 유용한 정보가 될 수 있다.

심리적 요인

사람이 측정도구가 되었지만 관능검사 결과값을 소수점 몇 자리 질량까지 측정할 수 있는 저울과 같은 객관적 측량기구처럼 생각해서는 안 된다. 일정한 수준까지 훈련된 검사자의 평가는 일반 소비자 평가에 비해 정밀도가 높은 결과를 얻을 수 있으나 사람이 기계와 같이 재현성이 높고 정밀도가 높을 수는 없다.

관능검사는 개인의 주관적 감성에 의존하여 식품의 품질을 평가하므로 계절, 온도, 날씨, 시간 등의 검사 환경 및 건강상태, 나이, 성별, 흡연, 감정 등 검사자의 선택, 검사방법 등에서 발생할 수 있는 문제점을 통제하지 못하면 신뢰성 있고 객관적인 검사 결과를 얻기 어렵다. 금기 식품, 익숙하지 않은 식품 등의 종교 사회적인 요인, 시료의 제시방법과 검사 시에 여러 가지 요인에 의해 심리적 오차가 발생할 수 있기 때문에 올바른 검사방법으로 잘 훈련된 검사자를 이용하면 오차를 상당히 줄일 수 있을 것이다.

심리적 오차

기대오차 검사자가 시료에 대한 어떤 정보를 알고 있을 경우 선입관을 갖게 되어 발생하는 오차

자극오차 평가하고자 하는 항목과 전혀 상관없는 용기의 형태나 색 등이 평가에 영향을 주는 오차

논리오차 시료의 특성들 간에 어떤 연관이 있다고 생각할 때 일어나는 오차

후광효과 시료의 여러 가지 특성이 평가될 때 각 특성의 순위가 영향을 미치는 오차

시료 제시 순서나 제시 위치에 따른 오차

대조효과 품질이 좋거나 강도가 큰 시료가 제시되고 이어서 품질이 나쁜 시료가 제시되면 나중에 제시된 시료에 더 낮은 점수를 주게 되는 효과

시간오차(위치오차) 처음 시료에 대해서는 기대감이 있으나 갈수록 피로나 무관심이 생기면서 마지막 시료 평가에서 생길 수 있는 오차

그룹효과 대조효과와 반대로 품질이 좋지 않은 시료들 사이에 품질이 좋은 시료가 있을 때 단독으로 제시되었을 때보다 품질이 더 낮게 평가되는 효과

중심경향오차 가장 낮은 점수와 가장 높은 점수는 피하고 중간 정도의 점수를 주거나 가운데 시료를 양 끝 시료보다 선호하는 오차

경향효과 시료가 제시되는 순서나 방법이 반복될 경우 검사자가 빨리 인지할 때 발생할 수 있는 오차

상호제안오차 다른 검사자의 반응에 영향을 받는 오차

근사오차 비슷한 품질 특성들은 그렇지 않은 특성에 비해 유사하게 평가되는 경향이 있는 오차

연상오차 과거 연상 때문에 자극에 대한 반응이 감소하거나 증가하는 오차

또, 실제로 존재하는 자극을 감지하지 못하는 경우(제1종 오차)와 존재하지 않는 자극을

존재하는 것처럼 판단하는 경우(제2종 오차), 시간적 여유가 없는 상황에서 검사할 경우, 부정확한 기억력이 맛의 차이를 수량적으로 표시하는데 있어 오차가 있을 수도 있다.

생리적 요인

적응(순응) 시료의 냄새, 소리 등 자극에 지속적으로 노출되어 자극에 대한 감수성이 저하되거나 변화하는 것

강화 시료가 단독으로 제시되었을 때보다 다른 시료와 함께 섞여 있을 때 강도가 더 강하게 느껴지는 것

억제 강화의 반대로 시료가 단독으로 제시되었을 때보다 다른 시료와 혼합되어 있을 때 강도가 더 낮게 느껴지는 것

상승 두 시료가 각각 단독으로 있을 때 느껴지는 강도보다 혼합되어 있을 때 더 강하게 느껴지는 것

사례로 보는 관능검사

관능검사를 진행하기 위해서는 패널리더(panel leader), 패널요원(panel member)과 같은 인적자원과 물리적 시설(관능평가실, 준비실 등), 프로그램(검사 표준절차, 데이터 수집도구, 데이터 분석도구 등)과 같은 물적자원이 필요하다. 관능검사를 수행하는 사람을 패널요원 또는 패널리스트(panelist)라고 하며, 패널요원 집단을 패널(panel), 관능검사를 설계하고 운영하는 사람을 패널리더라고 하는데, 패널요원은 기본적으로 관능검사에 대한 관심과 열정이 있으며 검사 진행을 위해 충분한 시간적 여유가 있고, 신체적으로 건강하고 정서적으로 안정되며 시료에 알레르기가 없어야 한다. 차이 식별 능력, 결과 재현 능력, 시료 특성을 적절한 용어와 정량적 크기로 표현하거나 묘사하는 능력 등을 사전에 검사하여 선발하거나 훈련이 필요하다.

관능검사 시설은 패널요원들의 집중력을 높이고 냄새나 소음 등 외부의 방해로부터 독립되어 검사를 원활하게 수행할 수 있는 공간이어야 한다. 개별 칸막이실(booth) 조명은 일반적으로 사용하는 편안한 빛으로 채광이 좋고 발광이 낮은 광도가 적당하며, 붉은색, 녹

관능평가 부스

출처: http://water.coway.co.kr(좌), http://www.sensometrics.co.kr(우)

색, 파란색의 유색 조명을 설치하여 조명색 조절로 외관의 색에 대한 오차를 줄일 수 있다.

시료의 제시 절차와 준비과정은 표준화하고, 크기나 색상이 동일한 품질의 시료를 제시하여 모든 패널요원이 동일한 시료를 평가하도록 한다. 시료의 특성에 따라 적절한 온도 관리가 필요한데, 일반적으로 섭취하는 온도로 제공하며 시간의 흐름에 따라 물성 변화가 민감한 시료를 준비할 때는 주의를 기울여야 하고 경우에 따라 시료의 최소 섭취량을 명시하는 등 과정을 모니터링하는 것이 중요하다.

소비자 기호도 검사에서는 평소 이용되는 그대로 예를 들면 김치에는 밥, 고추장에는 오이나 당근, 식빵에는 잼과 같이 함께 사용되는 식품, 즉 동반식품을 관능검사 시료와 함께 제공한다. 그러나 동반식품으로 인해 오차가 발생할 수 있으므로 특성차이검사에서는 동반식품을 사용하지 않으며, 동반식품을 사용할 때에는 평가하고자 하는 특성에 영향을 주지 않고 항상 같은 품질을 유지할 수 있는 식품을 선택해야 한다.

모든 시료는 동일한 용기를 사용하여 동일한 크기의 시료를 반복해서 검사할 수 있을 만큼 충분한 양을 제시해야 한다. 맛이나 향미 검사 시 시료의 조직감이 다른 시료의 경우 마쇄하거나 한 번에 한 가지씩 제시하여 오류를 최소화한다. 또 모든 시료는 동일한 용기를 사용하고, 이전 시료의 잔존물이 다음 평가 시료에 영향을 주는 것을 최소화하기 위해 물, 우유, 무염 크래커, 식빵 등을 제공하기도 하나, 제공되는 식품의 향미가 검사물의 특성을 방해하면 안 된다.

검사 시료 간의 차이를 분석적으로 검사하는 차이 식별 검사에는 어떤 한 가지 특성에 집중하여 시료 간에 관능적으로 차이가 있는지 없는지 조사하는 특성 차이 검사와 시료 간에 여러 가지 관능적 특성에 차이가 있는지 없는지를 판정하는 종합적 차이 검사가 있다.

단순 차이 식별 검사

양념류를 제조하는 식품회사에서 불고기 양념의 유통기한을 연장하기 위해 일정 기간 저장시킨 양념과 제조 직후 양념 간에 전체적으로 차이가 있는지 조사하기 위한 단순 차이 식별 검사를 실시할 경우 패널요원에게 2개의 같은 시료 또는 다른 시료 조합을 제시하고 시료가 같은지, 다른지 평가하게 한다. 결과적으로 같은 시료를 같은 것으로 평가하고, 다른 시료를 다르다고 평가한 정답 수치의 통계적 유의성을 검정하여 유통기한을 연장시키는 방법의 적용 여부를 결정한다.

일-이점 검사

세 개의 시료 중 기준 시료를 먼저 평가하게 한 다음, 나머지 두 개의 시료 중 어느 시료가 기준 시료와 다른지 선택하게 하는 일-이점 검사는 기준 시료와 대조 시료의 특성이 다르기는 하나, 명확히 어떤 특성이 다른지 알지 못할 경우 전체적인 차이를 평가할 때 사용한다. 예를 들어, 음료 회사에서 기존 시판 오렌지 주스와 비타민류를 강화시킨 주스의 전반적인 차이를 느낄 수 있는지 평가하기 위해 시판 오렌지 주스를 기준 시료로 제공하고, 비타민 강화 주스를 선택하는 수치의 통계적 유의성을 검정한다. 이때 비타민류 첨가로 시료의 색이 다를 경우 색을 가려 줄 수 있는 검은색 또는 붉은색 용기를 사용하거나 조명을 이용하여 색의 차이를 최소화하고, 향미가 강한 시료는 다른 식품과 혼합하거나 희석하여 제공한다.

순위법

순위법은 세 개 이상의 시료를 제시하여 주어진 특성이 제일 강하거나 약한 것부터 순위를 정하게 하는 특성차이 검사방법으로, 패널요원을 선발할 때 여러 농도의 설탕물이나 소금물을 제시하고 농도가 낮은 것부터 순위를 표시하게 하여 농도 차이를 식별하는 능력을 평가하기도 한다. 이때 한 번에 제시하는 시료의 수는 시료의 종류에 따라 다른데 정신적 피로와 감각 둔화를 일으키지 않을 정도로 향미의 강도, 유지, 마취성, 다른 물리적 효과 등을 고려하여 시료수를 결정한다.

평점법

주어진 시료들의 특성 강도가 얼마나 차이가 있는지 평가하고자 할 때는 평점법 또는 척도법을 사용하는데, 일반적으로 식품회사에서 자사 제품과 경쟁사 제품들 간에 특성을 비교하고자 할 때 사용한다. 보통 1~9점의 항목 척도가 사용되며, 패널요원들은 동시에 제시된 시료를 맛본 후 평가하고자 하는 특성의 해당 강도를 숫자로 표시하거나 직선상에 표시한다. 복숭아 통조림회사에서 자기 회사 통조림 복숭아의 경도, 색, 단맛 등의 여러 가지 특성 항목을 경쟁 회사 통조림 복숭아와 비교하여 평가하는 경우 여러 개의 시료를 점수로 표기해야 하므로 순위법보다 더 평가에 집중하여야 하고, 각 특성을 분리시켜 평가해야 특성 간 상호 관련성으로 인한 오류도 막을 수 있다. 패널요원별로 각 시료에 대한 평가점수 합계를 계산 한 뒤 통계적 유의성을 검정하여 경도, 색, 단맛, 전반적 기호도 등 각 특성의 강도가 얼마나 차이가 있는지 평가할 수 있다.

CHAPTER

10

사회 변화와 식품 이야기

사회 변화가 식품을 어떻게 다양화시켰을까 | 4차 혁명이 가져온 식품 이야기

사회 변화가 식품을 어떻게 다양화시켰을까

사회 변화 이야기

'밥상머리교육'은 우리 선조들의 자식 교육법이자 아이들에게 건강과 정서적 안정을 가져다주는 가족애 향상법이다. 가족이 한 상에 모여 함께 식사하면서 식행동과 예절, 한국인으로서 살아가는 지혜를 배우기도 하였다. 예전에는 온 가족이 함께 밥을 먹는 것이 당연하였지만 지금은 각자 바쁜 라이프 스타일로 한 식탁에 앉기도 어려운 것이 현실이다. 대도시로의 인구 집중, 출퇴근, 통학거리 확대 등으로 나홀로 식사가 증가하고 같이 밥을 먹더라도 휴대폰을 보거나 TV를 시청하며 각자의 식사를 즐기는 상황이 되었다. 여성의 사회 진출이 증가하면서, 식사 준비가 귀찮고 원재료를 사 와서 조리하는 시간이 아깝다고 생각하는 비율이 증가하는 반면, 가족에게 건강하고 맛있는 것을 먹게 해주고 싶다는 욕구는 외식산업, 식품 제조 및 유통업 발달을 가속화시켰다. 간단하게 음식을 조리해 먹을 수 있는 '반조리' 식품 또는 조리가 완료되어 데워먹을 수 있는 식품 등의 대량생산과 공급 시스템으로 사회 진출 여성들의 요구에 부응하는 신제품들이 개발·출시되고 있다.

고령친화식품

우리나라 고령화율은 2019년 기준 14.9%로 고령사회에 진입했으며, 2067년에는 46.5%까지 증가할 전망이다. 고령인구 비율이 7%에서 20%로 증가하는 데 걸리는 기간을 국가별로 비교해 보면 프랑스는 154년, 스웨덴 127년, 미국 94년, 일본 36년이 소요되었지만, 한국은 26년이 소요되어 고령화가 매우 빠르게 진행되고 있는 것을 알 수 있다.

고령자의 경우 신체적 기능 저하로 인해 직접 조리를 해서 식사를 해결하는 것에 어려움을 겪는다. 고령자가 식사를 해결하는 방법으로는 자녀와 지역사회의 도움, 요양원 등과 같은 돌봄기관 입소 등이 있다. 자녀와 동거하거나 가까운 거리에 살면서 도움은 받는 경우라도 자녀 역시 고령화되어 부모를 부양할 능력이 함께 없어지는 경우가 많아지고 있다. 지역사회 복지 혜택이나 봉사활동 서비스로는 식사의 일부만 해결될 뿐이다.

고령인구 증가와 더불어, 핵가족화가 급속히 진행되면서 노인 부부 가구 및 독거노인 가구가 점차 증가하고 있다. 또한 고령자들의 경제활동 참가율이 꾸준히 증가하면서 단순히 보호해야 할 대상이 아닌 활동적이고 경제력을 가진 노인의 비율이 높아지므로 이들의 고령친화식품에 대한 관심과 요구도는 점차 늘어나고 있다.

미국, 유럽, 일본의 사례를 살펴보면 미국은 고령자용 식품을 '특수용도식품(food for special dietary uses)'으로 관리하고 있다. 미국의 '특수용도식품'은 고령자뿐만 아니라 질환과 회복, 임신, 수유, 음식에 대한 알레르기 과민반응, 저체중 및 과체중 등과 같은 육체적, 생리적, 병리적 혹은 기타 이유로, 유아 또는 아동을 포함하여 나이에 맞는 특별한 식이를 공급하기 위해 사용되는 식품으로 정의되고 있다. 현재 판매되고 있는 고령자용식품은 고령자의 신체 특성에 따라 근력강화식품이나 영양보충식품 등이 있다. 유럽연합(EU)에서도 특수영양용도식품(foodstuffs intended for paticular nutriional uses)에 고령자용 식품이 포함되어 있으며, 특수영양용도식품은 제품의 구성이나 제조과정으로 인해 소비를 위한 식품과 분명하게 구별되고 있다.

IDDSI(International Dysphagia Diet Standardization Initiative)는 2013년 연하장애가 있

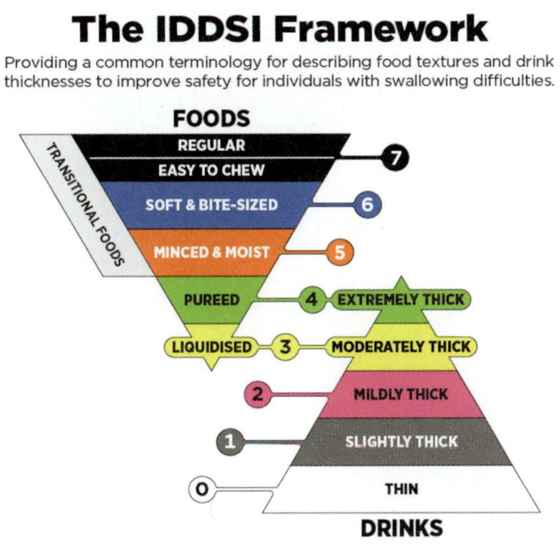

IDDSI standard
출처: https://iddsi.org/framework

는 전 세계 모든 개개인의 요구를 충족시킬 수 있는 연하곤란 케어식품에 대한 국제 표준 용어 및 해당 용어의 설명을 개발하기 위해 설립된 비영리기업이다. 캐나다, 미국, 호주, 영국, 일본, 브라질 등 총 28개국에 자원봉사 그룹 형태로 있으나, 한국의 경우에는 아직 IDDSI에 가입하거나 활동하는 인력이 없다. IDDSI 이사회는 영양학, 의학, 언어병리학, 작업 요법, 간호학, 환자 안전, 공학, 식품과학 등의 분야에서 활동하는 자원 봉사자 그룹으로 구성되어 있고, 이사회 공동의장은 캐나다 영양사와 호주 언어병리학자가 맡고 있다. 연하장애를 갖고 있는 환자의 상태에 따라서 0~7단계(총 8단계)의 연하곤란 케어식품을 적용해 보자는 취지를 갖고, 국제 연하보조식규정 'IDDSI standard'를 제시하였다.

일본에는 고령자를 위한 특별용도식품, 개호식품(介護食品)이 있다. 특별용도식품은 질환으로 연하가 곤란한 환자가 음식이 기도로 넘어가 위험해지는 경우를 대비하여 섭취 및 연하 능력에 따라 단계식으로 개발된 식품이다. 연하식은 Level 0~2(연하훈련식), Level 3(연하식), Level 4(개호식)의 5단계로 구분된다. 개호식품은 연하 능력보다는 저작 능력 저하에 중점을 두고 개발된 식품으로 연하식 단계에서는 Level 4에 해당된다. 개호식품의 형태는 유동식과 점도 조절제가 전체 개호식품의 약 80%를 차지하며 최근에는 소프트식, 젤리식, 무스식 등이 점점 증가하고 있다. 일본개호식협회는 개호식품의 기준 및 규격을 정하고 협회에 가입한 회사들이 제조한 식품에는 UDF(유니버셜 디자인 푸드) 로고를 표시할 수 있도록 허가하였다. 일본 농림수산성에서는 개호식품의 새로운 명칭으로 '스마일케어

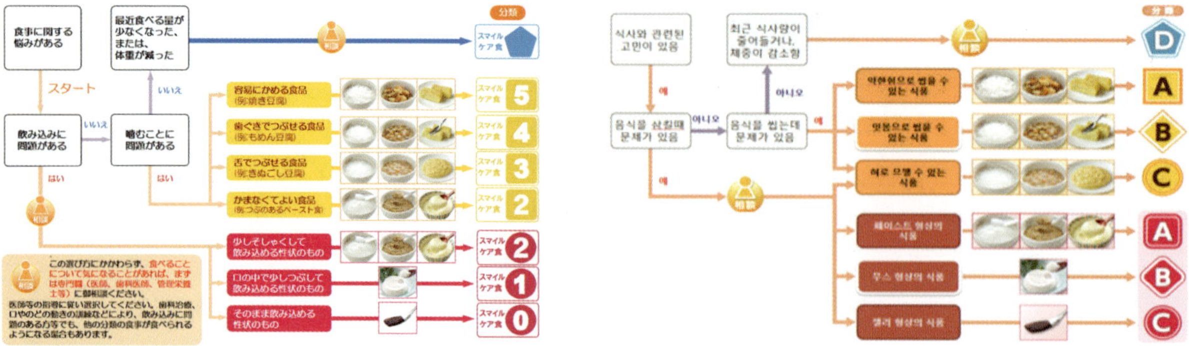

스마일 케어 식품의 선택

출처: 농림수산성 발췌(https://www.gov-online.go.jp/useful/article/201501/1.html)

식(smile care foods)을 선정해 사용하고 있다. 스마일케어 식품은 총 7개의 유형으로 나누고 있는데 ① 개호예방을 위한 식품, ② 약한 힘만으로 씹을 수 있는 식품, ③ 잇몸으로도 부술 수 있는 식품, ④ 혀로 으깰 수 있는 식품, ⑤ 페이스트(paste) 상태의 식품, ⑥ 무스(mouse) 상태의 식품, ⑦ 젤리 상태의 식품 등이 있다.

분류	마크	형태	씹는 힘	삼키는 힘
개호 예방을 위한 식품	D	영양 상태는 양호하나 향후 개호 예방을 배려한 식품	문제 없음	문제 없음
약한 힘으로 부술 수 있는 식품	A	구운 두부 점도 및 부서지기 쉬운 점도를 가진 식품으로 힘으로도 소화 가능한 형태로 부술 수 있음	다소 약함	다소 약함
잇몸으로 부술 수 있는 식품	B	생두부 정도의 경도 및 부서지기 쉬운 점도를 가진 식품으로 잇몸으로도 소화 가능한 형태로 부술 수 있음	약함	다소 약함
혀로 부술 수 있는 식품	C	연두부와 같이 원형은 그대로이지만 혀로 쉽게 부수어 소화할 수 있는 식품	매우 약함	약함
반죽 식품	A	숟가락으로 떠먹을 수 있는 것, 입안에서 쉽게 넘길 수 있는 식품(쌀알이나 조금 된 죽)	매우 약함	매우 약함
무스 형태의 식품	B	젤리, 푸딩, 무스 형태의 것, 소량을 숟가락으로 떠서 소화할 수 있는 식품	매우 약함	매우 약함
젤리 식품	C	숟가락으로 떠먹을 수 있는 얇은 슬라이스 형태의 식품	매우 약함	매우 약함

출처: 농림수산성 발췌(https://www.gov-online.go.jp/useful/article/201501/1.html)

우리나라의 고령친화식품에 대한 한국산업표준은 2017년 12월 제정(고령친화식품 표준-KS H 4897) 이래로 현재까지 자율표시제로 운영되었으나, 2019년 12월 개정을 통하여 제3자가 품질을 보증하는 인증제로 새롭게 전환되었다. 적용 범위는 고령자의 식품 섭취·소화·흡수·대사 등을 돕기 위해 식품의 물성, 형태, 성분 등을 조정하여 제조·가공한 고령친화식품에 대하여 규정하였으며, 물성 특성을 기반으로 치아 섭취단계, 잇몸 섭취단계, 혀 섭취단계로 구분하였으고, 고령자의 부족 영양소를 고려하여 영양성분에 대한 최소 품질기준을 포함하도록 하였다.

고령친화식품
한국산업표준 표지

고령친화식품

고령친화식품
심벌마크

고령친화식품 단계
구분 표시도표

출처: https://e-ks.kr/streamdocs/view/sd;streamdocsId=72059203773233835

우리나라의 고령자용 식품의 시장규모는 고령인구의 증가와 이에 따른 의료비의 증가, 가정에서 환자를 관리하는 홈케어제도의 정착 등으로 더욱 확대될 것으로 예상된다. 고령자식품은 의학 및 영양학적(소화, 흡수 등)으로 고령자가 섭취하기에 적당한 식품으로 특별용도를 나타내는 표시가 적격일 것, 사용방법이 간편할 것, 품질이 통상의 식품 품질에 뒤떨어지지 않을 것, 영양소요량이 정해져 있는 영양성분(식품의 한 끼분에 함유되는 해당 영양성분이 생활 활동강도, 즉 60~64세의 남성 영양소요량의 50% 이하)을 함유할 것이 기본 허가기준이다. 우리나라 고령친화 가공식품은 환자식 또는 치료식 중심으로 형성되어 식품기업뿐만 아니라 제약회사들이 함께 시장을 형성하고 있다. 수요자는 고령자의 기능 저하로 인한 3대 섭식 장애자(저작, 연하, 소화)와 환자이다.

회사명	출시 제품			
풀무원 '푸드머스 풀스케어'	 언양식 불고기	 돼지갈비찜	 궁중섭산적	 매실숙성 훈제오리 슬라이스

(계속)

회사명	출시 제품			
풀무원 '푸드머스 풀스케어'	 한우로 소머리곰탕	 한우로 사골도가니탕	 스무스 한끼밀 쇠고기야채	 스무스 한끼밀 닭고기브로콜리
현대그린푸드 '그리팅'	 더 부드러운 바비큐폭립	 더 부드러운 소갈비찜	 더 부드러운 LA갈비	 더 부드러운 찹스테이크
신세계푸드 '이지밸런스'	 소불고기무스	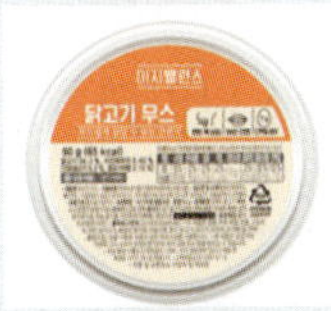 닭고기무스	 무스식 돼지고기수육	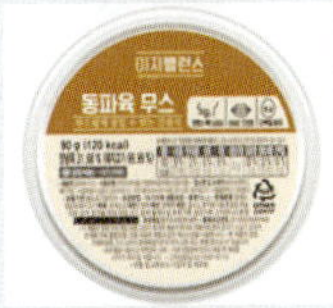 동파육무스
아워홈 '행복한맛남 케어플러스'	 부드러운 간장소스 우불고기	 부드러운 사태찜	 부드러운 간장소스 제육불고기	 부드러운 제육 고추장 불고기
CJ프레시웨이 '엔젤스밀'	 국 · 탕 · 찌개류, 젓갈류		 찜류, 구이류	

출처: 각 회사 홈페이지의 고령친화 축산제품 발췌

가정간편식

가족 구성원의 형태가 다양해지고, 여성의 경제활동 참여 증가로 인한 사회구조의 변화로 식사를 준비하는 데 소요되는 시간을 최소화하며, 편의성을 추구할 수 있는 식품에 대한 관심이 증가하고 있다. 배달 요리, 즉석 요리, 포장 식품 등으로 시간과 비용의 최소화를 추구하는 소비행태에 따라 가정간편식(home meal replacement, HMR)의 소비가 증가하고 있다. 특히 2020년 코로나 바이러스 감염증-19(COVID-19) 확산 이후 외식을 자제하고 가정 내 식사를 선호하면서 밀키트(meal-kit)에 대한 소비자의 인식도 달라졌다.

가정간편식은 외식과 가정식의 중간 형태 식품으로 초기에는 냉동식품과 같이 단순히 데우거나 그대로 먹을 수 있는 형태였다가 PB(private brand) 상품으로 다양화된 제품이 출시되고 있다. 최근에는 신선한 재료와 반조리된 가공식품을 결합해 간단한 조리만으로도 식사를 해결할 수 있는 제품 형태가 다양하게 출시되고 있다. 이러한 가정간편식이 밀키트이며, 식사(meal)와 키트(kit)가 결합된 단어로 2007년 스웨덴 Linas Matkasse에서 처음 개발되어, 2012년 미국기업인 블루 에이프런사에서 밀키트라고 제품을 출시하면서 고유용어로 자리를 잡았다.

이너뷰티(inner beauty) 식품

신체의 내부에서부터 건강한 피부를 가꾼다는 이너뷰티식품은 '먹는 화장품'으로 마케팅을 하고 있다. 음식 섭취를 통해 건강과 아름다움을 가꿀 수 있는 식품으로 디톡스 음료, 건강즙, 착즙 주스 등의 형태로 개발되고 있다.

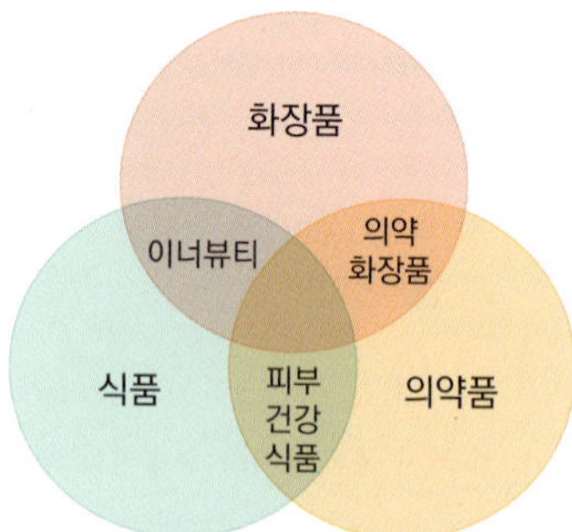

이너뷰티 식품의 범위
출처: https://www.cheric.org/PDF/PIC/PC22/PC22-1-0023.pdf

일본의 경우 건강에 민감한 중장년층에서 식품을 토대로 한 미용과 건강에 대한 관심이 높아지면서 이너뷰티 식품은 각광을 받고 있다. 정제, 음료, 스틱형 젤리, 파우더 등으로 형태가 다양화되고, 콜라겐, 히알루론산,

세라마이드, 태반, 아사이베리 등의 원료를 사용한 안티에이징 제품이 증가하고 있다(2017년 야노경제연구소 발표). 최근에는 태반, 레스베라트롤 등 노화 방지 성분이 함유된 제품 개발이 활발히 진행 중이다. 태국의 이너뷰티 식품은 기후 특성상 음료가 많고, 콜라겐 위주 제품으로 개발되고 있으며, 파우치 형태, 과립 형태로 개발되어 제품의 휴대와 복용이 용이하다. 이슬람 국가인 말레이시아는 종교적인 특성으로 원료 사용에 제한이 많아 주로 피쉬 콜라겐이 소비되며 할랄 인증제도를 고려해서 제조되고 있다. 미국, 유럽 등은 일본과 동남아 시장과 달리 엄격한 제품관리 및 마케팅 규제로 상대적으로 시장이 활성화되지 못하고 있다.

콜라겐 음료
(흡수가 빠른 저분자 피쉬 콜라겐 함유)

클렌즈 음료
(장수풀을 이용한 녹즙과 유사한 음료)

일본 이너뷰티 식품
출처: https://www.kati.net/board/exportNewsView.do?board_seq=37678

국내시장을 살펴보면, 아모레퍼시픽에서 2002년 국내 처음 이너뷰티 시장을 개척한 후 국내산 특산원료를 활용한 제품들이 출시되고 있는데 이너뷰티 제품은 일반식품과 달리 안전성과 기능성을 중시하고 있다. 건강기능식품과 동일시할 만큼 소비자의 선택에 있어 주요 원료에 대한 중요성이 확대되고 있다.

콜라겐 음료
(흡수가 빠른 저분자 피쉬 콜라겐 함유)

발효 음료
(국내산 남해 마늘과 토마토를 전통방식으로 발효)

클렌즈 음료
(채소와 과일로만 즙을 낸 것)

국내 이너뷰티 식품
출처: https://www.kati.net/board/exportNewsView.do?board_seq=37678

대체식품

대체식품이란 식물단백질 추출, 동물 세포 배양 같은 기술을 활용해서 실제 육류나 수산물과 비슷한 식감과 맛이 나도록 가공한 식품이다. 흔히 '콩고기'라고 불리는 것도 대체식품의 일종이며, 식물성 단백질로 만든 햄버거 패티는 이미 많이 사용되고 있다. 대체식품은 환경과 식량안보에 대한 경각심이 높아지고, 건강에 대한 관심, 동물 윤리, 종교 문제, 맞춤형 식품, 다이어트 식품에 다한 요구가 높아지면서 꾸준히 연구되고 있다. 그러나 식감과 맛의 낮은 구현성과 인공적 이미지에 대한 인식 개선은 필요한 실정이다.

탄수화물 대체식품

탄수화물이 약 75%를 차지하는 곡류는 대부분 전분으로 구성되어 있으며, 낟알 그대로 사용하거나 빵, 면류, 과자류와 같이 가루로 만들어 이용되기도 한다. 쌀 대체식품과 밀가루 대체식품들은 꾸준히 개발되고 있는데 곤약밥, 콜리플라워를 활용한 채소밥 등은 쌀 대체식품에 해당된다. 혈당을 빠르게 올리는 밀가루와 쌀가루 면을 대체할 수 있는 대체면의 종류는 다음과 같다.

- 두부로 만든 면 : 건조시킨 두부(건두부)를 면처럼 얇고 길게 잘라서 만든 두부면은 고소한 맛과 건강에 좋다는 인식으로 소비가 증가하고 있다. 일반적으로 면 요리를 먹으면 단백질이 부족할 수 있는데, 두부면은 식물성 단백질이 풍부하기 때문에 이를 보완할 수 있다.
- 해조류로 만든 면 : 미역, 다시마, 톳과 같은 해조류로 만든 면이다. 해조류에는 불소화성 다당류(식이섬유), 단백질, 무기질, 비타민, 필수아미노산과 불포화지방산이 풍부하게 함유되어 기능성 식품으로 활용된다.

단백질 대체식품

영화 '설국열차'에서 꼬리 칸에 탄 하층민들에게 식사로 제공된 양갱처럼 생긴 단백질 블록의 원료는 바퀴벌레였다. 영화 속 소재라고만 여겨졌던 '곤충으로 만든 식품'이 실제로 개발되고 있다. 소, 돼지 등 가축을 기르는 과정에서 온실가스와 암모니아 배출로 인한 환경오염이 심각하다는 우려가 커지자 곤충 등을 활용해 친환경 대체 단백질을 개발하려는 움직임이 활발하다.

기후 환경과 건강식에 대한 관심이 확대되면서 식물성 단백질이 포함된 대체육 시장은 가파른 상승세를 보이고 있다. 대체육은 동물을 사육할 때 필요한 벌목을 하지 않아도 되며 탄소 배출을 걱정하지 않아도 된다.

식물성 대체 단백질 원료로는 대두, 밀, 완두, 버섯 등이 사용되고 있으며, 대두의 경우 단백질 함량이 85% 이상이며 이소플라본이 함유된 대두분리단백을 이용하여 소시지, 닭가슴살 등을 제조하고 있다. 압출성형기를 이용하여 다양한 육류 대체품을 제조할 수 있는 조직화 단백을 사용하여 타코, 버거 패티 등을 제조하고 있다. 결착력이 강해서 쫄깃한 식감을 주는 글루텐을 활용하여 밀고기, 미트볼 등을 제조하거나 대체식품의 부원료로 사용하고 있다. 완두의 가수분해완두단백 및 완두단백은 단백질 함량이 25% 이상이며, 우수한 아미노산 조성으로 파우더 형태로 이용되고 있으나 대중성은 아직 낮다. 버섯은 단백질 함량이 14% 이상이며 우수한 필수 아미노산 조성으로 스튜 및 난백 첨가제, 고기 첨가제 등에 이용되고 있다.

대체육

식물성 대체식품은 대두, 밀, 버섯 등의 식물에서 추출한 단백질을 이용하여 고기, 달걀 등 축산식품과 비슷한 형태와 맛이 나도록 제조한 식품으로 식물성 고기, 식물성 달걀, 식물성 유제품 및 음료 등이 있다. 콩 단백질은 대체육의 주원료로 가장 많이 사용되고 있으며, 두부와 같은 매끄러운 텍스처, 섬유상 형태의 가공 처리를 통해 고기와 유사한 다양한 식품으로 제조되고 있다. 필수아미노산 함량과 소화성의 경우 소고기에 버금가지만, 육류 특유의 조직감을 지니는 데는 한계가 있다. 콩 특유의 이취가 있기 때문에 분쇄 가공육 형태로 일부 육류 대용으로 사용되고 있으며, 대두 알레르기가 있는 사람은 섭취에 주의해야 한다. 밀 단백질(글루텐)은 가공법이 간단하고 근조직과 유사한 형태를 구현할 수 있으며, 달걀 단백질과 혼합할 경우 결착력을 강화시킬 수 있다는 장점을 가지고 있다. 버섯은 근조직과 구조가 유사하며, 고기와 같은 질감을 주기 때문에 대체육의 주성분으로 이용된다.

국내의 식물단백질 기반 제품으로는 미트볼, 버거 패티, 너겟류, 소시지 등이 있다.

곤충단백질 대체식품은 식용곤충에서 추출한 단백질을 이용한 식품으로 통곤충, 사료·펫푸드, 곤충분말제품, 단백질바·셰이크 제품, 곤충쿠키 등이 있다. 곤충은 친환경 식재료이며 소고기와 비교할 때 같은 양의 단백질을 얻는 데 필요한 물은 1/8, 사료는 1/13 수준이다. 식용곤충을 기를 때 배출되는 이산화탄소 양도 소의 1/3에 불과하다. 다만 곤충을 식재료로 쓰는 것에 대한 소비자들의 혐오감이 여전히 크다는 점이 걸림돌이다.

배양육은 살아 있는 동물 세포에서 얻은 줄기세포에 영양분을 공급해 실내에서 키워내는 식용 고기로, 식물성 고기와는 달리 첨가물 등이 사용되지 않고, 세포 배양조건을 조절해 기존 육류의 건강상의 단점을 개선한 건강에 유익한 육류를 선별하여 생산할 수 있다. 가축을 사육·도축하는 과정에서 생길 수 있는 문제점을 감소시키고 영양소와 에너지가 온전히 근육조직 배양에만 사용되기 때문에 효율적인 육류 생산이 가능하며, 배양육의 맛은 근세포, 지방세포, 섬유아세포로 조절이 가능하다.

완두콩과 쌀 햄버거 패티

대두와 감자 햄버거 패티

국내 대체육 스타트업 사례-대체육 4가지 제품

국내 대체육 스타트업 사례-식물성(버섯) 닭고기 대체육

출처: https://m.blog.naver.com/bizinfo1357/222459505375

지방 대체식품

지방이 가지는 고유의 조리 가공성과 기호성은 그대로 유지하면서 과도한 지방 섭취를 통한 비만과 각종 성인병을 예방하기 위해 지방대체 물질의 개발이 활발하게 이루어지고 있다.

'대체 유지(fat replacer)'는 식품 속의 유지, 지방질의 일부를 대체해 적은 열량을 갖도록 하는 식품 소재로 지방의 기름지고 고소한 맛과 향, 조직감을 유지해 주면서도 칼로리가 낮은 것이 특징이다. 이 물질은 샐러드드레싱, 비스킷, 케이크, 아이스크림 등에 사용되고 있다. 지방 대체물질들은 인공적으로 합성된 것도 있지만 대부분 단백질, 탄수화물, 섬유소계 지방 대체물들이 쓰인다.

대체유지는 크게 두 가지로 유지 모조물(fat mimetic)과 유지 대체물(fat substitute)로 분류할 수 있다. 유지 모조물은 주로 탄수화물, 단백질이 주성분으로 유지와 같은 촉감과 형체감은 나타낼 수 있지만 수분을 함유해 유지 함량과 같은 양인 일대일로는 대체하기 어렵다. 유지 대체물은 촉감, 형체감이 유지와 비슷하고 유지 함량과 같은 양인 일대일로 대체가 가능하며 높은 온도에서도 안정해서 조리와 튀김에도 사용할 수 있다. 이러한 유지 대체물들은 어떤 것들이 있으며, 어떻게 만들어진 것일까?

탄수화물계 지방 대체물질

탄수화물계 지방대체물질(carbohydrate-based fat replacer)은 대표적으로 오트림(oatrim)이 있다. 오트림은 1990년 미국 농무성 과학자인 George Ingrett에 의해 개발됐으며 오트, 보리 등에서 나오는 수용성 식이섬유를 가공한 것이다. 수분이 많은 식품에서 유지를 100% 대체할 수 있고 1 kcal/g의 열량을 가진다. 검(gum), 전분, 셀룰로오스에 산이나 효소 처리하여 변성전분이 만들어지면 유지와 비슷한 특성을 가지게 된다. 무지방 우유에도 최초로 적용되었으며 유제품, 샐러드 드레싱, 빵, 에스프레소 우유, 치즈 등에도 사용 가능하다. HDL이 높고 LDL이 낮아 혈중 콜레스테롤 저하에 효과가 있다.

단백질계 지방 대체물질

단백질계 지방대체물질(protein-based fat replacer)에는 대표적으로 심플레세(Simplesse)

가 있다. 단백질계라서 콜레스테롤이 없지만 크림의 유지와 같은 조직감을 가진다. 튀김공정에서는 고온에 의해 단백질이 변성되므로 안정성이 떨어진다. 따라서 아이스크림, 소스, 브라우니, 머핀 등에 사용된다.

인공 기름

완전한 인공 기름인 올레스트라(olestra)는 1959년 미국 Ohio Proctor & Gamble Miami valley 연구단지의 생화학자들이 인체가 지방을 어떻게 흡수하는가에 대한 연구를 하다가 만든 물질이다. 올레스트라는 수크로스 분자에 8개의 지방산이 붙은 구조로 우리 몸속에는 이를 인지하고 분해할 수 있는 효소가 없음을 이용한 유지 대체물질이다. 0 kcal/g의 열량을 가지고 맛과 조직감은 유지와 같다. 1996년 FDA의 승인을 받아 스낵, 칩, 크래커, 뻥튀기 같은 팽창 곡물에 쓰이며 유지로 100% 대체가 가능하다.

지방계 지방 대체 물질·지방 유사물

지방 유사물은 튀기기와 같은 고온 조리에도 사용할 수 있으며 초콜릿과 사탕류, 제과, 유제품 및 스낵식품에 사용되는 살라트림, 코코아버터와 비슷한 특성을 가지는 카프레닌, 열 안정성이 높아 튀김용으로 사용되는 올레스트라가 있다.

유지와 물리적 성질이 동일하여 튀김 요리나 베이킹을 할 때 오일, 쇼트닝 등과 별다른 차이가 없으며 오히려 튀김을 할 때는 유지보다 산화가 적어 안정적이다.

개인 유전자 특성에 적합한 맞춤형 식품

건강기능성 식품분야에서 개인의 나이, 성별, 건강 상태, 식습관, 생활습관 등에 따라 개인맞춤형 건강기능성식품이 시범적으로 개발되고 있다.

마이크로바이옴(microbiome; microbiota+genome)은 특정 환경에 존재하는 미생물의 집합 전체를 의미하는 용어로, 신진대사·질병 관리 체계·면역·노화 등 인간의 건강과 질병에 상당한 영향을 미치는 것으로 알려져 있다. 즉, 인체 내 공존하는 미생물 정보는 건강과 질병을 이해하는 데 필수적이므로 마이크로바이옴을 통한 개인 건강정보의 데이터베이스화는 개인 맞춤형 건강기능식품 개발의 기초가 될 수 있을 것이다. 마이크로바이옴 기술의 핵심은 장내 마이크로바이옴의 선택적 조절에 있고, 주요 영향 인자로는 식품 소재를 활용한 프리바이오틱스(prebiotics), 유익균인 프로바이오틱스(probiotics), 이들의 대사산물과 사균체를 포함하는 포스트바이오틱스(postbiotics)가 있다.

4차 혁명이 가져온 식품 이야기

밥상 위의 미래, 푸드테크

푸드테크(food tech)란 식품 및 관련 산업에 생명공학과 바이오 기술 및 정보통신기술(ICT)과 사물 인터넷(IoT), 인공 지능(AI) 등의 혁신기술을 접목하여 새로운 사업을 산출하거나 기존 사업에 부가가치를 더하는 것으로, 식품산업의 4차 산업혁명이라고도 불린다. 우리나라 푸드테크 현황은 식품 제조 및 가공 분야와 외식 및 식품 유통서비스 분야에서 살펴볼 수 있다. 먼저, 식품 제조 및 가공 분야는 스마트팜, 스마트가드닝(미래형 도시농장)과 같은 정보통신기술 기반의 스마트 농업기술이다. 식품 제조 및 가공에서 3D 식품 프린팅은 3차원적인 디지털 디자인과 영양학적 데이터를 기반으로 다양한 식품 소재를 한층씩 쌓여 식품을 만드는 기술을 말한다. 이는 고객의 니즈를 반영한 고객 맞춤형 대량생산을 가능하게 해주며, 식품 제조 및 유통 시간을 단축 또는 생략하여, 소비자가 식품 생산자가 될 수 있다는 큰 장점을 가지고 있다. 현재, 식품산업에서 3D 프린팅을 적용한 사례는 초콜릿, 쿠키, 피자, 햄버거 등의 가공식품과 배양육의 원료 생산 및 우주식품 등 다양한 식품산업 분야에 적용되고 있다.

외식 및 식품 유통서비스 분야에는 스마트폰의 등장과 함께 온·오프라인을 연계해 주는 O2O(online to offline) 서비스와 푸드테크로봇 등이 있다. O2O 서비스는 2010년에 개발된 배달앱의 음식 배달 서비스로 시작되어 현재는 식재료, 반찬, 레시피 등으로 확대되고 있다. 푸드테크로봇은 AI(인공지능) 기술의 도입으로 해외 선진국을 중심으로 개발되고 있으며, 최근 우리나라에서는 바리스타로봇, 셰프봇 등이 활용되고 있다.

LG클로이 셰프봇

N타워 카페 커피드메소드 바리스타 로봇 상화 빌리

중국의 푸드테크로봇인 로봇팔은 냉동창고에서 식재료를 분류하여 효율성을 높여주고, 식당에서는 음식이 완성되면 무인운반서빙시스템(AGV: automated guided vehicle)을 통해 고객 자리까지 음식을 서빙한다. 중국의 대표 음식 중 하나인 훠궈를 예로 들면, 로봇이 훠궈의 식재료를 분류하여 선반에 올려 놓으면, 배송로봇이 고객 테이블로 운반한다.

미국의 로봇레스토랑에서는 버거를 만드는 햄버거로봇, 피자로봇, 샐러드로봇 등이 현재 활용되고 있어 재료 준비와 서빙만 사람이 담당한다. 고객이 음식을 터치 스크린으로 주문하면 로봇이 요리하고, 마지막으로 직원이 토핑을 더해 음식이 완성되는 시스템이다.

서빙로봇

햄버거로봇

샐러드로봇

우주개발시대! 우주에서는 알약만 먹을까

공상과학영화에서 우주 비행사들은 알약을 먹고 비행을 한다. 이는 중력의 영향으로 우주에서 밥을 먹기 힘들기 때문이다. 우주에서는 알약으로만 식사를 할까? 우주식은 장기간 보관이 용이하며 기내에서 오랜 기간 두고 먹을 수 있도록 건조 또는 진공포장된 상태여야 한다. 따라서 초기 우주식은 국물이나 가루로 된 음식은 배제되었다. 우주식량은 비행의 부담을 줄이기 위해 최대한 가볍고 조리 및 섭취가 간편하며 부스러기가 생기지 않으며, 장기간 보관이 가능하고 영양가가 충족되어야 한다. 이를 위해, 한 입 크기 음식에 젤라틴 코팅이 도입되었고, 일반 음식은 튜브나 깡통, 플라스틱 파우치 등에 밀봉 포장되었다. 액체의 경우, 빨대와 뚜껑 등으로 액체가 밖으로 흘러나오지 않도록 특별 제작한 용기를 사용하였다.

우주식량의 역사

우주에서의 인류 첫 식사는 러시아 우주비행사 유리 가가린(Yurii Gagarin)의 식사이다. 가가린은 건조 또는 진공포장이 아닌 치약 형태의 튜브에서 고기 퓌레와 초콜릿 소스를 짜서 섭취하였다. 뒤이어 1962년, 존 글렌(John Glenn)은 우주에서 식사를 한 최초의 미국인으로, 알루미늄 튜브에서 짜낸 고기 퓌레와 채소를 먹었다. 글렌과 다른 우주비행사는 극미중력 환경에서 음식을 섭취하는 생리학을 시도한 최초의 사람들이다. 나사(NASA)는 분쇄한 콘플레이크와 밀을 한 입 크기 덩어리로 빚은 후, 젤라틴으로 감싸서 부스러기가 떨어지지 않도록 코팅하였다. 이는 무중력 상태에서 부스러기는 기계의 오작동 등 심각한 결과를 초래할 수 있기 때문이다. 동결건조식품은 식재료의 영양가를 최대한 보존할 수 있지만 재수화시키기 번거롭다는 단점을 가지고 있다. 다시 음식 형태로 만들려면 노즐을 통해 팩에 물을 주입하여 반죽한 후 섭취하며, 미생물의 번식을 방지하기 위해 빈 통 안에 살균정제를 넣어야 한다. 우주 세계에 대한 관심으로 우주식이 빠르게 변화하면서 번거롭게 재수화할 필요가 없는 웨트팩(wetpack)이 등장하였다. 웨트팩은 열에 안정적이며 수분을 함유하고 있기 때문에 별도의 과정 없이 바로 먹을 수 있는 식품이다. 웨트팩은 일반 음식과 아주 비슷하지만 중력으로 인해 음식이 대기 중에 떠다니지 않도록 점도를 높인 것이 가장 큰 특징이다.

우리나라 우주식량

우주식은 나라마다 식생활이 다르기 때문에 나라별로 매우 다양하게 개발되고 있다. 미 항공우주국에서도 해마다 우주식 관련 품평회를 열 정도로 우주식 개발은 매우 중요한 분야라고 할 수 있다. 우리나라의 경우, 한국식품연구원에서 우주식을 활발하게 개발하고 있으며, 현재까지 총 14종의 음식이 우주식으로 지정되었다. 2008년 우리나라 최초로 우주를 비행한 이소연 우주비행사는 2007년 3월부터 러시아의 유리 가가린 우주인 훈련센터에서 우주 비행에 필요한 적응훈련과 기초훈련을 받은 후, 2008년 4월 우주 국제정거장에서 10여 일간 머물렀고, 이때 10종류의 식품(김치, 밥, 고추장, 된장국, 라면, 볶음김치, 녹차, 홍차, 생식바, 수정과)을 가져갔다. 그 후 한국인들이 좋아하는 비빔밥, 미역국, 불고기 등이 우주식에 추가되었다.

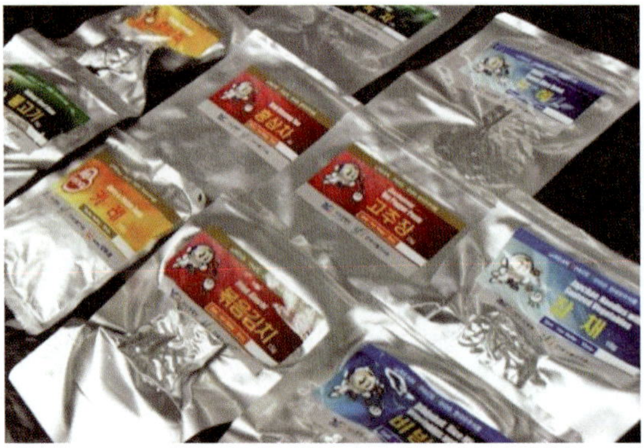

우리나라 우주식

참고문헌 및 사진 출처

참고문헌

1장

김선효, 이경애, 이현숙, 김미현, 김지명, 이옥희. **식생활과 건강**. 파워북, 2017

류혜숙, 김옥선, 최해연. **4차 산업시대의 식생활가이드**. 파워북, 2019

백희영. **건강을 위한 식생활과 영양**. 파워북, 2021

신말식, 최은옥, 김정인, 이경애, 현태선, 권종숙. **이해하기 쉬운 식품과 영양**. 파워북, 2019

이정실, 신경옥, 안정희, 윤진아, 임재연. **교양인의 식생활과 건강**. 백산출판사, 2018,

2장

김귀영, 양영숙, 윤재영, 이춘자, 전정원, 정외숙, 최영희. **발효식품 이론과 실제**. 교문사, 2009

남하영, 이주운, 홍장환, 이기택. 국내 유통되는 퓨어 및 정제 올리브유의 이화학적 특성 및 향기 분석. **한국식품영양과학회지**, 36(11), 1409-1416, 2007

미즈노 남보쿠 지음, 류건 편역. **운명을 만드는 절제의 성공학**. 바람, 2018

박금순. Slow Food 의 조리과학적 접근-전통발효음식 장류 중심으로. **한국식품조리과학회지**, 20(3), 317-334, 2004

박송미. 전라도 전통옹기의 조형적 특성 연구. 조선대학교 박사학위논문, 2011

박종오. '섯구덩이'를 이용한 자염 (煮鹽) 생산방식 고찰: 전북 고창군 심원면 검당마을을 대상으로. **도서문화**, 31, 93-123, 2008

박찬영. **양념은 약이다**. 국일미디어, 2010

윤덕노. **음식으로 읽는 한국 생활사**. 깊은나무, 2014

윤숙자, 이미영. **몸에 약이되는 약선음식 111가지**. 도서풀판 질시루, 2008

이정실, 신경옥, 안정희, 윤진아, 임재연. **교양인의 식생활과 건강**. 백산출판사, 2018

임덕준, 임동호. 음양오행에 따른 섭생법의 음식문화 문헌고찰. **한국사상과 문화**, (93), 281-307, 2018

전현진, 이상훈, 김상숙, 김윤숙. 개량된장과 전통된장의 품질 특성. **한국식품영양과학회지**, 45(7),

1001-1009, 2016

정이안. **한의학 박사 정이안의 컬러푸드 이야기, 몸에 좋은 색깔음식 50**. (주)고려원북스, 2010

정혜경. 생활양식 변화에 따른 한국 식생활문화의 변천. 한국식품영양과학회학술대회 발표집, 17-24, 2001

조은아, 이영상. 버진, 퓨어, 포마스 올리브유의 이화학적인 특성 비교를 통한 품질등급 구분에 관한 연구. **한국식품영양학회지**, 27(3), 339-347, 2014

조흔, 정옥상, 박건영. 죽염의 알칼리성 및 항산화 효과. **한국식품영양과학회지**, 41(9), 1301-1304, 2012

최혜선. 별미장 상품성 향상. 농식품자원연구 소보(小報) **발효식품**, 2010

홍영재. **오색섭생: 5가지 색으로 전하는 삶을 다스리는 컬러푸드 이야기**. MID 출판, 2014

황인희. 임금님 수라상의 반찬은 열두 가지: 궁중 요리 엿보기. **월간 샘터**, 34(01), 106-107, 2003

Kim, Y. S. 세계 속 건강마을을 찾아서-지상에 남겨진 유일한 천국 파키스탄 훈자마을. **건강소식**, 36(11), 16-19, 2012

Lee, W. J. Health Zone: 세계 속 건강마을을 찾아서-돌계단을 오르내리며 건강 지키는 이탈리아 캄포디멜라. **건강소식**, 36(4), 16-19, 2012

Fraikue, F. B. Unveiling the potential utility of eggplant: a review. In *Conference Proceedings of INCEDI* (Vol. 1, pp. 883-895), 2016

Lippi, G., Franchini, M., Favaloro, E. J., & Targher, G. Moderate red wine consumption and cardiovascular disease risk: beyond the "French paradox". In *Seminars in thrombosis and hemostasis* (Vol. 31, No. 01, pp. 059-070), 2010, February

Rani, R., Dharaiya, C. N., & Singh, B. Importance of not skipping breakfast: A review. *International Journal of Food Science & Technology*, 56(1), 28-38, 2021

Sarker, A., Ghosh, A., Sarker, K., Basu, D., & Sen, D. J. Halite; The rock salt: Enormous health benefits. *World Journal of Pharmaceutical Research*, 5(12), 407-416, 2016

Tiffon, C. The impact of nutrition and environmental epigenetics on human health and disease. *International journal of molecular sciences*, 19(11), 3425, 2018

Weichselbaum, E., Wyness, L., & Stanner, S. Apple polyphenols and cardiovascular disease-a review of the evidence. *Nutrition Bulletin*, 35(2), 2010

3장

Mary B. Gregoire 지음, 서울대학교 식품영양학과 푸드서비스 & 마케팅 연구실 옮김. **푸드서비스 경영관리 제8판**. 바이오사이언스출판, 2017

곽동경, 강영재, 류경, 장혜자, 문혜경, 이경은, 최정화. **식품위생학 원리와 실제**. 교문사, 2020

구난숙, 김완수, 이경애, 김미정. **식품위생학**. 파워북, 2019

구난숙, 김완수, 이경애, 김미정, 고은미. **공중보건학**. 파워북, 2013

김민정. GMO에 대한 감정 및 위험인식과 세계관이 GMO 식품 구매의도에 미치는 영향. 고려대학교 석사학위논문, 2011

김병석. GMO식품의 위험커뮤니케이션 프레임유형이 소비자의 감정과 구매의사에 미치는 영향 : 위험지각태도, 지식, 브랜드이미지의 조절효과. 경희대학교 대학원 박사학위논문, 2019

문창규, 박민경, 박영서, 박영현, 박훈, 송은승, 임동균, 조영희, 홍재훈, 서영호. **식품위생학 제4판**. 보문각, 2017

박미선. 농산물 인증마크에 대한 소비자 인식. 가천대학교 석사학위논문, 2014

박범준. 국내 유통중인 GMO의 안전성 고찰. 고려대학교 석사학위논문, 2018

전인왕. 친환경농산물 인증마크가 소비자행동에 미치는 영향. 중앙대학교 석사학위논문, 2018

존 T. 랭 지음, 황성원 옮김. **GMO, 우리는 날마다 논란을 먹는다**. 도서출판 풀빛, 2018

대한급식신문(2021.10.12.). 코로나로 급증한 배달음식, 위생은 '심각'(https://www.fsnews.co.kr/news/articleView.html?idxno=44392)

라이프인(2017.8.18.). 자장면의 '수상한 파트너'(?), 캐러멜 색소(https://www.lifein.news/news/articleView.html?idxno=296)

시리즈네이쳐(2021.9.8.). 배달 음식 포장 용기에 뜨거운 음식은 독?(https://m.post.naver.com/viewer/postView.naver?volumeNo=32252861&memberNo=15460571&searchKeyword=%ED%8F%AC%EC%9E%A5%EC%9A%A9%EA%B8%B0)

여성조선(2019.08.14.). 환경호르몬 줄이는 방법(http://woman.chosun.com/news/articleView.html?idxno=61627)

한국일보(2021.10.31.). 일교차 큰 가을에도 식중독 극성..노로바이러스가 주범(https://www.hankookilbo.com/News/Read/A2021103015150004661?did=NA)

헬스조선(2021.8.2). 햄 · 참치 속 식품첨가물 덜어내는 '초간단' 방법(https://health.chosun.com/site/data/html_dir/2021/08/02/2021080201399.html)

헬스조선(2021.8.8.). 나도 모르게 '발암물질' 유발하는 습관 3(https://m.health.chosun.com/svc/news_view.html?contid=2021080601042)

TBS뉴스(2021.9.28.). 배달 일회용기 매일 1,189만 개… 쓰레기가 배달되는 세상(http://tbs.seoul.kr/news/newsView.do?typ_800=6&idx_800=3450506&seq_800=20443083)

국립농산물품질관리원 https://www.naqs.go.kr/contents/contentsTab.do?menuId=MN30536

식품안전나라(환경호르몬) https://www.foodsafetykorea.go.kr/portal/board/boardDetail.do?menu_no=3409&bbs_no=bbs820&ntctxt_no=1064536&menu_grp=MENU_NEW05

HACCPPLUS. HACCP 원칙(http://www.haccpplus.co.kr/m_kr/main.php?ctt=../contents_kr/m_1_1_3&mc=1%7C1%7C3)

4장

나카가와 카마 지음, 용동희 옮김. **봄, 여름, 가을, 겨울 과일을 맛있게 사랑하는 114가지의 방법**. 그린쿡, 2020

르네 레드제피 & 데이비드 제피 지음, 정연주 옮김. **노마 발효 가이드**. 한스미디어, 2019

방영아. **병 속에 담긴 사계절**. 레시피팩토리, 2015

샌더 엘릭스 카츠 지음, 한유선 옮김. **음식의 영혼, 발효의 모든 것**. 글항아리, 2021

손성희. **사계절 저장식**. 리스컴, 2020

염행철. 세계의 발효식품. 국제다문화의사소통학회 학술대회, pp.1-11, 2013

이영순. **발효 요리 레시피**. 도서출판 예신, 2018

전희정, 정희선. **전통저장음식**. 교문사, 2009

홀리 데이비스 지음, 박지현 옮김. **발효음식의 세계**. 시공사, 2021

Adebo, O. A. African sorghum-based fermented foods: past, current and future prospects. *Nutrients*, 12(4), 1111, 2020

Adinsi, L., Vieira-Dalodé, G., Akissoé, N., Anihouvi, V., Hounhouigan, J. D., & Mestres, C. Le gowé: du savoir-faire traditionnel à une technologie innovante pour les marchés africains et européens. UCAD, 2014

ARYANTA, W. R. Traditional fermented foods in Indonesia. *Japanese Journal of Lactic Acid Bacteria*, 10(2), 90-102, 2000

Blandino, A., Al-Aseeri, M. E., Pandiella, S. S., Cantero, D., & Webb, C. Cereal-based fermented foods and beverages. *Food research international*, 36(6), 527-543, 2003

Christèle, I. V., Laurencia, O., Sylvie, A., Hounhouigan, J., Polycarpe, K., Waliou, A., & Hama, F. B. Traditional recipes of millet-, sorghum-and maize-based dishes and related sauces frequently consumed by young children in Burkina Faso and Benin. Seventh Framework Programme, 2010

Chukeatirote, E. Thua nao: Thai fermented soybean. *Journal of Ethnic Foods*, 2(3), 115-118, 2015

Martinez-Levasseur, L. M., Simard, M., Furgal, C. M., Burness, G., Bertrand, P., Suppa, S., & Lemire, M. Towards a better understanding of the benefits and risks of country food consumption using the case of walruses in Nunavik (Northern Quebec, Canada). *Science of the Total Environment*, 719, 137307, 2020

Mota de Carvalho, N., Costa, E. M., Silva, S., Pimentel, L., Fernandes, T. H., & Pintado, M. E. Fermented foods and beverages in human diet and their influence on gut microbiota and health. *Fermentation*, 4(4), 90, 2018

Nongdam, P. Traditional fermented bamboo shoot foods of North-East India and their characteristic natural microbial flora. In 10th World Bamboo Congress, Korea pp. 1-13, 2015

Owusu-Kwarteng, J., Akabanda, F., Johansen, P., Jespersen, L., & Nielsen, D. S. Nunu, a West African fermented yogurt-like milk product. In *Yogurt in health and disease prevention* pp. 275-283. Academic Press, 2017

Petchsing, U., & Woodburn, M. J. *Staphylococcus aureus* and *Escherichia coli* in nham (Thai-style fermented pork sausage). *International Journal of food microbiology*, 10(3-4), 183-192, 1990

Phattra, B., & Maweang, M. Effects of natural fermentation on the rice slurry properties related to rice paper production. *Journal of Food Science and Agricultural Technology* (JFAT), 1, 22-25, 2015

Rai, R., Shangpliang, H. N. J., & Tamang, J. P. Naturally fermented milk products of the Eastern Himalayas. *Journal of Ethnic Foods*, 3(4), 270-275, 2016

Singh, A. S., Singh, A. A., & Devi, M. S. Ngari-a traditional fish product of Manipur, Índia. *Infofish International*, 1, 41-45, 2012

Tamang, J. P. Naturally fermented ethnic soybean foods of India. *Journal of Ethnic Foods*, 2(1), 8-17, 2015

Tamang, J. P., & Kailasapathy, K. (Eds.). *Fermented foods and beverages of the world*. CRC press, 2010

Tamang, J. P., Cotter, P. D., Endo, A., Han, N. S., Kort, R., Liu, S. Q., ... & Hutkins, R. Fermented foods in a global age: East meets West. *Comprehensive Reviews in Food Science and Food Safety*, 19(1), 184-217, 2020

Thapa, N. Ethnic fermented and preserved fish products of India and Nepal. *Journal of Ethnic Foods*, 3(1), 69-77, 2016

Uzogara, S. G., Agu, L. N., & Uzogara, E. O. A review of traditional fermented foods, condiments and beverages in Nigeria: Their benefits and possible problems. *Ecology of food and nutrition*, 24(4), 267-288, 1990

Yongsmith, B., & Malaphan, W. Traditional Fermented Foods in Thailand. In *Traditional foods*, pp. 31-59. Springer, Boston, MA, 2016

Yousif, N. M. K., Dawyndt, P., Abriouel, H., Wijaya, A., Schillinger, U., Vancanneyt, M., ... &

Franz, C. M. A. P. Molecular characterization, technological properties and safety aspects of enterococci from 'Hussuwa', an African fermented sorghum product. *Journal of Applied Microbiology*, 98(1), 216-228, 2005

Yousif, N. M., Huch, M., Schuster, T., Cho, G. S., Dirar, H. A., Holzapfel, W. H., & Franz, C. M. Diversity of lactic acid bacteria from Hussuwa, a traditional African fermented sorghum food. *Food Microbiology*, 27(6), 757-768, 2010

5장

김철재, 송태희, 서희재. **식품과학**. 교문사, 2015

변진원, 송주은, 김경임, 이나겸, 강민정. **조리원리**. 파워북, 2021

송태희, 우인애, 손정우, 오세인, 신승미. **이해하기 쉬운 조리과학**. 교문사, 2020

신말식, 이경애, 김미정, 김재숙, 황자영, 이선미. **이해하기쉬운 조리과학**. 파워북, 2021

이경애, 문보경, 황자영, 이인선. **이해하기 쉬운 조리원리**. 파워북, 2019

이주희, 김미리, 민혜선, 이영은, 송은승, 권순자, 김미정, 송효남. **과학으로 풀어 쓴 식품과 조리원리**. 교문사, 2019

조미자, 강옥주, 계인숙, 김명숙, 김병숙, 김애정, 문숙희, 박재희, 박희옥, 이근종, 이미경, 이미영, 최은영, 최진영, 한정순. **조리원리**. 교문사, 2015

주나미, 박상현, 정은경, 김보람, 이희정. **이해하기 쉬운 조리원리 및 실험**. 파워북, 2015

리얼푸드(2018.9.17.). 저항전분이란?(http://realfoods.co.kr/view.php?ud=20180917000706)

중앙일보(2017.7.5.). 첨가당보다 천연당을 사용하자(https://www.joongang.co.kr/article/21728536#home)

헬스조선(2016.9.1.). 올리고당 살 때 고려할 점은? (https://health.chosun.com/site/data/html_dir/2016/09/01/2016090101867.html)

6장

이경애, 문보경, 황자영, 이인선. **이해하기 쉬운 조리원리**. 파워북, 2019

주나미, 박상현, 정은경, 김보람, 이희정. **이해하기 쉬운 조리원리 및 실험**. 파워북, 2015

최낙언의 자료보관소 http://www.seehint.com/h.asp?no=11831

7장

김건희, 차경희, 고성희, 신원선, 조미숙, 문보경, 조순덕. **음식과 세계문화**. 파워북, 2020

김의근, 김석지, 박명주, 이선익, 우문호. **세계 음식문화**. 백산출판사, 2020

린다 시비텔로 지음, 최정희, 이영미, 김소영 옮김. **인류 역사에 담긴 음식 문화 이야기**. 도서출판 린, 2017

마빈 해리스 지음, 서진영 옮김. **음식문화의 수수께끼**. 한길사, 2018

민혜련. **프랑스 음식문화**. 살림, 2012

변광의, 손천배, 김향숙, 구난숙, 송은승, 이선영, 이경애. **식품, 음식 그리고 식생활**. 교문사, 2014

이해원. **중국의 음식 문화**. 고려대학교출판부, 2010

최정희, 최남순, 조우균, 이영미, 차성미, 전관수. **세계 식생활과 문화**. 파워북, 2015

황혜성, 한복려, 한복진, 정라나. **3대가 쓴 한국의 전통음식**. 교문사, 2010

8장

김수인. **푸드코디네이트 개론**. 한국외식정보, 2004

김준철. **와인 인사이클로피디아**. 세종서적, 2006

김지영, 류무희, 장혜진, 황지희, 오재복. **새로 쓴 테이블 & 푸드 코디네이트**. 교문사, 2014

김지영, 류무희, 장혜진, 황지희, 오재복. **새로 쓴 테이블 코디네이트**. 교문사, 2018

김희선. **색채디자인**. 광문각, 2009

문창희, 홍종숙. **테이블 코디네이터**. 수학사, 2007

식공간연구회. **테이블 코디네이트**. 교문사, 2008

전상헌. **한 권으로 끝내는 와인특강**. 도서출판 예문, 2013

조은정. **테이블 코디네이션**. 국제, 2010

캐빈 즈렐리 지음, 정미나 옮김. **와인바이블**. 한스미디어, 2008

한정혜. **정통 테이블세팅**. 백산출판사, 2005

황규선. **테이블 디자인**. 교문사, 2007

9장

찰스 스펜스 지음, 윤신영 옮김. **왜 맛있을까**. 도서출판 어크로스, 2018

Charles Spence. *Gastrophysics*. Penguin Books Ltd, London, 2017

Woods AT, Michel C, Spence C. 2016. Odd versus even: a scientific study of the 'rules' of plating. *PeerJ* 4:e1526 (https://doi.org/10.7717/peerj.1526)

http://news.bizwatch.co.kr/article/consumer/2020/09/21/0012

http://water.coway.co.kr

http://www.madtimes.org/news/articleView.html?idxno=709

http://www.seehint.com/hintx.asp?no=12808

http://www.sensometrics.co.kr

http://www.vioralid.com

https://blog.naver.com/mantip/120065337314

https://m.news.zum.com/articles/45757106

https://ohfun.net/?ac=article_view&entry_id=9388

https://www.biocnc.com/29

https://www.crowncork.com

https://www.hani.co.kr/arti/science/scienceskill/712403.html

https://www.thepatioyujin.com/839

https://www.yna.co.kr/view/AKR20180424168900005

10장

권태은, 김용휘. 대체 단백질 식품 기술 동향. **식품산업과 영양** 24(2). 7-14, 2019

김향숙, 오명숙, 황인경. **조리과학**. 수학사, 2014

농림축산부, 한국농수산식품유통공사. 주요국 이너뷰티식품 시장분석 및 진출방안 -일본, 태국, 말레이시아, 2017.7

문지영, 반현정, 김학선. 코로나바이러스감염증-19(COVID-19) 확산이후 밀키트에 대한 소비자인식에 관한 연구. **한국조리학회** 26(10), 2020

박미성, 박시현, 이용선. 대체식품 현황과 대응과제. **한국농촌경제연구원 농정포커스** 190:1-17, 2020

박성권. 대체 단백질 식품 기술 동향. **축산식품과학과 산업** 10(1). 4-15, 2021

선우덕. 일본의 고령자 개호식품 실태분석 과 시사점. **보건복지포럼**, 2016

심봉섭, 이봉진. 미용기능식품 시장동향. **공업화학** 22(1), 2019

안두현. 육류대체식품의 발전 및 변화. **식품산업과 영양** 24(2). 1-6, 2019

타무라 신바치로우, 이노우에 히토시 지음, 동아시아식생활학회 연구회 옮김. **식의 문화 7: 식의 미래**. 광문각, 2020

100세 시대, 미래 식생활을 보다, 동아시아식생활학회 춘계연합학술대회지, 2019

식물성/동물성 재료를 이용한 대체육 식품개발 현황과 전망, 한국식품조리과학회 추계학술대회, 2021

국내 이너뷰티 식품 https://www.kati.net/board/exportNewsView.do?board_seq=37678

대체육 https://m.blog.naver.com/bizinfo1357/222459505375

마크 https://e-ks.kr/streamdocs/view/sd;streamdocsId=72059203773233835

스마일 케어 식품의 선택 https://www.gov-online.go.jp/useful/article/201501/1.html

이너뷰티 식품의 범위 https://www.cheric.org/PDF/ PIC/PC22/PC22-1-0023.pdf

일본 이너뷰티 식품 https://www.kati.net/board/exportNewsView. do?board_seq=37678

IDDSI standard https://iddsi.org/framework

음식사진 출처(장별, 가나다순)

2장

가지 https://www.researchgate.net/figure/Samples-of-eggplant-with-brief-description_tbl1_310846026

건강한 식생활이 유전을 지배한다 https://yamada-bee-farm.shop/english/royaljelly

까샤(Kasha) https://stock.adobe.com/kr

나시르막(Nasi Lemak) https://en.wikipedia.org/wiki/Nasi_lemak

달리야 키치니(Dalia khichdi) https://stock.adobe.com/kr

메내멘(Menemen) https://ko.wikipedi

므세멘(M'semen) https://en.wikipedia.org/wiki/M%27semen

배숙(오른쪽) https://www.cj.co.kr/kr/k-food-life/cj-the-kitchen/recipe

베지마이트(Vegimite) https://ko.wikipedia.org/wiki/

쁘아뱅 https://lacuisinedannie.20minutes.fr/recette-poires-au-vin-460.html; https://cuisine.journaldesfemmes.fr/recette/355875-poires-au-vin-et-aux-epices

스뫼르고스보르드(Smörgåsbord) https://ko.wikipedi

시세르키에 수프(Zuppa di Cicerchie) https://ricette.giallozafferano/

장 담그는 날은 손(損) 없는 날로! https://stock.adobe.com/kr

칠라낄레스(Chilaquiles) https://www.istockphoto.com/kr

케피어(kefir) https://en.wikipedia.org/wiki/Kefir

코르네토(Cornetto) https://en.wikipedia.org/wiki/Cornetto_(pastry)

탑실록(Tapsilog) https://en.wikipedia.org/wiki/Tapa_(Filipino_cuisine)

하헐슬라흐(Hagelslag) https://nl.wikipedia.org/wiki/Hagelslag

훈자(Hunza) https://en.wikipedia.org/wiki/Hunza_Valley

Bristol stool scale https://en.wikipedia.org/wiki/Bristol_stool_scale

4장

고웨 https://www.after-fp7.eu/content/download/4852/36102/version/1/file/Gow%C3%A9+from+a+traditional+know-how+to+an+innovating+technology+for+European+and+African+markets+-+G.+Vieira+Dalod%C3%A9.pdf

구사야 https://www.epersianfood.com/kusaya/

나레즈시 https://www.alamy.com/funazushi-image279181924.html

나리 https://www.bigbasket.com/pd/40206650/chingtam-ngari-fermented-fish-200-g/

나타 드 코코 https://recipes.net/dessert/fruit-desserts/homemade-nata-de-coco-recipe/

난 https://uncutrecipes.com/EN-Recipes-Indian/Naan-Recipe.html

낫토 https://revolutionfermentation.com/blogs/tempeh-soya-cereales/comment-faire-son-natto/

넴 https://www.istockphoto.com/photo/sour-pork-gm500574339-43309636

도사 https://www.chitrasfoodbook.com/2018/11/soft-dosa-recipe-how-to-make-soft-dosa.html

된장 https://health.chosun.com/site/data/html_dir/2009/02/19/2009021900463.html

두반장 https://tipbuzz.com/doubanjiang/

두시 https://www.chinasichuanfood.com/dou-chi-fermented-black-beans/

라씨 https://hebbarskitchen.com/lassi-recipe-punjabi-lassi-4-ways/

락피스크 https://www.tasteatlas.com/rakfisk

루트피스크 https://www.norwegianamerican.com/the-great-lutefisk-mystery-solved/

메주 https://www.gettyimagesbank.com/view/%EB%A9%94%EC%A3%BC/jv10943316

바궁 https://upload.wikimedia.org/wikipedia/commons/1/10/08634jfPamarawan%2C_Malolos_City%2C_Bulacan_River_Districtfvf_27.jpg

반짱 http://farinakingsley.com/blog/vietnamese-rice-wrappers/

벤-살가 Christèle, I. V., Laurencia, O., Sylvie, A., Hounhouigan, J., Polycarpe, K., Waliou, A., & Hama, F. B. (2010). Traditional recipes of millet-, sorghum-and maize-based dishes and related sauces frequently consumed by young children in Burkina Faso and Benin. Seventh Framework Programme.

보드카 https://www.independent.co.uk/extras/indybest/food-drink/spirits/best-vodka-mixers-cocktails-uk-bottle-drinks-brand-tonic-9130776.html

보자 https://www.macedoniancuisine.com/2016/03/boza-oriental-fermented-sweet-drink.html

보타르가 https://www.hotelgabbianoazzurro.com/de/Blog/BOTTARGA-a-fish-food-excellence-from-Sardinia

빌리 http://fermup.com/blog/how-to-make-viili-at-home/

사이크록이산 https://migrationology.com/thai-sausage-in-isaan/

수르스트뢰밍 https://www.routesnorth.com/things-to-do-in-sweden/surstromming-trying-swedens-stinkiest-food/

수쿡 https://www.egesucuklari.com.tr/magaza/fermente-sucuk/

숨발라 https://specialtyproduce.com/produce/Dawadawa_12606.php

쉬리칸드 https://pipingpotcurry.com/shrikhand/

시크왕 https://commons.wikimedia.org/wiki/File:Chikwangue_-_cooked_cassava,_showing_detail_of_popular_leaves_for_wrapping.jpg#filelinks

식해 http://heraldk.com/2014/11/18/%EA%B9%80%EB%AF%BC%EA%B8%B0%EC%9D%98-%EC%83%9D%EC%84%A0-%EC%9D%B4%EC%95%BC%EA%B8%B0%EA%B0%80%EC%9E%90%EB%AF%B8-%EC%8B%9D%ED%95%B4/

식혜 https://m.blog.naver.com/iam2320/221205710378; http://egloos.zum.com/bellecys/v/10378425

쌀국수 https://www.dreamstime.com/raw-white-rice-noodles-vietnamese-dinner-traditional-asian-cuisine-natural-ingredients-ramen-soup-cooking-home-image188078282

아락 https://www.dreamstime.com/stock-photo-arabic-alcohol-raki-anis-ice-arak-ouzo-drink-turkish-greek-traditional-aperitif-image94789355

아마시 https://sihlemgobozi.com/how-to-prepare-amasi-sour-milk/

아마자케 https://sakemarket.kurand.jp/en/19073/

알헤이라 https://www.196flavors.com/portugal-alheira/

앤초비 https://www.simplyrecipes.com/anchovy-mustard-vinaigrette-5180001

어란 http://www.lampcook.com/food/food_dic_view.php?idx_no=7148

에쿵 https://worldbamboo.net/wbcx/Sessions/Theme%20Food%20Pharmaceuticals/Nongdam,%20Potshangbam.pdf

온쫌 https://sajiansedap.grid.id/read/102318821/ajaib-banget-cuma-rutin-makan-oncom-tiap-hari-siap-siap-kaget-saat-lihat-perubahan-luar-biasa-ini-terjadi-pada-tubuh?page=all

이구낙 https://twitter.com/pitsiulaaq/status/1076643821520412677?s=20

이들리 https://artofpalate.com/idli-recipe-how-to-make-soft-idlis/

잉제라(Nürnberg Mesheti Enjera) https://www.facebook.com/N%C3%BCrnberg-Mesheti-Enjera-103544978379147/?ref=page_internal

잘레비 https://www.dwarakaorganic.com/recipes/jalebi/

초리소 https://www.enriquetomas.com/uk/spanish-chorizo/chorizo-bellota-campana-1-2.html

카오막 https://www.dreamstime.com/stock-photo-khao-mak-thai-frtmented-sweet-rice-dessert-wrap-leaves-made-white-sticky-was-steamed-femented-mold-bran-starch-image64060030

카피 https://www.dreamstime.com/thai-shrimp-paste-kapi-made-salted-local-food-ingredient-thailand-most-famous-image181738433

케슈크 https://www.shutterstock.com/image-photo/kashk-plate-on-white-wooden-table-612135218

케피어 https://www.twopeasandtheirpod.com/how-to-make-kefir/

켄케이 https://zippgrocery.com/product/delicious-ga-kenkey/

쿠미스 https://ca.araratour.com/the-legend-of-kumis

타디 https://www.mostinside.com/advantages-disadvantages-of-toddy-drink/

타르하나 https://www.istockphoto.com/kr/%EC%82%AC%EC%A7%84/%ED%83%80%ED%95%98%EB%82%98-%EC%88%98%ED%94%84%EC%9D%98-%EC%B2%AB-%EB%B2%88%EC%A7%B8-%EC%A4%80%EB%B9%84-gm607488636-104103885

타페 싱콩 https://whattocooktoday.com/how-to-make-tape-singkong.html

테킬라 https://commons.wikimedia.org/wiki/File:15-09-26-RalfR-WLC-0244.jpg

템페 https://upload.wikimedia.org/wikipedia/commons/9/9e/Tempeh_tempe.jpg

토아 나오 https://www.dreamstime.com/tua-nao-thua-nao-fermented-soybeans-paste-dried-disk-sheets-thai-laos-food-tua-nao-thua-nao-fermented-soybeans-paste-dried-disk-image129670916

파오차이 https://blog.themalamarket.com/sichuans-naturally-fermented-pickles-pao-cai/

팍 덩 https://amandanicolesmith.com/pak-dong/

프라훅 영상 캡쳐: https://images.app.goo.gl/9meqCBwsKxYU4RM99; 원본 영상: https://www.youtube.com/watch?v=qkBen2VCH6Q

플라라 https://upload.wikimedia.org/wikipedia/commons/e/eb/Pla_ra96.jpg

피시소스 http://asian-fusion.com/488/fish-sauce/

피시크 https://www.egypttoday.com/Article/1/102553/Ramadan-ruining-Egypt-s-%E2%80%98fesikh%E2%80%99-eating-this-year

필루 Rai, R., Shangpliang, H. N. J., & Tamang, J. P. (2016). Naturally fermented milk products of the Eastern Himalayas. Journal of Ethnic Foods, 3(4), 270-275.

하칼 https://www.finedininglovers.com/article/what-is-hakarl

홍어회 http://prod.danawa.com/info/?pcode=11341533

7장

갈레트 데 호와(galette des rois) https://www.institutfrancais.jp/kansai/files/2014/12/Galette-main-photo2.jpg

꼬치니요 아사도 https://encrypted-tbn1.gstatic.com/images?q=tbn:ANd9GcScT49eo0qPYo6cpcEA8WuF7s2-BV1xRPmBCZiyS5hNtsW6q3Q0

나쵸 https://previews.123rf.com/images/nitr/nitr1409/nitr140900009/31214365-%EC%B9%98%EC%A6%88%EC%99%80-%EB%82%98%EC%B4%88%EC%9D%98-%EC%A0%91%EC%8B%9C.jpg

부리토 https://blog.kakaocdn.net/dn/bdTnEW/btqCZ0IYt7o/1mbV5fEJGFMmN2Q2pKNuq1/img.jpg

상어지느러미 http://blogs.chosun.com/gourmet/wp-content/uploads/sites/24/2014/07/20111012_103326_a61e38d0487f6d0561657e7e2624d62a.jpg

셰퍼드 파이 https://encrypted-tbn3.gstatic.com/images?q=tbn:ANd9GcQbtRvozN4ZAvCFxW0k-dORmCiPBQlrFa1-a5YpDQPjO8zMi5yg

쇼진요리 https://textview.jp/wp-content/uploads/2017/04/62287382017_p104_01.jpg

수라상 https://www.ynamnews.co.kr/news/articleView.html?idxno=9535; https://t1.daumcdn.net/cfile/tistory/277DDE3D58205EB138

심넬 https://t3.gstatic.com/images?q=tbn:ANd9GcTmWugrxan8hy37XZJYPa4shsJJzVHffz9zOPVeofFzVF5c-MrP

아이란 https://upload.wikimedia.org/wikipedia/commons/thumb/8/8e/Fresh_ayran.jpg/270px-Fresh_ayran.jpg

에스카르고 https://w.namu.la/s/c218fb1452a1cdc4da99a3c108d70936641098444ba86033897576aaddc32e492fdd480acab84c85b0049dfb5f75283b9b514726041c741a8ca4f927d65450f2c4312f358fd0ff968ba21c6c65805a1b860a5d125f7bebf0aaf12ced2a3ae725

제비집 https://pds.joins.com/news/FbMetaImage/201908/0ebcc2d1-c44a-4711-b1ae-03ea78d5ae15.jpg

차이 https://upload.wikimedia.org/wikipedia/commons/thumb/c/c5/Turkish_tea_with_sugar_and_spoon.jpg/200px-Turkish_tea_with_sugar_and_spoon.jpg

카이세키요리(懷石料理) https://eateryjapan.com/wp-content/uploads/2020/03/50-7-1-1024x683.jpg

카이세키요리(會席料理) https://lh3.googleusercontent.com/proxy/UhlAOl0rb6bw0gnVznYZmQrqNxYkYXD4sAdnsJsoSzpLotR6fMwqXB1tui_Yts83KpYhwjEpS6zeP0m3s3RvRQ1D7MRk82MqSUt29nIq83Yz5z_Mu90mTKM1jfHahZIXee5Ozr49PdWzM3s

카흐베 https://upload.wikimedia.org/wikipedia/commons/thumb/b/b5/T%C3%BCrk_Kahvesi_-_Bakir_Cezve.jpg/375px-T%C3%BCrk_Kahvesi_-_Bakir_Cezve.jpg

코티지 파이 https://t2.gstatic.com/images?q=tbn:ANd9GcS_amQ_p5GcWteY023YCg4CiXPZCc_Z3_N_Udh2kWe-QhDbx6nm

퀘사디아 https://sjnfzdfjrjgl1655541.cdn.ntruss.com/goods/3/2021/03/661_tmp_965799174f39a83fdc9c8b525b6380240036view.jpg

크로캉부슈 https://www.google.com/url?sa=i&url=http%3A%2F%2Fblog.naver.com%2Fiiiilovebb%2F50045563476&psig=AOvVaw1NHjUW-jpZmRGZBh93kK0i&ust=1641233618581000&source=images&cd=vfe&ved=0CAgQjRxqFwoTCKD98OzVk_UCFQAAAAAdAAAAABAD

크리스마스 푸딩 https://encrypted-tbn0.gstatic.com/images?q=tbn:ANd9GcSBbgYJwS43xlgF6Ss8kqKF1b1bqsnR5AzSj_hEKer9knt_7coq

탄두리 치킨 https://img3.daumcdn.net/thumb/R658x0.q70/?fname=https://t1.daumcdn.net/news/201806/08/nocut/20180608100334527fazm.jpg

테린 https://www.les-fins-gourmets.com/produit/foie-gras-mi-cuit-en-terrine-500g/

토르티야 https://w.namu.la/s/db4d4bdb47578931bcccfed0d9904583dcf9e67328e720a74ebdf085042280c1f7429da77298630112de6bdad1ad85eccf6a234d3608ed3cb5b1501c52171366b005ecb24686634d6888f46e790703d7f3324d6fab4f004068293bd25ce6800a

파히타 https://search.pstatic.net/common/?src=http%3A%2F%2Fblogfiles.naver.net%2FMjAyMDA1MDhfMTE5%2FMDAxNTg4OTAxNjExMTAx.kMx6CSump6R4qDYkvp5P0t0Bj-G-qi53JsGVCSXrFjwg.7bf5bxw6MuB8vcde4df0zkZZV9ZquOe8hI9N-sGdHLcg.PNG.dmswude%2F%25BD%25BA%25C5%25A9%25B8%25B0%25BC%25A6_2020-05-08_%25BF%25C0%25C0%25FC_10.33.05.png&type=sc960_832

프아그라 https://www.leader-boeuf.com/le-foie-gras-frais-est-deja-en-vente-chez-leader-boeuf/

피시 앤 칩스 https://encrypted-tbn3.gstatic.com/images?q=tbn:ANd9GcRO9d5lHk6gbTT7Tkhw7HC7BwFa6csCEF1RpC0XnkmuwU0_qO_t

하기스 https://encrypted-tbn3.gstatic.com/images?q=tbn:ANd9GcSYLgra8jSleHqjs777N0VpDeFd0F5ODNhRHZFYCJy2Mp7RTBqE

하몬 https://w.namu.la/s/6b1002844adaced6a3f92bb690aea586664b252824966f9162eebfe09025698d8266611f8996c8bdade76a710ac02bfa182692c8dbb6e1e16e75bf1bb96772149670f4bb2f02effd88e9ebf5542944c6

핫크로스번　https://www.recipetineats.com/wp-content/uploads/2017/03/Hot-Cross-Buns-8.jpg

혼젠요리　https://www.kobayashi-foods.co.jp/washoku-no-umami/wp-content/uploads/2018/10/700aa2c006c797f5eefd73efa3d794ac.jpg

8장

디캔터　리델(Riedel) https://terms.naver.com/entry.naver?docId=3573684&cid=58884&categoryId=58901

부착식 와인 온도계　https://stock.adobe.com/kr

와인글라스　리델(Riedel) https://terms.naver.com/entry.naver?docId=3573338&cid=58884&categoryId=58901

10장

LG클로이 셰프봇　https://www.yna.co.kr/view/MYH20191127015100038

N타워 카페 커피드메소드 바리스타 로봇 상화 빌리　http://www.irobotnews.com/news/articleView.html?idxno=16893

서빙로봇　https://platum.kr/archives/123157

샐러드로봇　https://blog.naver.com/businessinsight/221987578013

우리나라 우주식　https://www.sciencetimes.co.kr/news/iss%EC%97%90%EC%84%9C-%ED%99%94%EC%84%B1%EA%B9%8C%EC%A7%80-%EA%B0%80%EB%8A%94-%ED%95%9C%EA%B5%AD%EC%9D%98-%EC%9A%B0%EC%A3%BC%EC%8B%9D%ED%92%88/

햄버거로봇　https://blog.naver.com/businessinsight/221987578013

찾아보기

저자 소개

주나미	숙명여자대학교 식품영양학과 교수
정현아	대구한의대학교 푸드케어학부 교수
정은경	강서구 어린이급식관리지원센터 부센터장
김보람	숙명여자대학교 식품영양학과 초빙교수
김수정	숙명여자대학교 르꼬르동블루 외식경영 전공 초빙교수
신지훈	숙명여자대학교 식품영양학과 강사
이희정	동대문구 어린이급식관리지원센터 팀장
박영일	숭의여자대학교 식품영양과 교수
김다솔	숙명여자대학교 식품영양학과 초빙교수
이태남	숙명여자대학교 식품영양학과 강사

이야기로 풀어쓰는

식품과 영양

2022년 3월 10일 초판 인쇄
2022년 3월 15일 초판 발행

지은이 | 주나미 · 정현아 · 정은경 · 김보람 · 김수정
신지훈 · 이희정 · 박영일 · 김다솔 · 이태남
발행인 | 유제구
발행처 | 파워북
주 소 | 경기도 고양시 일산동구 호수로 358-25
동문타워 2차 529호
전 화 | (02) 730-1412
팩 스 | (031) 908-1410
등 록 | 1997. 1. 31. 제2014-000067호

정 가 22,000원
ISBN 978-89-8160-478-3 (93590)